概率统计学习指导

主 编 刘 丹 李汉龙 李选海
副主编 赵恩良 闫红梅 隋 英 陆 辉
参 编 孙丽华 艾 瑛 王凤英 李 萍 律淑珍

国防工业出版社
·北京·

内 容 简 介

　　本书是作者结合多年的教学实践编写的．其内容包括:随机事件及其概率、随机变量及其分布、多维随机变量及其分布、随机变量及其分布、多维随机变量及其分布、随机变量的数字特征、大数定律及中心极限定理、样本及抽样分布、参数估计、假设检验及历年考研题．每一章都给出了知识结构图,教学基本要求,本章导学,主要概念、重要定理与公式,并对学习中的疑难问题及常见错误予以解答．每章都配备了典型例题解析,以及同步习题及解答．

　　本书可作为理工科院校本科各专业学生的"概率统计"课程学习指导书或考研参考书,也可以作为相关课程教学人员的教学参考资料．

图书在版编目(CIP)数据

　　概率统计学习指导/刘丹,李汉龙,李选海主编．—北京：国防工业出版社,2019.8
　　ISBN 978-7-118-11927-5

　　Ⅰ．①概…　Ⅱ．①刘…　②李…　③李…　Ⅲ．①概率统计–高等学校–教学参考资料　Ⅳ．①O211

　　中国版本图书馆 CIP 数据核字(2019)第 168166 号

※

*国防工业出版社*出版发行
(北京市海淀区紫竹院南路 23 号　邮政编码 100048)
三河市天利华印刷装订有限公司印刷
新华书店经售

*

开本 787×1092　1/16　印张 15½　字数 338 千字
2019 年 8 月第 1 版第 1 次印刷　印数 1—3000 册　定价 40.00 元

(本书如有印装错误,我社负责调换)

国防书店: (010)88540777　　　　发行邮购: (010)88540776
发行传真: (010)88540755　　　　发行业务: (010)88540717

前　言

"概率统计"是理工科高等院校的一门重要的数学基础课,对学生综合素质的培养及后续课程的学习起着极其重要的作用,因此,学好"概率统计"至关重要."概率统计"课程的特点是应用性和实践性很强,有些内容和高等数学的知识相联系.

为了帮助广大概率统计学习者解决学习中遇到的困难、理清各章的重难点、掌握概率统计的基本知识点、学会解题的基本方法,我们编写了本书,力求思路清晰、推证简洁且可读性强,并兼顾数学解题思维的培养,尽可能满足广大师生的需求.

全书以高等教育出版社盛骤版教材的内容为准进行章节划分,全书共分为8章,内容包括随机事件及其概率,随机变量及其分布,多维随机变量及其分布,随机变量的数字特征,大数定律及中心极限定理,样本及抽样分布,参数估计,假设检验,附录部分给出历年考研真题概率统计部分的详细分析及解答过程.

本书每章内容分为7部分:

(1) 知识结构图,使读者对本章的内容和知识体系有一个总体的把握.

(2) 教学基本要求,使读者对本章各个知识点掌握的程度做到心中有数.

(3) 本章导学,帮助读者清楚、明了地把握学习要点,更深刻地理解该章的主要内容和学习方法.

(4) 主要概念、重要定理与公式,对本章主要内容进行总结和梳理.

(5) 典型例题解析,对本章主要的知识点进行有针对性的训练,每道题都给出分析和解答过程.

(6) 疑难问题及常见错误例析,对本章的疑难问题问题进行解答.

(7) 同步习题及解答,对本章的主要知识点有针对性地设置相应的题目,帮助读者检验掌握程度.

本书第1章由隋英编写;第2章由陆辉编写;第3章由闫红梅编写;第4章由李汉龙编写;第5章由艾瑛编写;第6章由刘丹编写;第7章由赵恩良编写;第8章由孙丽华编写,附录1部分由王凤英编写,附录2部分由刘丹编写.全书由刘丹统稿,由李汉龙、李海选、李萍审稿.另外,本书的编写和出版受高等学校大学数学教学研究与发展中心资助,并得到了国防工业出版社的大力支持,在此表示衷心的感谢!

本书参考了国内出版的一些教材和教辅材料,见本书所附参考文献.由于水平所限,书中不足之处在所难免,恳请读者、同行和专家批评指正.

编　者
2019 年 2 月

目　　录

第1章 随机事件及其概率

1.1 知识结构图

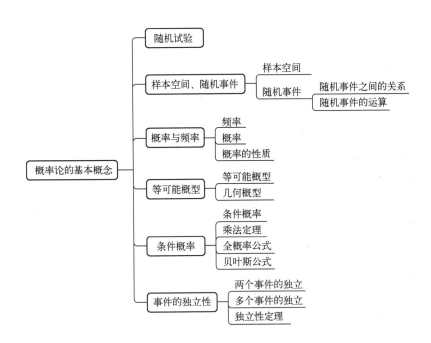

1.2 教学基本要求

（1）了解随机试验的概念.

（2）理解随机事件的概念,了解样本空间的概念,掌握事件之间的关系与运算.

（3）了解概率的定义,掌握概率的基本性质并应用其计算概率.

（4）掌握等可能概型的公式,会计算等可能概型的概率.

（5）了解条件概率的定义,掌握乘法公式,会应用全概率公式和贝叶斯公式.

（6）理解事件独立性的概念,熟练应用事件独立性进行概率计算.

1.3 本 章 导 学

　　本章是概率论的基础,介绍了概率论的基本概念,从频率的稳定性引出概率的公理化定义;介绍了事件之间的关系与运算,以及概率的性质、条件概率、概率的乘法定理、全概率公式、贝叶斯公式. 要熟练掌握这些定义和性质,它们是进行概率计算的基础.

在等可能概型的计算中还要熟悉排列和组合的方法与相应的概率的加法原理和乘法原理,特别是几何概型的计算要注意度量的选择.

本章最后介绍了事件的独立性,要注意事件互不相容与事件相互独立之间的关系与区别,对于复杂的多个独立事件的和事件,可以利用德摩根律转化成求积事件的概率,从而简化运算.

1.4 主要概念、重要定理与公式

一、随机试验

在概率论中,将满足以下特点的试验称为随机试验:

(1) 可以在相同的条件下重复进行.

(2) 每次试验的可能结果不止一个,并且能事先明确试验的所有可能结果.

(3) 进行一次试验之前不能确定哪一个结果会出现.

随机试验通常用 E 表示.

二、样本空间、随机事件

1. 样本空间

由随机试验 E 的所有可能结果组成的集合称为 E 的样本空间,记为 S.

2. 样本点

样本空间的元素,即 E 的每个结果,称为样本点.

3. 随机事件

把随机试验 E 的样本空间 S 的子集称为 E 的随机事件,简称为事件,通常记为 $A,B,C\cdots$. 在每次试验中,当且仅当子集 A 中的一个样本点出现时,称事件 A 发生.

4. 基本事件

由一个样本点组成的单点集称为基本事件.

5. 必然事件

样本空间 S 包含所有的样本点,它是 S 自身的子集,在每次试验中总是发生,称为必然事件.

6. 不可能事件

空集 ϕ 不包含任何样本点,它作为样本空间的子集,在每次试验中都不发生,称为不可能事件.

7. 事件之间的关系及运算

设试验 E 的样本空间为 S,而 $A,B,A_k(k=1,2,\cdots)$ 是 S 的子集.

(1) 事件的包含:若事件 A 发生必然导致事件 B 发生,称事件 B 包含事件 A,记作 $A \subset B$.

(2) 事件的相等:若 $A \subset B$ 且 $B \subset A$,即 $A=B$,则称事件 A 与事件 B 相等.

(3) 和事件:事件 A,B 至少有一个发生,称为事件 A 与事件 B 的和事件,记作 $A \cup B$.

类似地，称 $\bigcup_{k=1}^{n} A_k$ 为 n 个事件 $A_1, A_2, \cdots, A_n$ 的和事件；称 $\bigcup_{k=1}^{\infty} A_k$ 为可列个事件 A_1，$A_2, \cdots$ 的和事件.

（4）积事件：事件 A, B 同时发生，称为事件 A 与事件 B 的积事件，记作 $A \cap B$ 或 AB.

类似地，称 $\bigcap_{k=1}^{n} A_k$ 为 n 个事件 $A_1, A_2, \cdots, A_n$ 的积事件；称 $\bigcap_{k=1}^{\infty} A_k$ 为可列个事件 A_1，$A_2, \cdots$ 的积事件.

（5）差事件：事件 A 发生、事件 B 不发生，称为事件 A 与事件 B 的差事件，记作 $A-B$ 或 $A\bar{B}$.

（6）互不相容（互斥）事件：事件 A, B 不能同时发生，称事件 A 与事件 B 为互不相容（互斥）事件，记作 $A \cap B = \varnothing$.

（7）对立（逆）事件：对每次试验而言，事件 A, B 中必有一个发生，且仅有一个发生，称事件 A 与事件 B 为对立（逆）事件. A 的对立事件记为 $\bar{A}$.

A 和 $\bar{A}$ 满足 $A \cup \bar{A} = S, A\bar{A} = \phi, \bar{\bar{A}} = A$.

8. 事件之间的关系及运算的性质

（1）交换律：$A \cup B = B \cup A, A \cap B = B \cap A$.

（2）结合律：$A \cup (B \cup C) = (A \cup B) \cup C, A \cap (B \cap C) = (A \cap B) \cap C$.

（3）分配律：$A \cup (B \cap C) = (A \cup B) \cap (A \cup C), A \cap (B \cup C) = (A \cap B) \cup (A \cap C)$.

（4）德·摩根律：$\overline{A \cup B} = \bar{A} \cap \bar{B}, \overline{A \cap B} = \bar{A} \cup \bar{B}$.

三、频率与概率

1. 频率

在相同的条件下进行 n 次试验，在这 n 次试验中，事件 A 发生的次数 n_A 称为事件 A 发生的频数.

比值 n_A / n 称为事件 A 发生的频率，记为 $f_n(A)$.

设 A 是随机试验 E 的任一事件，则

（1）$0 \leqslant f(A) \leqslant 1$.

（2）$f(S) = 1, f(\phi) = 0$.

（3）有限可加性：设 $A_1, A_2, \cdots A_k$ 是两两互不相容的事件，即对于 $i \neq j, A_i A_j = \varnothing, i, j = 1, 2, \cdots, k$，则有

$$f(A_1 \cup A_2 \cup \cdots U_{A_k}) = f(A_1) + f(A_2) + \cdots + f(A_k).$$

2. 概率

设 E 是随机试验，S 是它的样本空间，对 E 的每一个事件 A 赋予一个实数，记为 $P(A)$，称为随机事件 A 的概率，如果集合函数 $P(\cdot)$ 满足下列条件：

（1）非负性：对于每一个事件 A，有 $P(A) \geqslant 0$.

（2）规范性：对于必然事件 S，有 $P(S) = 1$.

（3）可列可加性：设 $A_1, A_2 \cdots$ 是两两互不相容的事件，即对于 $i \neq j$，有 $A_i A_j = \varnothing, i, j = 1, 2, \cdots$，则

$$P(A_1 \cup A_2 \cup \cdots) = P(A_1) + P(A_2) + \cdots.$$

3. 概率的性质

（1）$P(\varnothing) = 0$.

(2) 若 $A_1, A_2, \cdots, A_n$ 是两两互不相容的事件,则有
$$P(A_1 \cup A_2 \cdots \cup A_n) = P(A_1) + P(A_2) + \cdots P(A_n).$$

(3) 设 A, B 是两事件,若 $A \subset B$,则有
$$P(B-A) = P(B) - P(A); P(B) \geqslant P(A).$$

(4) 对于任一事件 A,有 $P(A) \leqslant 1$.

(5) 对于任一事件 A,有 $P(\bar{A}) = 1 - P(A)$.

(6) 对于任意两个事件 A, B,有
$$P(A \cup B) = P(A) + P(B) - P(AB).$$

对于任意三个事件 A, B, C,有
$$P(A \cup B \cup C) = P(A) + P(B) + P(C) - P(AB) - P(BC) - P(AC) + P(ABC).$$

一般地,对于任意 n 个事件 $A_1, A_2, \cdots, A_n$,有.

$$P(A_1 \cup A_2 \cup \cdots \cup A_n) = \sum_{i=1}^{n} P(A_i) - \sum_{1 \leqslant i < j \leqslant n} P(A_i A_j)$$
$$+ \sum_{1 \leqslant i < j < k \leqslant n} P(A_i A_j A_k) + \cdots + (-1)^{n+1} P(A_1 A_2 \cdots A_n).$$

4. 和事件的概率常用结论

(1) $P(A \cup B) = P(A) + P(B\bar{A}) = P(A) + P(B-A)$.

(2) $P(A \cup B) = P(B) + P(A\bar{B}) = P(B) + P(A-B)$.

(3) $P(A \cup B) = P(A\bar{B}) + P(\bar{A}B) + P(AB)$.

(4) $P(A \cup B) = 1 - P(\overline{A \cup B}) = 1 - P(\bar{A}\bar{B}) = 1 - P(\bar{A})P(\bar{B})$($A, B$ 独立时).

5. 差事件的概率常用结论

(1) 对任意事件 A, B,有 $P(A-B) = P(A\bar{B}) = P(A) - P(AB)$.

(2) 若 $A \supset B$,则 $P(A-B) = P(A) - P(B)$.

(3) 若 $AB = \Phi$,则 $P(A-B) = P(A)$.

(4) $P(A-B) = P(A) - P(A)P(B)$(A, B 独立时).

四、等可能概型

1. 等可能概型

满足下列特点的随机试验 E 称为等可能概型,也称为古典概型.

(1) 试验的样本空间只包含有限个元素.

(2) 试验中每个基本事件发生的可能性是相同的.

若古典概型的样本空间 S 中包含的基本事件的总数是 n,事件 A 包含的基本事件的个数是 m,则事件 A 的概率为

$$P(A) = \frac{m}{n}.$$

2. 几何概型

古典概率是在有限样本空间下进行的,为了克服这种局限性,我们将古典概型进行推广.

如果一个试验具有以下两个特点:

(1) 样本空间 S 是一个大小可以计量的几何区域(如线段、平面、立体).

（2）向区域内任意投一点，落在区域内任意点处都是"等可能的".

那么，事件 A 的几何概率由下式计算：

$$P(A) = \frac{A \text{ 的计量}}{S \text{ 的计量}}.$$

五、条件概率

1. 条件概率

设 A、B 是两事件，且 $P(A) > 0$，称

$$P(B \mid A) = \frac{P(AB)}{P(A)}$$

为在事件 A 发生的条件下，事件 B 发生的概率.

在事件 B 发生的条件下，事件 A 发生的概率为

$$P(A \mid B) = \frac{P(AB)}{P(B)} (P(B) > 0).$$

2. 乘法定理

设 $P(A) > 0$，则有 $P(AB) = P(A) \cdot P(B \mid A)$.

设 $P(B) > 0$，则有 $P(AB) = P(B) \cdot P(A \mid B)$.

一般地，若 $P(A_1 A_2 \cdots A_n) > 0$，则

$$P(A_1 A_2 \cdots A_n) = P(A_1)P(A_2 \mid A_1)P(A_3 \mid A_1 A_2) \cdots P(A_n \mid A_1 \cdots A_{n-1}).$$

3. 全概率公式

设试验 E 的样本空间为 S，A 为 E 的事件，$B_1, B_2, \cdots, B_n$ 为 S 的一个划分，且 $P(B_i) > 0$（$i = 1, 2, \cdots, n$），则

$$P(A) = \sum_{i=1}^{n} P(A \mid B_i)P(B_i)$$

称为全概率公式.

4. 贝叶斯公式

设随机试验 E 的样本空间为 S，A 为 E 的事件，$B_1, B_2, \cdots, B_n$ 为 S 的一个划分，且 $P(A) > 0, P(B_i) > 0 (i = 1, 2, \cdots, n)$，则

$$P(B_i \mid A) = \frac{P(A \mid B_i)P(B_i)}{\sum\limits_{j=1}^{n} P(A \mid B_j)P(B_j)}, i = 1, 2, \cdots, n$$

称为贝叶斯公式.

六、事件的独立性

1. 事件的独立性

设 A, B 是两事件，如果满足等式

$$P(AB) = P(A) \cdot P(B),$$

则称事件 A, B 相互独立，简称 A、B 独立.

设 A, B, C 是三个事件，如果满足

$$P(AB) = P(A)P(B), P(BC) = P(B)P(C), P(AC) = P(A)P(C),$$

则称事件 A, B, C **两两独立**.

设 A,B,C 是三个事件,如果满足

$$P(AB)=P(A)P(B),P(BC)=P(B)P(C),P(AC)=P(A)P(C),$$
$$P(ABC)=P(A)P(B)P(C),$$

则称事件 A,B,C **相互独立**.

设 $A_1,A_2,\cdots,A_n$ 是 n 个事件,若对任意 $k(1<k\leqslant n)$ 和任意 $1\leqslant i_1<\cdots<i_k\leqslant n$,都有

$$P(A_{i_1}A_{i_2}\cdots A_{i_k})=P(A_{i_1})P(A_{i_2})\cdots P(A_{i_k}),$$

则称事件 $A_1,A_2,\cdots,A_n$ **相互独立**.

2. 独立性定理

(1) 定理一. 设 A,B 是两个事件,且 $P(A)>0$,若 A,B 相互独立,则 $P(B\mid A)=P(B)$,反之亦然.

(2) 定理二. 若事件 A,B 相互独立,则下列各对事件也相互独立:A 与 $\bar{B}$,$\bar{A}$ 与 B,$\bar{A}$ 与 $\bar{B}$.

1.5 典型例题解析

【例1】 设 A,B,C 表示三个随机事件,试将下列事件用 A,B,C 表示出来.

(1) A 出现,B,C 不出现.

(2) A,B 都出现,C 不出现.

(3) 三个事件都出现.

(4) 三个事件中至少有一个出现.

(5) 三个事件都不出现.

(6) 不多于一个事件出现.

(7) 不多于两个事件出现.

(8) 三个事件中至少有两个出现.

(9) A,B 至少有一个出现,C 不出现.

(10) A,B,C 中恰好有两个出现.

分析:利用事件的和、差、积、对立等运算关系来表示事件.

解:(1) A 出现用 A 表示,B,C 不出现用其对立事件表示,且同时发生,为积事件,所以表示为 $A\bar{B}\bar{C}$.

(2) A,B 都出现,C 不出现,同时发生,为积事件,所以表示为 $AB\bar{C}$.

(3) 三个事件都出现同时发生,为积事件,所以表示为 ABC.

(4) 三个事件中至少有一个出现,为和事件,所以表示为 $A\cup B\cup C$.

(5) 三个事件都不出现,为积事件,所以表示为 $\bar{A}\bar{B}\bar{C}$.

(6) 不多于一个事件出现,其对立事件是至少出现两个事件,所以表示为 $\overline{(AB)\cup(AC)\cup(BC)}$.

(7) 不多于两个事件出现的情况包含三个事件都不出现、出现一个事件、出现两个事件,情况复杂;而该事件的对立事件仅有一种情况,即三个事件都出现. 因此,用简单事件的对立事件来表示为 $\overline{ABC}$.

（8）三个事件中至少有两个出现，为和事件，所以表示为$(AB)\cup(AC)\cup(BC)$.

（9）A,B至少有一个出现是和事件，同时C不出现为积事件，所以表示为$(A\cup B)\bar{C}$.

（10）A,B,C中恰好有两个出现，有三种互斥的情况，所以表示为$(AB\bar{C})\cup(A\bar{B}C)\cup(\bar{A}BC)$.

【例2】 已知A,B两事件满足条件$P(AB)=P(\bar{A}\bar{B})$，且$P(A)=p$，求$P(B)$.

分析：利用德·摩根律、对立事件的概率、和事件的概率公式.

解：$P(\bar{A}\bar{B})=P(\overline{A\cup B})=1-P(A\cup B)$

$\qquad\qquad\quad =1-(P(A)+P(B)-P(AB))$

$\qquad\qquad\quad =1-P(A)-P(B)+P(AB)$,

且

$$P(AB)=P(\bar{A}\bar{B}),$$

故

$$P(B)=1-P(A)=1-p.$$

【例3】 已知$P(A)=P(B)=P(C)=\dfrac{1}{4}$，$P(AB)=\dfrac{1}{6}$，$P(AC)=P(BC)=0$，求$A,B,C$均不发生的概率.

分析：先将所求事件利用事件的运算关系表示出来，再利用德·摩根律、对立事件的概率、三个事件的和事件概率公式进行求解.

解：$P(\bar{A}\bar{B}\bar{C})=P(\overline{A\cup B\cup C})$

$\qquad\qquad\quad =1-P(A\cup B\cup C)$

$\qquad\qquad\quad =1-[P(A)+P(B)+P(C)-P(AB)-P(BC)-P(AC)+P(ABC)]$

$\qquad\qquad\quad =1-\dfrac{7}{12}=\dfrac{5}{12}$.

【例4】 有n个不同的球，每个球都可以同样的概率$\dfrac{1}{N}$被投到$N(n\leqslant N)$个箱子中的每个箱中，试求下列事件的概率.

（1）某指定n个箱子中各有一个球(A).

（2）恰有n个箱子，其中各有一个球(B).

（3）某指定箱子中恰有$m(m\leqslant n)$个球(C).

分析：先确定样本空间和事件的样本点个数，然后利用等可能概型计算.

解：样本空间：将n个不同的球投到N个箱子中，共有N^n种投法.

（1）事件A：将n个不同的球，在某指定的n个箱子中各投一个，共有$n!$种投法. 故由等可能概型可得

$$P(A)=\dfrac{n!}{N^n}.$$

（2）事件B：恰有n个箱子，其中各有一个球，分两个步骤：

① 在N个箱子中选n个箱子，共有C_N^n种方法；

② 将n个不同的球恰在n个箱子中各投一个，共有$n!$种投法.

由乘法法则，事件B共有$n!C_N^n$种投法，故由等可能概型可得

$$P(B) = \frac{n! C_N^n}{N^n}.$$

(3) 事件 C:某指定箱子中恰有 $m(m \leqslant n)$ 个球,分两个步骤:

① 在 n 个不同的球中选 m 个球放在某指定箱子中,共有 C_n^m 种选;

② 将其余的 $n-m$ 个球任意地放在剩下的 $N-1$ 个箱子中,共有 $(N-1)^{(n-m)}$ 放法.

由乘法法则,事件 C 共有 $C_n^m (N-1)^{(n-m)}$ 种放法,故由等可能概型可得

$$P(C) = \frac{C_n^m (N-1)^{(n-m)}}{N^n}.$$

【例5】 将 15 名新生(其中有 3 名优秀生)随机地分配到三个班中,其中一班 4 名,二班 5 名,三班 6 名,求:

(1) 每班均分配到一名优秀生的概率.

(2) 3 名优秀生被分配到同一个班的概率.

分析:先分配新生中的优秀生,然后再按要求分配其他新生,注意分配过程中的所有可能性.

解:15 名新生分配给一班 4 名、二班 5 名、三班 6 名的分法有 $C_{15}^4 C_{11}^5 C_6^6 = \frac{15!}{4!5!6!}$ 种.

(1) 将 3 名优秀生分配给三个班各一名,共有 3! 种分法.再将剩余的 12 名新生分配给一班 3 名、二班 4 名、三班 5 名,共有 $C_{12}^3 C_9^4 C_5^5 = \frac{12!}{3!4!5!}$ 种分法.根据乘法法则,每个班级分配到一名优秀生的分法有 $3! \frac{12!}{3!4!5!} = \frac{12!}{4!\ 5!}$ 种,故其对应概率为

$$P = \frac{12!}{4!5!} \Big/ \frac{15!}{4!5!6!} = \frac{12!6!}{15!} = \frac{24}{91} \approx 0.2637.$$

(2) 设事件 A_i="3 名优秀生全部分配到 i 班"$(i=1,2,3)$,则有

A_1 中所含基本事件个数为

$$m_1 = C_{12}^1 C_{11}^5 = \frac{12!}{5!6!},$$

A_2 中所含基本事件个数为

$$m_2 = C_{12}^2 C_{10}^4 = \frac{12!}{2!4!6!},$$

A_3 中所含基本事件个数为

$$m_3 = C_{12}^3 C_9^4 = \frac{12!}{3!4!5!},$$

所以其对应概率为

$$P(A_1) = \frac{m_1}{n} = \frac{12!}{5!6!} \Big/ \frac{15!}{4!5!6!} = \frac{4!12!}{15!} = 0.00879,$$

$$P(A_2) = \frac{m_2}{n} = \frac{12!}{2!4!6!} \Big/ \frac{15!}{4!5!6!} = \frac{12!5!}{2!15!} = 0.02198,$$

$$P(A_3) = \frac{m_3}{n} = \frac{12!}{3!4!5!} \bigg/ \frac{15!}{4!5!6!} = \frac{12!6!}{3!15!} = 0.04396.$$

因为 A_1, A_2, A_3 互不相容,所以 3 名优秀生被分配到同一班级的概率为

$$P(A) = P(A_1 \cup A_2 \cup A_3) = P(A_1) + P(A_2) + P(A_3) = 0.07473.$$

【例6】 一学生宿舍中有 6 名学生,求下列事件的概率:

(1) 6 名学生的生日都在星期天.

(2) 6 名学生的生日都不在星期天.

(3) 6 名学生的生日不都在星期天.

分析:每个学生的生日可能是 7 天中的任意一天,且等可能,故可使用等可能概型.

解:设 $A = \{6$ 名学生的生日都在星期天$\}$,$B = \{6$ 名学生的生日都不在星期天$\}$.

每个学生的生日可能是 7 天中的任意一天,且等可能,于是样本空间样本点的总数是 7^6.

(1) 事件 A:6 名学生的生日都在星期天只有一种情况,故

$$P(A) = \frac{1}{7^6}.$$

(2) 事件 B:每个学生的生日可能是星期一至星期六中的任意一天,且等可能,于是事件 B 的基本事件的总数是 6^6,故

$$P(B) = \frac{6^6}{7^6} = \left(\frac{6}{7}\right)^6.$$

(3) 6 名学生的生日不都在星期天的对立事件是事件 A,故所求概率为

$$P(\bar{A}) = 1 - \frac{1}{7^6}.$$

【例7】 在 1~3000 的整数中随机地取 1 个数,问取到的整数既不能被 6 整除又不能被 8 整除的概率是多少?

分析:先根据等可能概型确定已知事件的概率,然后再利用德·摩根律、对立事件的概率、和事件的概率公式进行求解.

解:设 $A = \{$取到的数能被 6 整除$\}$,$B = \{$取到的数能被 8 整除$\}$.

根据等可能概型可知

$$P(A) = \frac{333}{2000}, \quad P(B) = \frac{250}{2000}, \quad P(AB) = \frac{83}{2000},$$

则所求概率为

$$\begin{aligned}
P(\bar{A}\bar{B}) &= P(\overline{A \cup B}) \\
&= 1 - P(A \cup B) \\
&= 1 - \{P(A) + P(B) - P(AB)\} \\
&= 1 - \left(\frac{333}{2000} + \frac{250}{2000} - \frac{83}{2000}\right) = \frac{3}{4}.
\end{aligned}$$

【例8】 袋中有 a 个黑球,b 个白球,现将球随机地一个个摸出来,求第 k 次摸出的球是黑球的概率 $(1 \leqslant k \leqslant a+b)$.

分析:利用等可能概型求解问题.

解:将 $a+b$ 个球编号,把球依摸出的先后次序排队,则样本空间样本点总数就是 $a+b$ 个不同元素的全排列 $(a+b)!$.

设 A_k = "第 k 次摸出黑球",相当于在第 k 个位置放一个黑球,在其余 $(a+b-1)$ 个位置放另外 $(a+b-1)$ 个球,所以,A_k 包含的样本点数为 $a(a+b-1)!$,所以,由古典概型可知 A_k 的概率为

$$P(A_k) = \frac{a(a+b-1)!}{(a+b)!} = \frac{a}{a+b}.$$

特别地,如果每次抽取完再放回,则第 k 次摸出的球是黑球的概率仍然是

$$P(A_k) = \frac{a}{a+b}.$$

【例9】 设一批零件共有 100 件,其中合格品 95 件,次品 5 件,从中任取 10 件,求:

(1) 10 件全是合格品的概率.

(2) 恰有 2 件次品的概率.

分析:利用等可能概型求解问题.

解:样本空间:从 100 件零件中任取 10 件,则样本空间样本点总数是 C_{100}^{10}.

(1) 设 A = {10 件全是合格品}. 10 件合格品只能从 95 件合格品中任取,共有 C_{95}^{10} 种取法,故

$$P(A) = \frac{C_{95}^{10}}{C_{100}^{10}} \approx 0.58.$$

(2) 设 B = {10 件恰有 2 件次品}. 10 件恰有 2 件次品和 8 件合格品,2 件次品只能从 5 件次品中任取,共有 C_5^2 种取法;8 件合格品只能从 95 件合格品中任取,共有 C_{95}^8 种取法,故

$$P(B) = \frac{C_5^2 C_{95}^8}{C_{100}^{10}} \approx 0.07.$$

【例10】 甲、乙二人在 0 到 T 时间内相约于指定地点,先到者等候另一人 $t(t<T)$ 时间后离去. 求二人能会面的概率?

分析:利用几何概型求解问题.

解:以 x、y 分别表示甲、乙二人到达的时刻,则

样本空间:甲、乙二人在 0 到 T 时间内相约于指定地点,满足

$$0 \leq x \leq T, 0 \leq y \leq T,$$

因此,样本空间的面积为 T^2.

若二人能会面,则需要满足 $\quad |x-y| \leq t$.

从而,所求概率为(如图 1-1 所示)

$$P = \frac{\text{相会区域面积}}{\text{正方形面积}},$$

即

$$P = \frac{T^2 - (T-t)^2}{T^2} = 1 - \left(1 - \frac{t}{T}\right)^2.$$

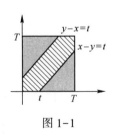

图 1-1

【例11】 在 100 个圆柱形零件中有 95 件长度合格,有 93 件直

径合格,有90件两个指标都合格. 从中任取一件,求长度、直径均合格的概率.

分析:先利用等可能概型计算已知事件的概率,再利用条件概率求解.

解:设 A = {任取一件,长度合格}, B = {任取一件,直径合格},则
$$AB = \{任取一件,长度、直径都合格\}.$$

由等可能概型可知
$$P(A) = 0.95, P(B) = 0.93, P(AB) = 0.9.$$

由条件概率可求概率为
$$P(B \mid A) = \frac{P(AB)}{P(A)} = \frac{0.9}{0.95} = \frac{18}{19}.$$

【例12】 袋中有一个红球和一个白球,从中随机摸出一个球,如果取出的球是红球,则把此球放回袋中,并加进一个红球,然后从袋中再摸出一个球,如还是红球则仍把此红球放回袋中并再加进一个红球,如此反复进行,直到摸出白球为止,求第 n 次才摸出白球的概率.

分析:利用等可能概型、条件概率、对立事件概率和乘法定理.

解:设 A_k = "第 k 次摸出红球", $k = 1, 2, \cdots, n$,则
$$P(A_1) = \frac{1}{2}, P(A_2 \mid A_1) = \frac{2}{3}, \cdots, P(A_{n-1} \mid A_1 \cdots A_{n-2}) = \frac{n-1}{n},$$
$$P(A_n \mid A_1 \cdots A_{n-1}) = \frac{n}{n+1}, P(\overline{A_n} \mid A_1 \cdots A_{n-1}) = \frac{1}{n+1},$$

故第 n 次才摸出白球的概率为
$$P(A_1 A_2 \cdots A_{n-1} \overline{A_n}) = P(A_1) P(A_2 \mid A_1) \cdots P(A_{n-1} \mid A_1 \cdots A_{n-2}) P(\overline{A_n} \mid A_1 \cdots A_{n-1})$$
$$= \frac{1}{2} \times \frac{2}{3} \times \cdots \times \frac{n-1}{n} \times \frac{1}{n+1} = \frac{1}{n(n+1)}.$$

【例13】 某人忘记了电话号码的最后一个数字,因而随意地拨最后一个数.

(1) 求不超过三次拨对电话的概率.

(2) 已知最后一个数字是奇数,求不超过三次拨对电话的概率.

分析:利用对立事件概率和乘法定理求解.

解:设 A_i = {第 i 次拨对电话}. 不超过三次拨对电话的对立事件是超过三次拨对电话.

(1) $P = 1 - P(\overline{A_1} \overline{A_2} \overline{A_3})$,故由乘法定理得
$$P = 1 - P(\overline{A_1}) P(\overline{A_2} \mid \overline{A_1}) P(\overline{A_3} \mid \overline{A_1} \overline{A_2})$$
$$= 1 - \frac{9}{10} \frac{8}{9} \frac{7}{8} = 0.3.$$

(2) $P = 1 - P(\overline{A_1} \overline{A_2} \overline{A_3})$,故由乘法定理得
$$P = 1 - P(\overline{A_1}) P(\overline{A_2} \mid \overline{A_1}) P(\overline{A_3} \mid \overline{A_1} \overline{A_2})$$
$$= 1 - \frac{4}{5} \frac{3}{4} \frac{2}{3} = 0.6.$$

【例14】 某仓库有同样规格的产品6箱,其中3箱、2箱和1箱依次是由甲、乙、丙三个厂生产的,且三厂的次品率分别为 $\frac{1}{10}, \frac{1}{15}, \frac{1}{20}$. 现从这6箱中任取一箱,再从取得的一箱

中任取一件,试求取得的一件是次品的概率.

分析:利用等可能概型和全概率公式.

解:设 B_1,B_2,B_3 分别表示甲、乙、丙三个厂生产的产品,A 表示取得的一件产品是次品,则由已知条件可知

$$P(B_1)=\frac{3}{6},P(B_2)=\frac{2}{6},P(B_3)=\frac{1}{6},$$

$$P(A\mid B_1)=\frac{1}{10},P(A\mid B_2)=\frac{1}{15},P(A\mid B_3)=\frac{1}{20}.$$

由全概率公式得

$$P(A)=P(B_1)P(A\mid B_1)+P(B_2)P(A\mid B_2)+P(B_3)P(A\mid B_3)$$

$$=\frac{3}{6}\frac{1}{10}+\frac{2}{6}\frac{1}{15}+\frac{1}{6}\frac{1}{20}=\frac{29}{360}.$$

【例 15】 对以往数据进行分析,结果表明:当机器调整良好时,产品的合格率为 90%,而当机器发生某一故障时,产品的合格率为 30%;每天早上机器开动时,机器调整良好的概率为 75%.设某日早上第一件产品是合格品,试问机器调整良好的概率是多少?

分析:利用贝叶斯公式.

解:设 $A=\{$第一件产品是合格品$\}$,$B=\{$机器调整良好$\}$,则

$$P(B)=0.75,P(A\mid B)=0.9,P(A\mid\overline{B})=0.3.$$

利用贝叶斯公式得所求概率为

$$P(B\mid A)=\frac{P(A\mid B)P(B)}{P(A\mid B)P(B)+P(A\mid\overline{B})P(\overline{B})}$$

$$=\frac{0.9\times0.75}{0.9\times0.75+0.3\times0.25}=0.9.$$

【例 16】 已知男性中有 5% 是色盲患者,女性中有 0.25% 是色盲患者.今从男女人数相等的人群中随机地挑选一人.

(1) 求此人是色盲患者的概率.

(2) 若已知挑选的人是色盲患者,求此人是男性的概率.

分析:利用全概率和贝叶斯公式.

解:设 B_1,B_2 分别表示"男性""女性",$A=$"挑到人是色盲患者".

(1) 由全概率公式可得

$$P(A)=\sum_{i=1}^{2}P(B_i)P(A\mid B_i)=0.5\times0.05+0.5\times0.0025=0.02625.$$

(2) 由贝叶斯公式可得

$$P(B_1\mid A)=\frac{P(B_1)P(A\mid B_1)}{P(A)}=\frac{0.5\times0.05}{0.02625}=\frac{20}{21}.$$

【例 17】 加工某零件共需经过四道工序,设第一、二、三、四道工序的次品率依次为 0.02、0.03、0.05 和 0.03,假设各道工序是互不影响的,求加工出来的零件的次品率.

分析:利用事件的独立性和概率的性质.

解:设 $A_i=\{$第 i 道工序出次品$\}$,$i=1,2,3,4$,$A=\{$零件为次品$\}$,则

$$P(A) = P(A_1 \cup A_2 \cup A_3 \cup A_4)$$
$$= 1 - P(\overline{A_1 \cup A_2 \cup A_3 \cup A_4})$$
$$= 1 - P(\overline{A_1}\,\overline{A_2}\,\overline{A_3}\,\overline{A_4})$$
$$= 1 - P(\overline{A_1})P(\overline{A_2})P(\overline{A_3})P(\overline{A_4})$$
$$= 1 - (1-P(A_1))(1-P(A_2))(1-P(A_3))(1-P(A_4))$$
$$= 1 - 0.98 \times 0.97 \times 0.95 \times 0.97 = 0.124.$$

【例 18】 一工人看管三台机床,在一小时中甲、乙、丙三台机床需要工人看管的概率依次是 0.9、0.8、0.85,求在一小时中:

(1) 没有一台机床需要看管的概率.

(2) 至少有一台机床需要看管的概率.

(3) 至多只有一台机床需要看管的概率.

分析:利用独立性、和事件、对立事件的概率公式.

解:设 A, B, C 分别表示甲、乙、丙机床需要工人看管,A, B, C 相互独立,且 $P(A) = 0.9, P(B) = 0.8, P(C) = 0.85$.

(1) 没有一台机床需要看管表示为 $\overline{A}\,\overline{B}\,\overline{C}$,其概率为
$$P(\overline{A}\,\overline{B}\,\overline{C}) = P(\overline{A})P(\overline{B})P(\overline{C})(1-0.9)(1-0.8)(1-0.85) = 0.003.$$

(2) 至少有一台机床需要看管表示为 $A \cup B \cup C$,其概率为
$$P(A \cup B \cup C) = 1 - P(\overline{A \cup B \cup C})$$
$$= 1 - P(\overline{A}\,\overline{B}\,\overline{C})$$
$$= 1 - 0.003 = 0.997.$$

(3) 至多只有一台机床需要看管可表示为 4 个互斥事件的和事件,即 $\overline{A}\,\overline{B}\,\overline{C} \cup A\overline{B}\,\overline{C} \cup \overline{A}B\overline{C} \cup \overline{A}\,\overline{B}C$,故其概率为
$$P(\overline{A}\,\overline{B}\,\overline{C} \cup A\overline{B}\,\overline{C} \cup \overline{A}B\overline{C} \cup \overline{A}\,\overline{B}C)$$
$$= P(\overline{A}\,\overline{B}\,\overline{C}) + P(A\overline{B}\,\overline{C}) + P(\overline{A}B\overline{C}) + P(\overline{A}\,\overline{B}C)$$
$$= 0.1 \cdot 0.2 \cdot 0.15 + 0.1 \cdot 0.2 \cdot 0.85 + 0.9 \cdot 0.2 \cdot 0.15 + 0.1 \cdot 0.8 \cdot 0.15 = 0.059.$$

【例 19】 如图 1-2 所示,设有 4 个独立工作的元件 1、2、3、4 按先串联再并联的方式连接. 设第 i 个元件的可靠性为 r,试求系统的可靠性.

分析:系统的可靠性问题首先用事件的运算来表示,然后利用独立性和相关的概率公式进行计算.

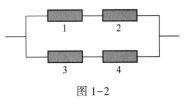

图 1-2

解:设 $A_i = \{$第 i 元件正常运行$\}$, $i = 1, 2, 3, 4$,则 $P(A_i) = r$.

则系统正常运行可表示为 $A_1A_2 \cup A_3A_4$.

故系统的可靠性为
$$P(A_1A_2 \cup A_3A_4) = P(A_1A_2) + P(A_3A_4) - P(A_1A_2A_3A_4)$$
$$= r^2 + r^2 - r^4$$
$$= 2r^2 - r^4.$$

【例 20】 设每次射击时命中率为 0.2,问至少必须进行多少次独立射击才能使至少击中一次的概率不少于 0.9?

分析:利用多个独立事件的和事件公式计算概率,然后求出事件的个数.

解:设 $A_i=$"第 i 次击中目标",$i=1,2,\cdots,n$,$B=$"至少击中一次目标",则 $B=A_1\cup A_2\cup\cdots\cup A_n$.

因 $A_1,A_2,\cdots,A_n$ 相互独立,故 $\bar{A}_1,\bar{A}_2,\cdots,\bar{A}_n$ 也相互独立,故

$$P(B)=P(A_1\cup A_2\cup\cdots\cup A_n)=1-P(\bar{A}_1)P(\bar{A}_2)\cdots P(\bar{A}_n)$$
$$=1-(1-0.2)^n=1-(0.8)^n\geqslant 0.9,$$

解得

$$n\geqslant\frac{\lg 0.1}{\lg 0.8}=10.32.$$

即至少必须进行 11 次射击.

1.6 疑难问题及常见错误例析

(1) 两个事件 A,B 相互独立和互不相容这两个概念有何关系?

答:两个事件 A,B 相互独立是指事件 A 的发生与事件 B 无关,$P(AB)=P(A)P(B)$. A,B 互不相容是指 A,B 不能同时发生,$P(AB)=0$.

认为"两事件相互独立必定互不相容"是错误的. 因为在 $P(A)>0,P(B)>0$ 的条件下,若 A,B 相互独立,则 $P(AB)=P(A)P(B)>0$;若 A,B 互不相容,则 $P(AB)=0$. 结果矛盾,说明在 $P(A)>0,P(B)>0$ 的情况下,相互独立不一定互不相容.

因此,在一般情况下,相互独立和互不相容是两个互不等价、完全不同的概念.

(2) 条件概率 $P(B\mid A)$ 与积事件概率 $P(AB)$ 有何区别?

答:条件概率 $P(B\mid A)$ 利用缩小空间法求解表示在样本空间 S_A 中,计算 B 发生的概率,利用等可能概型计算,$P(B\mid A)=\dfrac{AB\text{ 中基本事件数}}{S_A\text{ 中基本事件数}}$.

积事件概率 $P(AB)$ 表示在样本空间 S 中,积事件 AB 发生的概率. 利用等可能概型计算,$P(AB)=\dfrac{AB\text{ 中基本事件数}}{S\text{ 中基本事件数}}$.

一般说来,$P(B\mid A)$ 比 $P(AB)$ 大,特别地,当 A,B 互不相容时,$P(B\mid A)=P(AB)=0$. 在计算条件概率问题时,要避免将积事件概率和条件概率混淆. 切记:条件概率一定是在某事件已经发生的条件下该事件发生的概率.

1.7 同步习题及解答

1.7.1 同步习题

一、填空题:

1. 三个随机事件 A,B,C 都不发生记为_____.

2. 设事件 A,B 满足 $P(A)=0.5$,$P(B)=0.6$,$P(A\mid B)=0.8$,则 $P(A\cup B)=$
_____.

3. 已知事件 A 发生必导致事件 B 发生，且 $0<P(B)<1$，则 $P(A\,|\,\overline{B})=$ _____ .

4. 一批同样规格的零件是由甲、乙、丙三个工厂生产的，三个工厂的产品数量分别是总量的 20%，40%，40%. 三个工厂的产品次品率分别为 5%，4%，3%，任选一个零件是次品的概率是_____ .

5. 某射手在三次射击中至少命中一次的概率为 0.875，则这射手在一次射击中命中的概率为_____ .

二、单项选择题：

1. 设事件 A,B 相互独立，且 $P(A)=\dfrac{1}{4}$，$P(B)=\dfrac{1}{2}$，则 $P(A-B)=$（　　）.

(A) 0.125　　　(B) 0.25　　　(C) 0.375　　　(D) 0.75

2. "将一枚均匀的硬币抛掷三次"，恰有一次出现正面的概率是（　　）.

(A) $\dfrac{1}{2}$　　　(B) $\dfrac{1}{3}$　　　(C) $\dfrac{1}{8}$　　　(D) $\dfrac{3}{8}$

3. 袋中有 5 个小球(3 个新的 2 个旧的)，每次取一个，无放回地取两次，则第二次取到新球的概率是（　　）.

(A) $\dfrac{3}{5}$　　　(B) $\dfrac{3}{4}$　　　(C) $\dfrac{2}{4}$　　　(D) $\dfrac{3}{10}$

4. 设 A_1,A_2,A_3 为三个独立事件，且 $P(A_k)=p$，$(k=1,2,3,0<p<1)$，则这三个事件不全发生的概率是（　　）.

(A) $(1-p)^3$　　　　　　　(B) $3(1-p)$

(C) $1-p^3$　　　　　　　(D) $3p\,(1-p)^2+3p^2(1-p)$

5. 向单位圆 $x^2+y^2<1$ 内随机地投下 3 点，则这 3 点恰有 2 点落在第一象限的概率是（　　）.

(A) $\dfrac{1}{16}$　　　(B) $\dfrac{9}{64}$　　　(C) $\dfrac{3}{64}$　　　(D) $\dfrac{1}{4}$

三、向指定目标射三枪，观察射中目标的情况．用 A_1,A_2,A_3 分别表示事件"第 1，2，3 枪击中目标"，试用 A_1,A_2,A_3 表示以下各事件：

(1) 只击中第一枪；

(2) 只击中一枪；

(3) 三枪都没击中；

(4) 至少击中一枪．

四、设 A,B 是两事件，且 $P(A)=0.6$，$P(B)=0.7$，问：

(1) 在什么条件下 $P(AB)$ 取得最大值？最大值是多少？

(2) 在什么条件下 $P(AB)$ 取得最小值？最小值是多少？

五、从 $1,2,\cdots,10$ 这十个数中任取一个，假定各个数都以同样的概率被取中，取后放回，先后取出 7 个数，求下列事件概率．

(1) 7 个数完全不相同；

(2) 不含有 1 和 10；

(3) 5 恰好出现两次；

（4）6 至少出现两次；

（5）取到的最大数恰好为 6．

六、在不超过 100 的自然数中任取一个数，求它既不能被 2 整除也不能被 5 整除的概率．

七、在区间 $(0,1)$ 上随机的取两个数 u,v，求关于 x 的一元二次方程 $x^2-2vx+u=0$ 有实根的概率．

八、以往资料表明，某三口之家患某种传染病的概率有以下规律：

$P\{孩子得病\}=0.6,P\{母亲得病|孩子得病\}=0.5,P\{父亲得病|母亲及孩子得病\}=0.4$．求母亲及孩子得病但父亲未得病的概率．

九、将两信息分别编码为 A 和 B 并传递出去，接收站收到时，A 被误收作 B 的概率为 0.02，而 B 被误收作 A 的概率为 0.01，信息 A 与信息 B 传送的频繁程度为 $2:1$，若接收站收到的信息是 A，问原发信息为 A 的概率是多少？

十、设有来自三个地区的分别为 10 名、15 名和 25 名考生的报名表，其中女生的报名表分别为 3 份、7 份和 5 份．随机地取一个地区的报名表，从中先后抽出两份．

（1）求先抽到的一份是女生表的概率；

（2）已知后抽到的一份是男生表，求先抽到的一份是女生表的概率．

十一、甲、乙两人各独立打靶一次，事件 A 为甲打中靶，事件 B 为乙打中靶，已知 $P(A)=0.9,P(B)=0.8$．

（1）求两人均打中靶的概率；

（2）求两人至少有一人打中靶的概率；

（3）求两人都没有打中靶的概率．

十二、设 A,B 是两个随机事件，$0<P(A)<1,P(A)=0.4,P(B|A)+P(\bar{B}|\bar{A})=1,P(A\cup B)=0.7$，求 $P(\bar{A}\cup\bar{B})$．

十三、一个开关电路如图 1-3 所示，假设开关 a,b,c,d 开或关的概率都是 0.5，且各开关是否关闭相互独立．求灯亮的概率，以及在发现灯亮时，开关 a 与 b 同时关闭的概率．

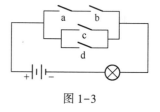

图 1-3

十四、转炉炼高级砂钢，每一炉钢的合格率为 0.7，有若干炉同时冶炼，若以 99% 的把握至少炼出一炉合格钢，问至少要有几个转炉同时炼钢？

1.7.2 同步习题解答

一、填空题：

1. $\overline{A}\,\overline{B}\,\overline{C}$．

分析：三个随机事件 A,B,C 都不发生，是积事件，表示为 $\overline{A}\,\overline{B}\,\overline{C}$．

2. 0.62．

分析：$P(AB)=P(B)\cdot P(A|B)=0.6\times0.8=0.48$．

$P(A\cup B)=P(A)+P(B)-P(AB)=0.5+0.6-0.48=0.62$．

3. 0；

分析：事件 A 发生必导致事件 B 发生，则 $A\subset B$，且

$$P(A\bar{B}) = P(A-B) = P(A)-P(AB) = P(A)-P(A) = 0,$$

故
$$P(A\mid\bar{B}) = \frac{P(A\bar{B})}{P\bar{B}} = 0.$$

4. 0.038.

分析:设 $A=\{$零件是次品$\}$, $B_1=\{$甲工厂生产的产品$\}$, $B_2=\{$乙工厂生产的产品$\}$,

$B_3=\{$丙工厂生产的产品$\}$,则

$P(B_1)=20\%$, $P(A\mid B_1)=5\%$, $P(B_2)=40\%$, $P(A\mid B_2)=4\%$,

$P(B_3)=40\%$, $P(A\mid B_3)=3\%$,

故
$$P(A) = P(B_1)P(A\mid B_1)+P(B_2)P(A\mid B_2)+P(B_3)P(A\mid B_3)$$
$$= 20\%\times5\%+40\%\times4\%+40\%\times3\% = 0.038.$$

5. 0.5.

分析:设事件 A_i 表示射手在第 i 次射击中命中, $P(A_i)=p$,

$$P(A_1\cup A_2\cup A_3) = 1-P(\overline{A_1\cup A_2\cup A_3}) = 1-P(\overline{A_1}\,\overline{A_2}\,\overline{A_3}) = 1-(1-p)^3 = 0.875,$$

解得
$$p=0.5.$$

二、单项选择题:

1. A.

分析: $P(A-B) = P(A)-P(AB) = P(A)-P(A)P(B) = \dfrac{1}{4}-\dfrac{1}{8} = 0.125.$

2. D.

分析:设正面为 H,反面为 T,则

样本空间 $S=\{HHH,HHT,THH,HTH,HTT,THT,TTH,TTT\}$,恰有一次出现正面可表示为 $\{HTT,THT,TTH\}$.

故
$$P=\frac{3}{8}.$$

3. A.

分析:设事件 A_i 表示在第 i 次取到新球,则

$$P(A_2) = P(A_1)P(A_2\mid A_1)+P(\overline{A_1})P(A_2\mid\overline{A_1}) = \frac{3}{5}\frac{2}{4}+\frac{2}{5}\frac{3}{4} = \frac{3}{5}.$$

4. C.

分析: $P(\overline{A_1A_2A_3}) = 1-P(A_1A_2A_3) = 1-p^3.$

5. C.

分析:每个点落在第一象限中的概率是 $\dfrac{1}{4}$,3 点中取 2 个点共有 3 种取法,故 3 点恰有 2 点落在第一象限中的概率是 $C_3^2\left(\dfrac{1}{4}\right)^2\left(1-\dfrac{1}{4}\right) = \dfrac{9}{64}.$

三、分析:(1) 事件"只击中第一枪"意味着第二枪和第三枪均不中,所以可以表示成 $A_1\,\overline{A_2}\,\overline{A_3}$.

(2) 事件"只击中一枪",并不指定哪一枪击中. 三个事件"只击中第一枪""只击中

第二枪""只击中第三枪"中的任意一个发生,都意味着事件"只击中一枪"发生. 同时,因为上述三个事件互不相容,所以可以表示成 $A_1\overline{A_2}\overline{A_3}+\overline{A_1}A_2\overline{A_3}+\overline{A_1}\overline{A_2}A_3$.

(3) 事件"三枪都没击中",就是事件"第一、二、三枪都未击中",所以可以表示成 $\overline{A_1}\overline{A_2}\overline{A_3}$.

(4) 事件"至少击中一枪",就是事件"第一、二、三枪至少有一次击中",所以可以表示成 $A_1\cup A_2\cup A_3$ 或 $A_1\overline{A_2}\overline{A_3}+\overline{A_1}A_2\overline{A_3}+\overline{A_1}\overline{A_2}A_3+A_1A_2\overline{A_3}+A_1\overline{A_2}A_3+\overline{A_1}A_2A_3+A_1A_2A_3$.

四、分析:利用和事件的概率公式,推出积事件概率,然后再分情况讨论.

$$P(A\cup B)=P(A)+P(B)-P(AB),$$

即

$$P(AB)=P(A)+P(B)-P(A\cup B).$$

(1) 当 $P(A\cup B)$ 最小时,$P(AB)$ 取得最大值.

当 $A\subset B$,即 $A\cup B=B$ 时,$P(A\cup B)$ 最小,$P(A\cup B)=P(B)=0.7$,此时,$P(AB)=P(A)=0.6$.

(2) 当 $P(A\cup B)$ 最大时,$P(AB)$ 取得最小值.

当 $A\cup B=S$ 时,$P(A\cup B)$ 最大,$P(A\cup B)=1$,此时,$P(AB)=P(A)+P(B)-P(A\cup B)=0.6+0.7-1=0.3$.

五、分析:设 $A_1,A_2,\cdots,A_5$ 分别代表五个事件.

样本空间是 10 个不同元素允许重复的 7 个元素排列,所以样本点总数为 10^7.

(1) 事件 A_1 要求所取 7 个数是互不相同的,考虑各个数取出时有先后顺序,所以相当于从 10 个数中每次取出 7 个不同的元素的排列. 因此 A_1 所包含的样本点数为 A_{10}^7,于是事件 A_1 的概率为

$$P(A_1)=\frac{A_{10}^7}{10^7}.$$

(2) 事件 A_2 所取的 7 个数中不含有 1 和 10. 所以,这 7 个数只能从 2,3,4,5,6,7,8,9 中选取,相当于从 8 个不同元素中允许重复的取 7 个的排列,所以 A_2 所包含样本点数为 8^7,于是事件 A_2 的概率为

$$P(A_2)=\frac{8^7}{10^7}.$$

(3) 事件 A_3 中 5 出现两次,可以是 7 次取数中的任意两次,有 C_7^2 种取法. 其余的 5 次,每次可以取剩下的 9 个数中的任一个,共有 9^5 种取法. 于是,A_3 所包含的样本点总数为 $C_7^29^5$,则事件 A_3 的概率为

$$P(A_3)=\frac{C_7^29^5}{10^7}.$$

(4) 事件 A_4 是 6 个两两互不相容事件"6 恰好出现 k 次"($k=2,3,4,5,6,7$)的和,其逆事件是"6 恰好出现一次或一次也不出现",显然,逆事件比较简单,则事件 A_4 的概率为

$$P(A_4)=1-P(\overline{A_4})=1-\frac{C_7^19^6+9^7}{10^7}.$$

（5）事件 A_5 是 6 个不同元素 $(1,2,3,4,5,6)$ 允许重复的且最大数为 6 的 7 元排列. 这种排列包括 6 出现 1~7 次. 排列数依次为 $C_7^1 5^6$, $C_7^2 5^5$, $C_7^3 5^4$, $C_7^4 5^3$, $C_7^5 5^2$, $C_7^6 5^1$, $C_7^7 5^0$. 于是,有

$$P(A_5) = \frac{\sum_{k=1}^{7} C_7^k 5^{7-k}}{10^7}.$$

事件 A_5 包含的样本点数也可以这样来考虑:最大数字不大于 6 的 7 元重复排列有 6^7 种,可以分为两类,一类是最大数恰好是 6 的 7 元重复排列,另一类是最大数小于 6 的 7 元重复排列,排列数有 5^7 种. 最大数恰好是 6 的 7 元重复排列总数为 $6^7 - 5^7$. 故

$$P(A_5) = \frac{6^7 - 5^7}{10^7}.$$

六、分析:设 $A = \{$取到的数能被 2 整除$\}$, $B = \{$取到的数能被 5 整除$\}$.

由于 $\frac{100}{2} = 50$, $\frac{100}{5} = 20$, $\frac{100}{10} = 10$,则 $P(A) = \frac{50}{100}$, $P(B) = \frac{20}{100}$, $P(AB) = \frac{10}{100}$.

所求的概率为

$$\begin{aligned} P(\bar{A}\bar{B}) &= P(\overline{A \cup B}) = 1 - P(A \cup B) \\ &= 1 - (P(A) + P(B) - P(AB)) \\ &= 1 - (0.5 + 0.2 - 0.1) = 0.4. \end{aligned}$$

七、分析:设事件 A = "方程 $x^2 - 2vx + u = 0$ 有实根",因 u, v 是从 $(0,1)$ 中任意取的两个数,因此点 u, v 与正方形区域 D 内的点一一对应,其中 $D = \{(u,v) \mid 0 < u < 1, 0 < v < 1\}$,事件 $A = \{(u,v) \mid (-2v)^2 - 4u \geq 0, (u,v) \in D\}$,事件 A 的样本点区域为图 1-4 中阴影部分,即 $D_1 = \{(u,v) \mid v^2 \geq u, 0 < v < 1\}$.

根据几何概型公式,有

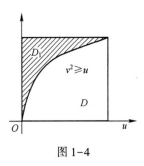

图 1-4

$$P(A) = \frac{S_{D_1}}{S_D} = \frac{\int_0^1 v^2 \mathrm{d}v}{1} = \frac{1}{3}.$$

八、分析:设 $A = \{$孩子得病$\}$, $B = \{$母亲得病$\}$, $C = \{$父亲得病$\}$.

已知 $P(A) = 0.6$, $P(B \mid A) = 0.5$, $P(C \mid AB) = 0.4$,所求概率为

$$\begin{aligned} P(AB\bar{C}) &= P(\bar{C} \mid AB)P(AB) \\ &= P(\bar{C} \mid AB)P(B \mid A)P(A) \\ &= (1 - 0.4) \times 0.5 \times 0.6 = 0.18. \end{aligned}$$

九、分析:设 $A = \{$收到的信息是 $A\}$, $B_1 = \{$发信息为 $A\}$, $B_2 = \{$发信息为 $B\}$,则

$P(B_1) = \frac{2}{3}$, $P(B_2) = \frac{1}{3}$, $P(A \mid B_1) = 0.98$, $P(A \mid B_2) = 0.01$.

所求概率为

$$P(B_1 \mid A) = \frac{P(A \mid B_1)P(B_1)}{P(A \mid B_1)P(B_1) + P(A \mid B_2)P(A \mid B_2)}$$

$$= \frac{0.98 \times \frac{2}{3}}{0.98 \times \frac{2}{3} + 0.01 \times \frac{1}{3}} = \frac{196}{197}.$$

十、分析：设事件 $B_j =$ "第 j 次抽到的报名表是女生表" $(j=1,2)$，$A_i =$ "报名表是第 i 个地区的" $(i=1,2,3)$.

易见，A_1, A_2, A_3 构成一个完备事件组，且

$$P(A_i) = \frac{1}{3}, i=1,2,3,$$

$$P(B_1 | A_1) = \frac{3}{10}, P(B_1 | A_2) = \frac{7}{15}, P(B_1 | A_3) = \frac{5}{25}.$$

（1）应用全概率公式，有

$$P(B_1) = \sum_{i=1}^{3} P(A_i) P(B_1 | A_i) = \frac{1}{3} \left(\frac{3}{10} + \frac{7}{15} + \frac{5}{25} \right) = \frac{29}{90}.$$

（2）因为

$$P(B_1 \overline{B}_2) = \sum_{i=1}^{3} P(A_i) P(B_1 \overline{B}_2 | A_i) = \frac{1}{3} \left(\frac{3}{10} \cdot \frac{7}{9} + \frac{7}{15} \cdot \frac{8}{14} + \frac{5}{25} \cdot \frac{20}{24} \right) = \frac{20}{90},$$

$$P(\overline{B}_1 \overline{B}_2) = \sum_{i=1}^{3} P(A_i) P(\overline{B}_1 \overline{B}_2 | A_i) = \frac{1}{3} \left(\frac{7}{10} \cdot \frac{6}{9} + \frac{8}{15} \cdot \frac{7}{14} + \frac{20}{25} \cdot \frac{19}{24} \right) = \frac{41}{90},$$

则由全概率公式可得

$$P(\overline{B}_2) = P(B_1 \overline{B}_2) + P(\overline{B}_1 \overline{B}_2) = \frac{61}{90},$$

从而得

$$P(B_1 | \overline{B}_2) = \frac{P(B_1 \overline{B}_2)}{P(\overline{B}_2)} = \frac{20}{90} \cdot \frac{90}{61} = \frac{20}{61}.$$

十一、分析：

（1）$P(AB) = P(A)P(B) = 0.9 \times 0.8 = 0.72$；

（2）$P(A \cup B) = P(A) + P(B) - P(AB) = 0.9 + 0.8 - 0.72 = 0.98$；

（3）$P(\overline{A}\,\overline{B}) = P(\overline{A})P(\overline{B}) = 0.1 \times 0.2 = 0.02$.

十二、分析：由 $\overline{A} \cup \overline{B} = \overline{AB}$，有 $P(\overline{A} \cup \overline{B}) = P(\overline{AB}) = 1 - P(AB)$.

下证 A, B 相互独立.

由 $P(B|A) + P(\overline{B}|\overline{A}) = 1$ 及 $P(B|A) + P(\overline{B}|A) = 1$，得

$$P(\overline{B}|\overline{A}) = P(\overline{B}|A).$$

由 $P(B|A) = P(B|\overline{A})$，知 $\overline{B}$ 与 A 相互独立，于是 A, B 相互独立. 由

$$0.7 = P(A \cup B) = P(A) + P(B) - P(A)P(B) = 0.4 + P(B) - 0.4P(B),$$

得

$$P(B) = 0.5,$$

故

$$P(\overline{A} \cup \overline{B}) = 1 - P(A)P(B) = 1 - 0.4 \times 0.5 = 0.8.$$

十三、分析:设事件 A,B,C,D 分别表示开关 a,b,c,d 关闭,显然 A,B,C,D 相互独立,事件 E 表示灯亮. 则

$$P(E)=P(AB\cup C\cup D)$$
$$=P(AB)+P(C)+P(D)-P(ABC)-P(ABD)-P(CD)+P(ABCD)$$
$$=P(A)P(B)+P(C)+P(D)-P(A)P(B)P(C)-P(A)P(B)P(D)-P(C)P(D)$$
$$+P(A)P(B)P(C)P(D)$$
$$=0.8125,$$

$$P(AB\mid E)=\frac{P(AB)}{P(E)}=\frac{0.25}{0.8125}=0.31.$$

十四、分析:设 $A_i=$ "第 i 炉炼出合格钢" $(i=1,2,\cdots,n)$,$B=$ "至少炼出一炉合格钢",则 $B=A_1\cup A_2\cup\cdots\cup A_n$.

因 $A_1,A_2,\cdots,A_n$ 相互独立,故 $\bar{A}_1,\bar{A}_2,\cdots,\bar{A}_n$ 也相互独立,故

$$P(B)=P(A_1\cup A_2\cup\cdots\cup A_n)=1-P(\bar{A}_1)P(\bar{A}_2)\cdots P(\bar{A}_n)$$
$$=1-(1-0.7)^n=1-0.3^n\geqslant 0.99,$$

即 $0.3^n\leqslant 0.01$,取对数,得

$$n\lg 0.3\leqslant\lg 0.01,$$

即

$$n\geqslant\frac{\lg 0.01}{\lg 0.3}\approx 3.824,$$

因此,至少需要 4 个转炉同时炼钢,才能以 99% 的把握炼出一炉合格钢.

第 2 章　随机变量及其分布

2.1　知识结构图

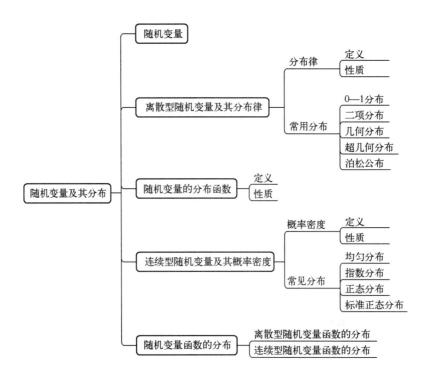

2.2　教学基本要求

（1）了解随机变量的概念．

（2）掌握离散型随机变量及分布律的概念和性质，熟练掌握 0—1 分布（两点分布）、二项分布、几何分布、超几何分布、泊松分布．

（3）理解分布函数的概念与性质，会利用分布函数计算有关事件的概率．

（4）掌握连续型随机变量及概率密度的概念和性质，熟练掌握均匀分布、指数分布、正态分布、标准正态分布．

（5）会求简单随机变量函数的概率分布或概率密度．

2.3 本章导学

本章介绍随机变量的概念,用随机变量描述随机现象是近代概率中最重要的方法.要习惯于用随机变量来表达随机事件.

对于随机变量,除了要知道它可能取哪些值,更重要的是要知道它以怎样的概率取这些值,本章介绍表达这种概率分布的几种方法,如表2-1所示.

表 2-1　概率分布表达方法

离散型	分布律	分布函数
连续型	概率密度	

不论其中哪种方法,都能全面刻划随机变量的概率分布规律,统称为"分布".

本章介绍几种常见的分布,其中离散型随机变量的分布包括两点分布、二项分布、几何分布、超几何分布、泊松分布;连续型随机变量的分布包括均匀分布、指数分布、正态分布和标准正态分布.

随机变量函数分布的推导,在数理统计和概率论的许多应用中都很重要,应当牢固地掌握.

2.4 主要概念、重要定理与公式

一、随机变量

设随机试验的样本空间为 $S,e \in S$,若 $X = X(e)$ 是定义在样本空间 S 上的实值单值函数,则称 $X = X(e)$ 为随机变量.

二、离散型随机变量及其分布律

1. 离散型随机变量

若随机变量全部可能取到的不相同的值是有限个或可列无限多个,则这种随机变量称为离散型随机变量.

2. 一维离散型随机变量的分布律

设离散型随机变量 X 所有可能取的值为 $x_1, x_2, \cdots, x_n$,X 取各个可能值的概率为 $P(X_k = x_k) = p_k$　$(k = 1,2,\cdots,n,\cdots)$,则称此公式为随机变量 X 的概率分布(或分布律).

直观起见,有时将 X 的分布律用表 2-2 表示.

表 2-2　离散型随机变量的分布律

X	x_1	x_2	$\cdots$	x_k	$\cdots$
p	p_1	p_2	$\cdots$	p_k	$\cdots$

3. 离散型随机变量 X 的概率分布性质

（1）$p_k \geqslant 0, (k = 1, 2, \cdots)$（非负性）.

（2）$\sum\limits_{k} p_k = 1$（归一性）.

4. 0—1 分布

设离散型随机变量 X 只可能取 0 与 1 两个值, 它的分布律是

$$P(X=k) = p^k (1-p)^{1-k}, k=0, 1, 0<p<1,$$

则称 X 服从参数为 p 的 0—1 分布或两点分布.

5. 伯努利试验

设试验 E 只有两个可能的结果 A 和 $\overline{A}$, 则称 E 为伯努利试验.

6. n 重伯努利试验

将伯努利试验独立重复地进行 n 次, 这一串重复的独立试验称为 n 重伯努利实验.

7. 二项分布

设一次伯努利试验中, A 发生的概率为 $p(0<p<1)$, 又设 X 表示 n 重伯努利试验中 A 发生的次数, 那么 X 所有可能取的值为 $0, 1, \cdots, n$, 且 X 的分布律为

$$P\{X=k\} = C_n^k p^k q^{n-k}, k = 0, 1, 2, \cdots, n,$$

则称 X 服从参数为 n, p 二项分布, 记为 $X \sim B(n, p)$.

$$P(X=k) = p^k (1-p)^{n-k}$$

8. 几何分布

随机变量 X 可能取的值为 $1, 2, \cdots, X$ 的分布律为

$$P(X=k) = (1-p)^{n-1} p, k=1, 2, \cdots,$$

称 X 服从参数为 p 几何分布.

9. 超几何分布

随机变量 X 可能取的值为 $0, 1, \cdots, j$（其中 $j = \min\{M, n\}$）, X 的分布律为

$$P(X=k) = C_M^k C_{N-M}^{n-k} / C_N^n, k=0, 1, \cdots, j,$$

则称 X 服从超几何分布.

10. 泊松分布

如果随机变量 X 可能取的值为 $0, 1, \cdots, X$ 的分布律为

$$P(X=k) = \frac{\lambda^k}{k!} \mathrm{e}^{-\lambda}, k=0, 1, \cdots,$$

其中 $\lambda > 0$ 是常数, 则称 X 服从参数为 λ 的泊松分布, 记为 $X \sim \prod(\lambda)$.

11. 泊松定理

设随机变量 X 服从二项分布 $B(n, p)$, 且 $np = \lambda$（$\lambda > 0$ 是常数）, 则有

$$\lim_{n \to \infty} P(X=k) = \lim_{n \to \infty} C_n^k p^k (1-p)^{n-k} = \frac{\lambda^k}{k!} \mathrm{e}^{-\lambda}, k=1, 2, \cdots.$$

三、随机变量的分布函数

1. 分布函数

设 X 为一个随机变量, x 为任意实数, 函数

$$F(x) = P(X \leqslant x)$$

称为 X 的分布函数.

2. 分布函数的性质

（1）$F(x)$ 是自变量 x 的单调不减函数,当 $x_1 < x_2$ 时,必有 $F(x_1) \le F(x_2)$.

（2）$0 \le F(x) \le 1$,且 $F(-\infty) = 0, F(+\infty) = 1$.

（3）$F(x)$ 对自变量 x 右连续,即对任意实数 $x, \lim\limits_{x \to x_0^+} F(x) = F(x_0)$.

（4）$P\{a < X \le b\} = F(b) - F(a)$.

（5）$P\{X > a\} = 1 - P\{X \le a\} = 1 - F(a)$.

（6）$P\{X = a\} = F(a^+) - F(a^-)$.

四、连续型随机变量及其概率密度

1. 连续型随机变量概率密度

对于随机变量 X 的分布函数 $F(x)$,存在非负函数 $f(x)$,对于任意实数 x 有

$$F(x) = \int_{-\infty}^{x} f(t) \, dt,$$

则称 X 为连续型随机变量,其中函数 $f(x)$ 称为 X 的概率密度函数,简称概率密度.

2. 连续型随机变量概率密度的性质

（1）$f(x) \ge 0$.

（2）$\int_{-\infty}^{+\infty} f(x) \, dx = 1$.

（3）对于任意实数 $a, b (a \le b)$（a 可以是 $-\infty$, b 也可以是 ∞）,有

$$P\{a \le X \le b\} = \int_{a}^{b} f(x) \, dx = F(b) - F(a).$$

（4）若 $f(x)$ 在点 x 连续,则有 $F'(x) = f(x)$.

（5）对于任何一个实数 $a, P\{x = a\} = 0$.

3. 均匀分布

设连续型随机变量 X 具有概率密度

$$f(x) = \begin{cases} \dfrac{1}{b-a}, & a < x < b, \\ 0, & \text{其他}, \end{cases}$$

则称 X 在区间 (a, b) 上服从均匀分布,记为 $X \sim U(a, b)$. 其分布函数为

$$F(x) = \begin{cases} 0, & x < a, \\ \dfrac{x-a}{b-a}, & a \le x < b, \\ 1, & x \ge b. \end{cases}$$

4. 指数分布

设连续型随机变量 X 的概率密度为

$$f(x) = \begin{cases} \dfrac{1}{\theta} e^{-\frac{x}{\theta}}, & x > 0 \\ 0, & \text{其他} \end{cases},$$

其中 $\theta > 0$ 为常数,则称 X 服从参数为 θ 的指数分布. 其分布函数为

$$F(x) = \begin{cases} 1-\mathrm{e}^{-x/\theta}, & x>0, \\ 0, & x \leqslant 0. \end{cases}$$

5. 正态分布

设连续型随机变量 X 的概率密度为

$$f(x) = \frac{1}{\sqrt{2\pi}\,\sigma}\mathrm{e}^{-\frac{1}{2\sigma^2}(x-\mu)^2}, -\infty < x < +\infty ,$$

其中 $\sigma > 0, \sigma, \mu$ 为常数,则称 X 服从参数为 σ, μ 的正态分布,记为 $X \sim N(\mu, \sigma^2)$. 其分布函数为

$$F(x) = \frac{1}{\sqrt{2\pi}\,\sigma}\int_{-\infty}^{x}\mathrm{e}^{-\frac{1}{2\sigma^2}(x-\mu)^2}\mathrm{d}x, -\infty < x < +\infty .$$

特别地,当 $\mu = 0, \sigma = 1$ 时,$X \sim N(0,1)$ 称为标准正态分布,其概率密度为

$$\varphi(x) = \frac{1}{\sqrt{2\pi}}\mathrm{e}^{-\frac{1}{2}x^2}, -\infty < x < +\infty ,$$

其分布函数为

$$\Phi(x) = \frac{1}{\sqrt{2\pi}}\int_{-\infty}^{x}\mathrm{e}^{-\frac{1}{2}x^2}\mathrm{d}x, -\infty < x < +\infty .$$

6. 标准正态分布的分布函数 $\Phi(x)$ 的性质

(1) $\Phi(-x) = 1-\Phi(x)$.

(2) $\Phi(0) = \dfrac{1}{2}$.

(3) $P\{a<X \leqslant b\} = \Phi(b)-\Phi(a)$.

(4) 若随机变量 $X \sim N(\mu, \sigma^2)$,则对于任意实数 $a, b(a \leqslant b)$,有

$$P\{a<X \leqslant b\} = \Phi\left(\frac{b-\mu}{\sigma}\right)-\Phi\left(\frac{a-\mu}{\sigma}\right).$$

7. 引理

若 $X \sim N(\mu, \sigma^2)$,则

$$Z = \frac{X-\mu}{\sigma} \sim N(0,1).$$

8. 标准正态分布的上 α 分位点

设随机变量 $X \sim N(0,1)$,对于给定的 $\alpha(0<\alpha<1)$,称满足条件 $P\{X>z_\alpha\} = \int_{z_\alpha}^{+\infty}\varphi(x)\mathrm{d}x = \alpha$

的点 z_α 为标准正态分布分布的上 α 分位点.

五、随机变量函数的分布

1. 一维离散型随机变量函数的分布

设 X 为离散型随机变量,其分布律为 $P\{X=x_k\}=p_k(k=1,2,\cdots)$,则 $Y=g(X)$ 仍然是离散型随机变量,它的分布律为

$$P\{Y=y_k\} = \sum_{g(x_k)=y_k}P\{X=x_k\} = \sum_{g(x_k)=y_k}p_k, k=1,2,\cdots.$$

2. 定理

设连续型随机变量 X 的概率密度函数为 $f_X(x)$,又设函数 $g(x)$ 处处可导且恒

26

有 $g'(x)>0$(或 $g'(x)<0$),则 $Y=g(X)$ 是连续型随机变量,其概率密度为

$$f_Y(y)=\begin{cases} f_X[h(y)]\cdot|h'(y)|, & \alpha<y<\beta, \\ 0, & \text{其他}. \end{cases}$$

这里 $\alpha=\min\{g(-\infty),g(+\infty)\}$,$\beta=\max\{g(-\infty),g(+\infty)\}$,$x=h(y)$ 是 $y=g(x)$ 的反函数.

2.5 典型例题解析

【例1】 离散型随机变量 X 的分布律为

X	0	1
p	$9c^2-c$	$3-8c$

试确定 c 的值.

分析:确定离散型随机变量分布律中的待定常数,利用分布律的性质.

解:由归一性可知 $9c^2-c+3-8c=1$,即

$$9c^2-9c+2=(3c-2)(3c-1)=0,$$

解得

$$c_1=\frac{2}{3},c_2=\frac{1}{3}.$$

由非负性 $9c^2-c>0$,$3-8c>0$,可知 $c_1=\frac{2}{3}$ 舍去,故 $c=\frac{1}{3}$.

【例2】 一汽车沿一街道行驶,需要通过三个均设有红绿信号灯的路口,每个信号灯为红或绿与其他信号灯为红或绿相互独立,且红、绿两种信号显示的时间相等,以 X 表示该汽车首次遇到红灯已通过的路口的个数,求 X 的概率分布.

分析:此题考查的随机变量概念的理解,首先要弄清楚随机变量代表的意义,用随机变量的取值表示随机事件,然后再确定每个取值的概率,从而确定 X 的分布律.

解:设 $A_i=$ "汽车在第 i 个路口遇到红灯",$i=1,2,3$,且 A_1,A_2,A_3 相互独立.

X 表示该汽车首次遇到红灯已通过的路口的个数,X 的可能取值是 $0,1,2,3$.

计算 X 取各可能值的概率:

$$P\{X=0\}=P\{A_1\}=\frac{1}{2},$$

$$P\{X=1\}=P\{\overline{A_1}A_1\}=P\{\overline{A_1}\}P\{A_1\}=\frac{1}{2^2},$$

$$P\{X=2\}=P\{\overline{A_1}\,\overline{A_2}A_3\}=P\{\overline{A_1}\}P\{\overline{A_2}\}P\{A_3\}=\frac{1}{2^3},$$

$$P\{X=3\}=P\{\overline{A_1}\,\overline{A_2}\,\overline{A_3}\}=P\{\overline{A_1}\}P\{\overline{A_2}\}P\{\overline{A_3}\}=\frac{1}{2^3}$$

或 $P\{X=3\}=1-P\{x=0\}=1-P\{x=0\}-P\{x=1\}-P\{x=2\}=\frac{1}{2^3}.$

因此,X 的分布律为

X	0	1	2	3
p	$\dfrac{1}{2}$	$\dfrac{1}{4}$	$\dfrac{1}{8}$	$\dfrac{1}{8}$

【例3】 袋中装有6个大小相同的球,4个红色,2个白色.现从中连取5次,每次取一球,求在以下条件下取得红球的个数 X 的分布律:

(1) 每次取出球观察颜色后即放回袋中,拌匀后再取下个球.

(2) 每次取出球观察颜色后不放回袋中,接着取下一个球.

分析:利用二项分布和超几何分布求解.

解:(1) 随机变量 X 服从二项分布,则 $X \sim B\left(5, \dfrac{2}{3}\right)$,故

$$P\{X=k\} = C_5^k \left(\dfrac{2}{3}\right)^k \left(\dfrac{1}{3}\right)^{5-k}, k=0,1,2,3,4,5.$$

因此,X 的分布律为

X	0	1	2	3	4	5
p	$\dfrac{1}{243}$	$\dfrac{10}{243}$	$\dfrac{40}{243}$	$\dfrac{80}{243}$	$\dfrac{80}{243}$	$\dfrac{32}{243}$

(2) 随机变量 X 超几何分布,故

$$P\{X=k\} = \dfrac{C_4^k C_{6-4}^{5-k}}{C_6^5}, k=3,4.$$

因此,X 的分布律为

X	3	4
p	$\dfrac{2}{3}$	$\dfrac{1}{3}$

【例4】 一房间有3扇同样大小的窗子,其中只有一扇是打开的.有一只鸟自开着的窗子飞入房间,它只能从开着的窗子飞出去.鸟在房子里飞来飞去,试图飞出房间.鸟飞向各扇窗子都是随机的.

(1) 假定鸟没有记忆,以 X 表示鸟为了飞出房间试飞的次数,求 X 的分布律.

(2) 户主称,他养的鸟是有记忆的,它飞向任一窗子的尝试不多于一次.以 Y 表示这只聪明的鸟为了飞出房间试飞的次数,如户主所说属实,则求 Y 的分布律.

分析:利用几何分布和分布律的定义求解.

解:(1) X 服从几何分布,每次只能从开着的窗子飞出去,飞出去的概率为 $\dfrac{1}{3}$,因此,X 的分布律为

$$P\{X=k\} = \left(\dfrac{2}{3}\right)^{k-1} \dfrac{1}{3}, k=1,2,\cdots.$$

（2）若鸟是有记忆的,则由题意,Y 的可能取值为 $1,2,3$.

$\{Y=1\}$ 表明鸟从 3 扇窗子中选对了打开的窗子,对鸟而言,3 扇窗是等可能的,因此 $P\{Y=1\}=\dfrac{1}{3}$. $\{Y=2\}$ 表明鸟第一次试飞失败,概率为 $\dfrac{2}{3}$,第二次试飞,鸟舍弃已飞过的那扇窗,而从余下的一开一关的两扇窗中二选一,成功机会为 $\dfrac{1}{2}$,故 $P\{Y=2\}=\dfrac{2}{3}\times\dfrac{1}{2}=\dfrac{1}{3}$.

$\{Y=3\}$ 表明鸟第一次试飞失败,概率为 $\dfrac{2}{3}$,第二次,鸟舍弃已飞过的那扇窗,而从余下的一开一关的两扇窗中二选一,失败概率为 $\dfrac{1}{2}$,第三次从剩下的唯一开着的窗子飞出,成功的概率为 1,故 $P\{Y=3\}=\dfrac{2}{3}\times\dfrac{1}{2}\times1=\dfrac{1}{3}$.

因此,X 的分布律为

X	1	2	3
p	$\dfrac{1}{3}$	$\dfrac{1}{3}$	$\dfrac{1}{3}$

【例5】 由商店过去的销售记录知道,某商品每月的销售数可以用参数 $\lambda=10$ 的泊松分布来描述,为了以 95% 以上的把握保证下个月不脱销,问商店在月底至少应进某种商品多少件?

分析:利用泊松分布求解.

解:设该商店每月销售某种商品 X 件,X 服从参数 $\lambda=10$ 的泊松分布,故

$$P(X=k)=\frac{10^{k}}{k!}\mathrm{e}^{-10},k=0,1,\cdots.$$

设月底的进货为 a 件,则当 $X\leqslant a$ 时就不会脱销,因而按题意要求有 $P(X\leqslant a)\geqslant0.95$,

即 $\displaystyle\sum_{k=0}^{a}\frac{10^{k}}{k!}\mathrm{e}^{-10}>0.95$.

由泊松分布表可得

$$\sum_{k=0}^{14}\frac{10^{k}}{k!}\mathrm{e}^{-10}\approx0.9166<0.95,$$

$$\sum_{k=0}^{15}\frac{10^{k}}{k!}\mathrm{e}^{-10}\approx0.9513>0.95.$$

于是,这家商店只要在月底进货某种商品 15 件(假定上个月没存货),就可以 95% 以上的把握保证这种商品在下个月不脱销.

【例6】 有一繁忙的汽车站,每天有大量汽车通过,设每辆汽车在一天的某段时间内出事故的概率为 0.0001,在每天的该段时间内有 1000 辆汽车通过,问出事故的次数不小于 2 的概率是多少?

分析:此题考查二项分布的计算,但是当试验次数 n 较大时,可以用泊松定理近似二项分布.

解:设用随机变量 X 表示 1000 辆车通过出事故的次数,$X\sim B(1000,0.0001)$,则

$$P\{X \geqslant 2\} = 1 - P\{X = 0\} - P\{X = 1\},$$

即

$$P\{X \geqslant 2\} = 1 - 0.9999^{1000} - 0.1 \times 0.9999^{999}.$$

此处计算量比较大,因此考虑用泊松定理来求,即用泊松分布来近似二项分布.

$$\lambda = np = 1000 \cdot 0.0001 = 0.1,$$

故

$$P\{X \geqslant 2\} = 1 - \frac{0.1^0 e^{-0.1}}{0!} - \frac{0.1^1 e^{-0.1}}{1!}$$

或

$$P\{X \geqslant 2\} = 1 - P\{X \leqslant 1\}.$$

查表可得

$$P\{X \leqslant 1\} = 0.9953,$$

故

$$P\{X \geqslant 2\} = 1 - 0.9953 = 0.0047.$$

【例7】 分析下列函数中,哪个是随机变量 X 的分布函数.

(1) $F_1(x) = \begin{cases} 1, & x < -2, \\ \dfrac{1}{2}, & -2 \leqslant x < 0, \\ 2, & x \geqslant 0. \end{cases}$

(2) $F_2(x) = \begin{cases} 0, & x < 0, \\ \sin x, & 0 \leqslant x < \pi, \\ 1, & x \geqslant \pi. \end{cases}$

(3) $F_3(x) = \begin{cases} 0, & x < 0, \\ x + \dfrac{1}{2}, & 0 \leqslant x < \dfrac{1}{2}, \\ 1, & x \geqslant \dfrac{1}{2}. \end{cases}$

分析:由分布函数的性质来判断什么样的函数可以做分布函数.

解:(1) 不是分布函数.

因为 $\lim\limits_{x \to \infty} F_1(x) = 2$,不符合 $0 \leqslant F(x) \leqslant 1$.

(2) 不是分布函数.

因为 $F_2(x) = \sin x$ 在 $(0, \pi)$ 不是不减函数.

(3) 是分布函数.

符合分布函数三条性质,但 $F_3(x)$ 在 $x = 0$ 与 $x = \dfrac{1}{2}$ 处不可导,且由此得 $\int_{-\infty}^{x} F'(x) \mathrm{d}x \neq f(x)$. 故不存在概率密度函数.

同时,$F_3(x)$ 图形也不是阶梯形曲线,所以,$F_3(x)$ 既非连续型也非离散型随机变量的分布函数.

【例8】 设随机变量 X 的分布函数为

$$F(x) = \begin{cases} 0, & x < -1 \\ a, & -1 \leqslant x < 1 \\ \dfrac{2}{3} - a, & 1 \leqslant x < 2 \\ a + b, & x \geqslant 2 \end{cases}, 且 P\{x = 2\} = 0.5.$$

求 a,b , X 的分布律.

分析:由离散型随机变量分布函数是分布律逐步累加的过程和分布函数的性质可求.

解:由 $F(+\infty) = 1$ 可得
$$a + b = 1,$$
$$P\{x = 2\} = F(2^+) - F(2^-) = 1 - (\frac{2}{3} - a) = \frac{1}{3} + a = \frac{1}{2},$$

两个方程联立可得
$$a = \frac{1}{6}, b = \frac{5}{6}.$$

因此,有
$$P\{x = -1\} = F(-1^+) - F(-1^-) = \frac{1}{6} - 0 = \frac{1}{6},$$
$$P\{x = 1\} = F(1^+) - F(1^-) = \frac{2}{3} - \frac{1}{6} - \frac{1}{6} = \frac{1}{3}.$$

故分布律为

X	-1	1	2
p	$\dfrac{1}{6}$	$\dfrac{1}{3}$	$\dfrac{1}{2}$

【例9】 连续型随机变量 X 的分布函数为 $F(x) = A + B\arctan x, -\infty < x < +\infty$. 求:

(1) 系数 A,B ;

(2) X 的概率密度;

(3) X 落在区间 $(-1,1)$ 内的概率.

分析:利用连续型随机变量的分布函数定义和性质求解.

解:(1) 由分布函数的性质 $F(-\infty) = 0, F(+\infty) = 1$ 可得
$$F(-\infty) = A - B\frac{\pi}{2} = 0, F(+\infty) = A + B\frac{\pi}{2} = 1,$$

解得 $A = \dfrac{1}{2}, B = \dfrac{1}{\pi}$,所以
$$F(x) = \frac{1}{2} + \frac{1}{\pi}\arctan x, -\infty < x < +\infty.$$

(2) $f(x) = F'(x) = \left[\dfrac{1}{2} + \dfrac{1}{\pi}\arctan x\right]' = \dfrac{1}{\pi(1 + x^2)}, -\infty < x < +\infty.$

(3) $P\{-1<X<1\} = F(1)-F(-1) = \left(\dfrac{1}{2}+\dfrac{1}{\pi}\cdot\dfrac{\pi}{4}\right) - \left(\dfrac{1}{2}-\dfrac{1}{\pi}\cdot\dfrac{\pi}{4}\right) = \dfrac{1}{2}$.

【例 10】 一个靶子是半径为 2 的圆盘,设击中靶上任一同心圆盘上点的概率与该圆盘的面积成正比,并设射击都能中靶,以 X 表示弹着点与圆心的距离,求随机变量 X 的分布函数.

分析:根据"击中靶上任一同心圆盘上的点的概率与该圆盘的面积成正比""射击都能中靶"的条件确定 X 落在某区域内的概率,利用连续型随机变量分布函数的定义进行求解.

解:当 $x<0$ 时,X 表示弹着点与圆心的距离,$X\leqslant x$ 是不可能事件,故
$$F(x)=P\{X\leqslant x\}=0;$$
当 $0\leqslant x\leqslant 2$ 时,因击中靶上任一同心圆盘上的点的概率与该圆盘的面积成正比,所以
$$P\{0\leqslant X\leqslant x\}=kx^2.$$

射击都能中靶,$P\{0\leqslant X\leqslant 2\}=1$,得 $k=\dfrac{1}{4}$. 因此,有
$$P\{0\leqslant X\leqslant x\}=\dfrac{x^2}{4}.$$

于是
$$F(x)=P\{X\leqslant x\}=P\{X<0\}+P\{0\leqslant X\leqslant x\}=\dfrac{x^2}{4}.$$

故 X 的分布函数为
$$F(x)=\begin{cases} 0, & x<0, \\ \dfrac{x^2}{4}, & 0\leqslant x<2, \\ 1, & x\geqslant 2, \end{cases}$$

其图像如图 2-1 所示.

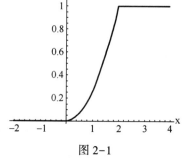

图 2-1

【例 11】 设随机变量 X 具有概率密度
$$f(x)=\begin{cases} \dfrac{C}{\sqrt{1-x^2}}, & |x|<1, \\ 0, & \text{其他}. \end{cases}$$

(1) 试确定常数 C;

(2) 求分布函数 $F(x)$;

(3) 求 $P\left\{|X|\leqslant\dfrac{1}{2}\right\}$.

分析:利用连续型随机变量概率密度的性质和分布函数的定义求解.

解:(1) 由于 $\displaystyle\int_{-\infty}^{+\infty} f(x)\,\mathrm{d}x=1$,即
$$\int_{-\infty}^{+\infty} f(x)\,\mathrm{d}x = \int_{-1}^{1}\dfrac{C}{\sqrt{1-x^2}}\,\mathrm{d}x = C\arcsin x\,\big|_{-1}^{1} = \pi C = 1,$$

得 $C=\dfrac{1}{\pi}$. 于是 X 的概率密度为

32

$$f(x) = \begin{cases} \dfrac{1}{\pi\sqrt{1-x^2}}, & -1 < x < 1, \\ 0, & \text{其他}. \end{cases}$$

（2）$F(x) = \displaystyle\int_{-\infty}^{x} f(x)\,\mathrm{d}x$

$$= \begin{cases} \displaystyle\int_{-\infty}^{x} 0\,\mathrm{d}x = 0, & x < -1, \\[2mm] \displaystyle\int_{-\infty}^{-1} 0\,\mathrm{d}x + \int_{-1}^{x} \frac{1}{\pi\sqrt{1-x^2}}\,\mathrm{d}x = \arcsin x + \frac{1}{2}, & -1 \leq x < 1, \\[2mm] \displaystyle\int_{-\infty}^{-1} 0\,\mathrm{d}x + \int_{-1}^{1} \frac{1}{\pi\sqrt{1-x^2}}\,\mathrm{d}x + \int_{1}^{x} 0\,\mathrm{d}x = 1, & 1 \leq x. \end{cases}$$

（3）方法一：$P\left\{|X| \leq \dfrac{1}{2}\right\} = \displaystyle\int_{-\frac{1}{2}}^{\frac{1}{2}} \frac{1}{\pi\sqrt{1-x^2}}\,\mathrm{d}x = \frac{1}{\pi}\arcsin x \Big|_{-\frac{1}{2}}^{\frac{1}{2}} = \frac{1}{3}$ ；

方法二：$P\left\{|X| \leq \dfrac{1}{2}\right\} = F\left(\dfrac{1}{2}\right) - F\left(-\dfrac{1}{2}\right) = \left[\arcsin\left(\dfrac{1}{2}\right) + \dfrac{1}{2}\right] - \left[\arcsin\left(-\dfrac{1}{2}\right) + \dfrac{1}{2}\right] = \dfrac{1}{3}$.

【例12】 设随机变量 $X \sim U(2,5)$，现对 X 进行三次独立观测，试求至少有两次观察值大于 3 的概率.

分析：首先利用均匀分布求出观察值大于 3 的概率，然后再利用二项分布求解.

解：X 的概率密度为

$$f(x) = \begin{cases} \dfrac{1}{3}, & 2 \leq x \leq 5, \\ 0, & \text{其他}, \end{cases}$$

则

$$P\{X > 3\} = \int_{3}^{5} \frac{1}{3}\,\mathrm{d}x = \frac{2}{3}.$$

令 Y 表示三次独立观测中观察值大于 3 的次数，则 $Y \sim B\left(3, \dfrac{2}{3}\right)$，则

$$P\{Y \geq 2\} = P\{Y=2\} + P\{Y=3\} = C_3^2\left(\frac{2}{3}\right)^2\left(\frac{1}{3}\right) + C_3^3\left(\frac{2}{3}\right)^3\left(\frac{1}{3}\right)^0 = \frac{20}{27}.$$

【例13】 电子元件的寿命 X（年）服从参数为 3 的指数分布.

（1）求该电子元件寿命超过 2 年的概率；

（2）已知该电子元件已使用了 1.5 年，求它还能使用 2 年的概率.

分析：利用指数分布求解，在已使用了 1.5 年，还能使用 2 年则该元件实际上是使用了 3.5 年，这是求解问题的关键.

解：由题意可知 X 的概率密度为

$$f(x) = \begin{cases} 3\mathrm{e}^{-3x}, & x > 0, \\ 0, & x \leq 0. \end{cases}$$

（1）$P\{X \geq 2\} = \displaystyle\int_{2}^{+\infty} f(x)\,\mathrm{d}x = \int_{2}^{+\infty} 3\mathrm{e}^{-3x}\,\mathrm{d}x = \mathrm{e}^{-6}.$

（2）$P\{X\geqslant3.5\mid X\geqslant1.5\}=\dfrac{P[\{X\geqslant3.5\}\cap\{X\geqslant1.5\}]}{P\{X\geqslant1.5\}}=\dfrac{P\{X\geqslant3.5\}}{P\{X\geqslant1.5\}}=\dfrac{e^{-10.5}}{e^{-4.5}}=e^{-6}.$

【例 14】 设某城市成年男子的身高 $X\sim N(170,6^2)$（单位为 cm）.

（1）问应如何设计公共汽车车门的高度，使男子与车门顶碰头的概率小于 0.01.

（2）若车门的高度为 182cm，求 100 个成年男子与车门顶碰头的人数不多于 2 的概率.

分析：使用正态分布，将正态分布标准化后进行求解.

解：（1）设车门的高度为 $h(\text{cm})$，则要使

$$P\{X>h\}=1-P\{X\leqslant h\}=1-P\left\{\frac{X-170}{6}\leqslant\frac{h-170}{6}\right\}=1-\varPhi\left\{\frac{h-170}{6}\right\}\leqslant0.01,$$

解得：

$$\varPhi\left\{\frac{h-170}{6}\right\}\geqslant0.99,$$

查表可得

$$\frac{h-170}{6}\geqslant2.33,$$

故

$$h\geqslant183.98(\text{cm}).$$

（2）任一男子身高超过 182cm 的概率为

$$P\{X>182\}=1-P\left\{\frac{X-170}{6}\leqslant\frac{182-170}{6}\right\}=1-\varPhi\{2\}=0.0228.$$

设 Y 为 100 个男子中身高超过 182cm 的人数，则 $Y\sim B(100,0.0228)$，

100 个成年男子与车门顶碰头的人数不多于 2 的概率为 $P\{Y\leqslant2\}$，利用泊松定理，取 $\lambda=np=2.28$，查表可得

$$P\{Y\leqslant2\}\approx0.6013.$$

【例 15】 设随机变量 $X\sim N(0,1)$，对给定的 $\alpha(0<\alpha<1)$，数 u_α 满足 $P\{X>u_\alpha\}=\alpha$，若 $P\{\mid X\mid<x\}=\alpha$，则 x 等于（　　）.

（A）$u_{\frac{\alpha}{2}}$　　　　（B）$u_{1-\frac{\alpha}{2}}$　　　　（C）$u_{\frac{1-\alpha}{2}}$　　　　（D）$u_{1-\alpha}$

分析：利用标准正态分布的上 α 分位点定义求解.

解：已知 $P\{X>u_\alpha\}=\alpha$，由标准正态分布概率密度函数的对称性知

$$P\{X<-u_\alpha\}=\alpha,$$

于是

$$1-\alpha=1-P\{\mid X\mid<x\}=P\{\mid X\mid\geqslant x\}=P\{X\geqslant x\}+P\{X\leqslant-x\}=2P\{X\geqslant x\},$$

即

$$P\{X\geqslant x\}=\frac{1-\alpha}{2},$$

根据标准正态分布的上 α 分位点定义有 $x=u_{\frac{1-\alpha}{2}}$，故应选 C.

也可以通过标准正态分布概率密度函数图像求得，如图 2-2 和图 2-3 所示.

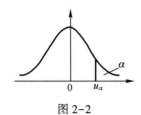

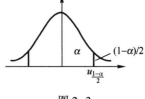

图 2-2　　　　　　　　　　图 2-3

【例 16】　设随机变量 X 的分布律为

X	-2	$-\dfrac{1}{2}$	0	2	4
p_k	$\dfrac{1}{8}$	$\dfrac{1}{4}$	$\dfrac{1}{8}$	$\dfrac{1}{6}$	$\dfrac{1}{3}$

求下列各函数的分布律：
（1）$X+2$；（2）$-X+1$；（3）X^2.
分析：使用倒表法.
解：将 X 的分布律中两行对调可得

p_k	$\dfrac{1}{8}$	$\dfrac{1}{4}$	$\dfrac{1}{8}$	$\dfrac{1}{6}$	$\dfrac{1}{3}$
X	-2	$-\dfrac{1}{2}$	0	2	4
$X+2$	0	$\dfrac{3}{2}$	2	4	6
$-X+1$	3	$\dfrac{3}{2}$	1	-1	-3
X^2	4	$\dfrac{1}{4}$	0	4	16

因此，可得 $X+2$ 的分布律：

$X+2$	0	$\dfrac{3}{2}$	2	4	6
p_k	$\dfrac{1}{8}$	$\dfrac{1}{4}$	$\dfrac{1}{8}$	$\dfrac{1}{6}$	$\dfrac{1}{3}$

$-X+1$ 的分布律：

$-X+1$	-3	-1	1	$\dfrac{3}{2}$	3
p_k	$\dfrac{1}{3}$	$\dfrac{1}{6}$	$\dfrac{1}{8}$	$\dfrac{1}{4}$	$\dfrac{1}{8}$

X^2 的分布律：

X^2	0	$\dfrac{1}{4}$	4	16	
p_k	$\dfrac{1}{8}$	$\dfrac{1}{4}$	$\dfrac{7}{24}$	$\dfrac{1}{3}$	

【例17】 设 X 是离散型随机变量,其分布函数为

$$F(x) = \begin{cases} 0, & x<-2, \\ 0.2, & -2 \leqslant x < -1, \\ 0.35, & -1 \leqslant x < 0, \\ 0.6, & 0 \leqslant x < 1, \\ 1, & x \geqslant 1. \end{cases}$$

令 $Y = |X+1|$,求随机变量 Y 的分布函数.

分析:X 的分布律易求出,再求 Y 的分布律,由分布律即可求分布函数.

解:X 的分布律为

X	-2	-1	0	1
p_k	0.2	0.15	0.25	0.4

由 $Y = |X+1|$,可得随机变量 Y 取 0,1,2 三个值.

$P(Y=0) = P(|X+1|=0) = P(X=-1) = 0.15$,

$P(Y=1) = P(|X+1|=1) = P(X=-2) + P(X=0) = 0.2 + 0.25 = 0.45$,

$P(Y=2) = P(|X+1|=2) = P(X=1) = 0.4$.

因此,随机变量 Y 的分布函数 $F_Y(y) = \sum_{y_i \leqslant y} P(Y=y_i) = \sum_{y_i \leqslant y} p_i$ 为

$$F_Y(y) = P(Y \leqslant y) = \begin{cases} 0, & y<0, \\ 0.15, & 0 \leqslant y < 1, \\ 0.6, & 1 \leqslant y < 2, \\ 1, & y \geqslant 2. \end{cases}$$

【例18】 设连续型随机变量 X 的概率密度为

$$f(x) = \begin{cases} \lambda e^{-\lambda x}, & x>0, \\ 0, & 其他. \end{cases}$$

求 $y = x^3$ 的概率密度.

分析:$y = x^3$ 严格单调,其概率密度可用公式法求得.

解:由于 $y = x^3$ 连续,且 $(x^3)' > 0$,函数严格单调,因此有反函数 $x = h(y) = \sqrt[3]{y}$,且

$\alpha = \min\{g(0), g(+\infty)\} = 0$,

$\beta = \max\{g(0), g(+\infty)\} = +\infty$,

$h'(y) = \dfrac{1}{3} y^{-\frac{2}{3}}$.

由公式法可得

$$f_Y(y)' = \begin{cases} \lambda e^{-\lambda \sqrt[3]{y}} \left| \dfrac{1}{3} y^{-\frac{2}{3}} \right| = \dfrac{\lambda}{3} y^{-\frac{2}{3}} e^{\lambda \sqrt[3]{y}}, & y \geqslant 0, \\ 0, & y<0. \end{cases}$$

【例19】 设连续型随机变量 X 的概率密度为

$$f_X(x) = \begin{cases} x^3 e^{-x^2}, & x \geqslant 0, \\ 0, & x<0. \end{cases}$$

试求 $Y = X^2$ 概率密度.

分析: $Y = X^2$ 在实数域内不是单调函数,不能使用公式法,可采用分布函数法.

解:当 $y < 0$ 时,y 的分布函数

$$F_Y(y) = P\{Y \leqslant y\} = 0,$$

则

$$f_Y(y) = F'_Y(y) = 0;$$

当 $y \geqslant 0$ 时,y 的分布函数

$$
\begin{aligned}
F_Y(y) &= P\{Y \leqslant y\} \\
&= P\{-\sqrt{y} \leqslant X \leqslant \sqrt{y}\} \\
&= F_X(\sqrt{y}) - F_X(-\sqrt{y}) \\
&= \int_{-\infty}^{\sqrt{y}} f_X(x)\,\mathrm{d}x - \int_{-\infty}^{-\sqrt{y}} f_X(x)\,\mathrm{d}x.
\end{aligned}
$$

再由分布函数求概率密度

$$
\begin{aligned}
f_Y(y) &= F'_Y(y) \\
&= f_X(\sqrt{y})(\sqrt{y})' - f_X(-\sqrt{y})(-\sqrt{y})' \\
&= \frac{1}{2\sqrt{y}} \cdot (\sqrt{y})^3 \cdot \mathrm{e}^{-(\sqrt{y})^2} + 0 \cdot \frac{1}{2\sqrt{y}} \\
&= \frac{y}{2} \cdot \mathrm{e}^{-y},
\end{aligned}
$$

因此可得 $y = x^3$ 的概率密度为

$$
f_Y(y) = \begin{cases} \dfrac{y}{2} \cdot \mathrm{e}^{-y}, & y \geqslant 0, \\ 0, & y < 0. \end{cases}
$$

2.6 疑难问题及常见错误例析

(1) 两个分布函数的和仍然是分布函数吗?

答:不是的.

假设 $F_1(x)$、$F_2(x)$ 是两个分布函数,$F(x) = F_1(x) + F_2(x)$,则 $F(+\infty) = F_1(+\infty) + F_2(+\infty) = 1 + 1 = 2 \neq 1$,故两个分布函数的和不再是分布函数.

(2) 若 A 为不可能事件,则 $P(A) = 0$;若 A 为必然事件,则 $P(A) = 1$. 反之,结论一定成立吗?

答:不一定.

例如,X 为连续型随机变量,在数轴上取一点 C,C 为常数,则 $\{X = C\} \neq \phi$,但连续型随机变量在定点处的概率为 0,故 $P\{X = C\} = 0$;同理,设 $A = \{X \neq C\}$ 的全体实数,则对立事件 $\overline{A} = \{X = C\}$,则 $P(A) = 1 - P(\overline{A}) = 1 - 0 = 1$,但事件 A 不是必然事件. 故反之结论不一定成立.

2.7 同步习题及解答

2.7.1 同步习题

一、填空题:

1. 设离散型随机变量 X 的分布律为 $P\{X=i\}=p^{i+1}, i=0,1$, 则 $p=$ _____ .

2. 设随机变量 $X \sim B\left(200, \dfrac{1}{40}\right)$, 则 $P\{X=3\}$ _____ $\approx$ _____ (泊松定理).

3. 设连续型随机变量 X 的分布函数

$$F(x)=\begin{cases} 0, & x<0, \\ x, & 0 \leqslant x<1, \\ 1, & x \geqslant 1. \end{cases}$$

则 X 落在 $\left(-1, \dfrac{1}{2}\right)$ 内的概率为 _____ .

4. 若随机变量 $X \sim N(2, \sigma^2)$, 且 $P\{2<X<4\}=0.3$, 则 $P\{X<0\}=$ _____ .

5. 设连续型随机变量 X 的概率密度为 $f(x), -\infty<x<\infty$, 则 $Y=2X$ 的概率密度为 $f_Y(y)=$ _____ .

二、单项选择题:

1. 下列函数中可作为某随机变量概率密度函数的是(   ).

(A) $f_1(x)=\begin{cases} \sin x, & 0 \leqslant x \leqslant \pi, \\ 0, & 其他; \end{cases}$ (B) $f_2(x)=\begin{cases} \sin x, & 0 \leqslant x \leqslant \dfrac{3\pi}{2}, \\ 0, & 其他; \end{cases}$

(C) $f_3(x)=\begin{cases} \sin x, & 0 \leqslant x \leqslant \dfrac{\pi}{2}, \\ 0, & 其他; \end{cases}$ (D) $f_4(x)=\begin{cases} \sin x, & -\dfrac{\pi}{2} \leqslant x \leqslant \dfrac{\pi}{2}, \\ 0, & 其他. \end{cases}$

2. 设随机变量 X 的概率密度为 $f(x)=\begin{cases} x, & 0 \leqslant x<1 \\ 2-x, & 1 \leqslant x \leqslant 2, \\ 0, & 其他 \end{cases}$ 则 $P\{X \leqslant 1.5\}=$(   ).

(A) $\displaystyle\int_0^1 x\,\mathrm{d}x + \int_1^{1.5}(2-x)\,\mathrm{d}x$;   (B) $\displaystyle\int_0^{1.5}(2-x)\,\mathrm{d}x$;

(C) $\displaystyle\int_1^{1.5}(2-x)\,\mathrm{d}x$;   (D) $\displaystyle\int_{-\infty}^{1.5}(2-x)\,\mathrm{d}x$.

3. 设随机变量 X 的概率密度为 $f(x)=\dfrac{1}{2\sqrt{\pi}}e^{-\frac{(x+3)^2}{4}}, -\infty<x<\infty$, 则 $Y=($)服从 $N(0,1)$.

(A) $\dfrac{X+3}{2}$ (B) $\dfrac{X+3}{\sqrt{2}}$ (C) $\dfrac{X-3}{2}$ (D) $\dfrac{X-3}{\sqrt{2}}$

4. 随机变量 $X \sim N(\mu, \sigma^2)$, 则随 σ 的增大, 概率 $P\{|X-\mu|<\sigma\}$ 是(   ).

（A）单调增加　　（B）单调减小　　（C）保持不变　　（D）增减不定

5. 随机变量 $X \sim N(0,1)$，分布函数是 $\varPhi(x) = \dfrac{1}{\sqrt{2\pi}} \displaystyle\int_{-\infty}^{x} \mathrm{e}^{-\frac{t^2}{2}} \mathrm{d}t$，$-\infty < x < \infty$，且 $P\{X > x\} = \alpha \in (0,1)$，则 $x = (\quad)$.

（A）$\varPhi^{-1}(\alpha)$　　（B）$\varPhi^{-1}\left(1 - \dfrac{\alpha}{2}\right)$　　（C）$\varPhi^{-1}(1 - \alpha)$　　（D）$\varPhi^{-1}\left(\dfrac{\alpha}{2}\right)$

三、设随机变量 X 的分布律为

X	-1	2	3
p_k	$\dfrac{1}{6}$	$\dfrac{1}{3}$	C

求：（1）常数 C；（2）X 的分布函数；（3）$P\{2 \leqslant X \leqslant 3\}$.

四、将 3 个球随机地放入 4 个杯子中，随机变量 X 表示杯子中可能出现的最多的球的个数．求：

（1）随机变量 X 的分布律；

（2）随机变量 X 的分布函数 $F(x)$；

（3）$P\{1 < X < 3\}$；

（4）随机变量 X 的函数 $Y = X^2 + 1$ 的分布律．

五、设有 80 台同类型设备，各台工作是相互独立的，发生故障的概率都是 0.01，且一台设备的故障能由一个人处理．考虑两种配备维修工人的方法，其一是由 4 人维护，每人负责 20 台；其二是由 3 人共同维护 80 台．试比较这两种方法在设备发生故障时不能及时维修的概率．

六、设随机变量 X 具有概率密度

$$f(x) = \begin{cases} K\mathrm{e}^{-3x}, & x > 0, \\ 0, & x \leqslant 0. \end{cases}$$

（1）试确定常数 K；

（2）求分布函数 $F(x)$；

（3）求 $P\{X > 0.1\}$；

（4）求 $P\{-1 < X \leqslant 1\}$.

七、若随机变量 X 在 $(1,6)$ 上服从均匀分布，求方程 $x^2 + Xx + 1 = 0$ 有实根的概率．

八、设顾客在某银行的窗口等待服务的时间 X（以分钟计）服从指数分布，其概率密度为

$$f(x) = \begin{cases} \dfrac{1}{5}\mathrm{e}^{-\frac{x}{5}}, & x > 0, \\ 0, & \text{其他}. \end{cases}$$

某顾客在窗口等待服务，若等待时间超过 10 分钟，他就离开，他一个月要到银行 5 次，以 Y 表示一个月内他未等到服务而离开窗口的次数，写出 Y 的分布律，并求 $P\{Y \geqslant 1\}$.

九、假设某种电池寿命（单位：h）为一随机变量 X，$X \sim N(300, 25^2)$，计算：

（1）这种电池寿命在 250h 以上的概率；

（2）确定数字 $x(x>0)$，使电池寿命落在区间 $[300-x,300+x]$ 内的概率不低于 90%.

十、设随机变量 X 的概率密度函数为

$$f_X(x) = \frac{1}{\pi(1+x^2)}$$

求随机变量 $Y = 1 - \sqrt[3]{x}$ 的概率密度.

2.7.2　同步习题解答

一、填空题：

1. $p = \dfrac{-1+\sqrt{5}}{2}$.

分析：$P\{X=0\}=p,P\{X=1\}=p^2$，由归一性可得 $p^2+p=1$，解得 $p=\dfrac{-1\pm\sqrt{5}}{2}$，由非负性解得 $p=\dfrac{-1+\sqrt{5}}{2}$.

2. $C_{200}^3 \left(\dfrac{1}{40}\right)^3 \left(\dfrac{39}{40}\right)^{197}$，$\dfrac{5^k e^{-5}}{5!}$.

分析：$P\{X=3\}=C_{200}^3 \left(\dfrac{1}{40}\right)^3 \left(\dfrac{39}{40}\right)^{197}$；

$\lambda = 200 \times \dfrac{1}{40} = 5, P\{X=3\} \approx \dfrac{5^3 e^{-5}}{3!}$.

3. $\dfrac{1}{2}$.

$P\left\{-1 \leqslant x \leqslant \dfrac{1}{2}\right\} = F\left(\dfrac{1}{2}\right) - F(-1) = \dfrac{1}{2} - 0 = \dfrac{1}{2}$.

4. 0.2.

分析：由正态分布概率密度函数的对称性可得 $P\{X \leqslant 2\} = \dfrac{1}{2}$，且 $P\{0 \leqslant X \leqslant 2\} = P\{2 < X < 4\} = 0.3$，故 $P\{X<0\} = P\{X \leqslant 2\} - P\{0 \leqslant X \leqslant 2\} = \dfrac{1}{2} - 0.3 = 0.2$.

5. $\dfrac{1}{2} f\left(\dfrac{y}{2}\right)$.

$x = \dfrac{y}{2}, -\infty < y < +\infty$，

$f_Y(y) = f_X\left[\dfrac{y}{2}\right] \cdot \left|\left(\dfrac{y}{2}\right)'\right| = \dfrac{1}{2} f\left(\dfrac{y}{2}\right)$.

二、选择题：

1. C.

分析：此题考查概率密度函数的性质，由非负性可知 D 错误.

由单调不减性可知 A,B 错误.

$\int_0^{\frac{\pi}{2}} \sin x \mathrm{d}x = 1.$ 由归一性可知 C 正确.

2. A.

分析:$P\{X \leqslant 1.5\} = \int_{-\infty}^{1.5} f(x)\mathrm{d}x$

$$= \int_{-\infty}^0 0\mathrm{d}x + \int_0^1 x\mathrm{d}x + \int_1^{1.5}(2-x)\mathrm{d}x = \int_0^1 x\mathrm{d}x + \int_1^{1.5}(2-x)\mathrm{d}x.$$

3. B.

分析:由概率密度 $f(x) = \dfrac{1}{2\sqrt{\pi}} e^{-\frac{(x+3)^2}{4}}, -\infty < x < \infty$ 可知 $X \sim N(-3, (\sqrt{2})^2)$,正态分布标准化可得 $\dfrac{X+3}{\sqrt{2}} \sim N(0,1)$.

4. C.

分析:$P\{|X-\mu| < \sigma\} = P\left\{\left|\dfrac{X-\mu}{\sigma}\right| < 1\right\} = P\left\{-1 < \dfrac{X-\mu}{\sigma} < 1\right\} = 2\Phi(1) - 1$,结果与 μ, σ 无关.

5. C.

分析:$P\{X > x\} = \alpha \in (0,1), P\{X > x\} = 1 - P\{X \leqslant x\} = 1 - \Phi(x) = \alpha, \Phi(x) = 1 - \alpha$,则 $x = \Phi^{-1}(1-\alpha)$.

三、分析:(1)由于 $\dfrac{1}{6} + \dfrac{1}{3} + C = 1$,得 $C = \dfrac{1}{2}$.

(2)当 $x < -1$ 时,有

$$F(x) = 0;$$

当 $-1 \leqslant x < 2$ 时,有

$$F(x) = P\{X \leqslant x\} = P\{X \leqslant -1\} + P\{-1 < X \leqslant x\} = P\{X = -1\} + 0 = \dfrac{1}{6};$$

当 $2 \leqslant x < 3$ 时,有

$$F(x) = P\{X \leqslant 2\} + P\{2 < X \leqslant x\} = P\{X = -1\} + P\{X = 2\} = \dfrac{1}{6} + \dfrac{1}{3} = \dfrac{1}{2};$$

当 $x \geqslant 3$ 时,有

$$F(x) = P\{X \leqslant 3\} + P\{3 < X \leqslant x\} = 1.$$

于是

$$F(x) = \begin{cases} 0, & x < -1, \\ \dfrac{1}{6}, & -1 \leqslant x < 2, \\ \dfrac{1}{2}, & 2 \leqslant x < 3, \\ 1, & x \geqslant 3. \end{cases}$$

(3)$P\{2 \leqslant X \leqslant 3\} = P\{2 < X \leqslant 3\} + P\{X = 2\}$

$$= F(3) - F(2) + \frac{1}{3} = 1 - \frac{1}{2} + \frac{1}{3} = \frac{5}{6}.$$

四、分析：(1) $P\{X=1\} = \frac{4\times3\times2}{4^3} = \frac{6}{16}$，$P\{X=2\} = \frac{C_3^2 \times 4 \times 3}{4^3} = \frac{9}{16}$，$P\{X=3\} = \frac{4}{4^3} = \frac{1}{16}$，即

X	1	2	3
P_k	$\frac{6}{16}$	$\frac{9}{16}$	$\frac{1}{16}$

(2) 当 $x<1$ 时，有

$$F(x) = 0;$$

当 $1 \leqslant x < 2$ 时，有

$$F(x) = P\{X \leqslant 1\} + P\{1 < X < 2\} = P\{X=1\} = \frac{6}{16};$$

当 $2 \leqslant x < 3$ 时，有

$$F(x) = P\{X \leqslant 2\} + P\{2 < X < 3\} = P\{X=1\} + P\{X=2\} = \frac{15}{16};$$

当 $x \geqslant 3$ 时，有

$$F(x) = P\{X \leqslant 3\} + P\{3 < X < +\infty\} = \frac{6}{16} + \frac{9}{16} + \frac{1}{16} = 1.$$

因此，有

$$F(x) = \begin{cases} 0, & x<1, \\ \dfrac{6}{16}, & 1 \leqslant x < 2, \\ \dfrac{15}{16}, & 2 \leqslant x < 3, \\ 1, & x \geqslant 3. \end{cases}$$

(3) $P\{1 < X < 3\} = P\{1 < X \leqslant 3\} - P\{X=3\}$

$$= F(3) - F(1) - \frac{1}{16} = 1 - \frac{6}{16} - \frac{1}{16} = \frac{9}{16}.$$

(4) 因为

P_k	$\frac{6}{16}$	$\frac{9}{16}$	$\frac{1}{16}$
X	1	2	3
$Y=X^2+1$	2	5	10

即

$Y=X^2+1$	2	5	10
P_k	$\frac{6}{16}$	$\frac{9}{16}$	$\frac{1}{16}$

五、分析：

按第一种方法：设随机变量 X 表示"第 1 个人维护的 20 台中同一时刻发生故障的台数"，则 $X \sim B(20,0.01)$，以 $A_i(i=1,2,3,4)$ 表示事件"第 i 人维护的 20 台中发生故障不能

42

及时维修",则 80 台中发生故障而不能及时维修表示为 $A_1 \cup A_2 \cup A_3 \cup A_4$.

因 $A_1 \subset A_1 \cup A_2 \cup A_3 \cup A_4$, 故

$$P(A_1 \cup A_2 \cup A_3 \cup A_4) \geqslant P(A_1) = P\{X \geqslant 2\}.$$

因 $X \geqslant 2$ 情况复杂, 而 $X \sim B(20, 0.01)$, 考虑使用泊松定理, $\lambda = np = 0.2$, $P\{X \geqslant 2\} = 1 - P\{X \leqslant 1\}$, 查表可得

$$P\{X \leqslant 1\} = 0.9825.$$

故

$$P\{X \geqslant 2\} = 1 - 0.9825 = 0.0175.$$

即

$$P(A_1 \cup A_2 \cup A_3 \cup A_4) \geqslant 0.0175.$$

按第二种方法: 以 Y 记 80 台中同一时刻发生故障的台数. 则有 $Y \sim B(80, 0.01)$, 故 80 台中发生故障而不能及时维修的概率为 $P\{Y \geqslant 4\}$, 利用泊松定理, 取 $\lambda = np = 0.8$, $P\{Y \geqslant 4\} = 1 - P\{Y \leqslant 3\}$, 查表可得

$$P\{Y \leqslant 3\} = 0.9909.$$

故

$$P\{Y \geqslant 4\} = 1 - 0.9909 = 0.0091,$$
$$0.0175 > 0.0091.$$

因此, 第二种方法优于第一种方法.

六、分析: (1) 由于 $\int_{-\infty}^{+\infty} f(x) \, dx = 1$, 即

$$\int_{-\infty}^{+\infty} f(x) \, dx = \int_0^{+\infty} K e^{-3x} \, dx$$

$$= \frac{1}{-3} \int_0^{+\infty} K e^{-3x} \, d(-3x) = \frac{K}{-3} e^{-3x} \Big|_0^{+\infty} = \frac{K}{3} = 1,$$

得 $K = 3$. 于是 X 的概率密度为

$$f(x) = \begin{cases} 3e^{-3x}, & x > 0, \\ 0, & x \leqslant 0. \end{cases}$$

(2) $F(x) = \int_{-\infty}^x f(x) \, dx$

$$= \begin{cases} 1 - e^{-3x}, & x > 0, \\ 0, & x \leqslant 0. \end{cases}$$

(3) 方法一: $P\{X > 0.1\} = \int_{0.1}^{+\infty} f(x) \, dx = \int_{0.1}^{+\infty} 3e^{-3x} \, dx = e^{-0.3}$;

方法二: $P\{X > 0.1\} = 1 - P\{X \leqslant 0.1\} = 1 - F(0.1) = e^{-0.3}$.

(4) 方法一: $P\{-1 < X \leqslant 1\} = \int_{-1}^1 f(x) \, dx = \int_{-1}^0 0 \, dx + \int_0^1 3e^{-3x} \, dx = -e^{-3} + 1$;

方法二: $P\{-1 < X \leqslant 1\} = F(1) - F(-1) = 1 - e^{-3} - 0 = 1 - e^{-3}$.

七、分析: X 的概率密度为

$$f(x) = \begin{cases} \dfrac{1}{5}, & 1 < x < 6, \\ 0, & \text{其他}. \end{cases}$$

方程 $x^2+Xx+1=0$ 有实根的条件是 $\Delta=X^2-4\geqslant0$，即 $X^2\geqslant4$，则 $|X|\geqslant2$. 故

$$P\{|X|\geqslant2\}=P\{(X\leqslant-2)\cup(X\geqslant2)\}=\int_2^6\frac{1}{5}\mathrm{d}x=\frac{4}{5}=0.8.$$

八、分析：设顾客未等到服务离开的概率为 P，则 $Y\sim B(5,P)$，而

$$P=P\{X>10\}=\int_{10}^\infty\frac{1}{5}\mathrm{e}^{-\frac{x}{5}}\mathrm{d}x=\mathrm{e}^{-2}，即\ Y\sim B(5,\mathrm{e}^{-2})，$$

$$P\{Y=k\}=C_5^k\mathrm{e}^{-2k}(1-\mathrm{e}^{-2})^{5-k}，k=0,1,\cdots,5，$$

则分布律为

Y	0	1	2	$\cdots$	5
P_k	$(1-\mathrm{e}^{-2})^5$	$5\mathrm{e}^{-2}(1-\mathrm{e}^{-2})^4$	$C_5^2\mathrm{e}^{-4}(1-\mathrm{e}^{-2})^3$	$\cdots$	e^{-10}

$$P\{Y\geqslant1\}=1-P\{Y<1\}=1-P\{Y=0\}=1-(1-\mathrm{e}^{-2})^5\approx0.5167.$$

九、分析：（1）$P(X>250)=1-P(X\leqslant250)=1-\Phi\left(\frac{250-300}{35}\right)=1-\Phi\left(-\frac{10}{7}\right)=0.9236;$

（2）要使 $P(300-x<X<300+x)\geqslant90\%$，即

$$\Phi\left(\frac{300+x-300}{35}\right)-\Phi\left(\frac{300-x-300}{35}\right)\geqslant90\%,\Phi\left(\frac{x}{35}\right)-\Phi\left(-\frac{x}{35}\right)\geqslant90\%，$$

解得 $\Phi\left(\frac{x}{35}\right)\geqslant0.95$，查表可得 $\frac{x}{35}\geqslant1.645$，即 $x\geqslant57.5$.

电池寿命落在区间 $[242.5,357.5]$ 内的概率不低于 90%.

十、分析：$f_X(x)=\dfrac{1}{\pi(1+x^2)}，-\infty<x<+\infty，$

$$\{Y\leqslant y\}=\{1-\sqrt[3]{X}\leqslant y\}=\{X>(1-y)^3\}，$$

故

$$F_Y(y)=P[X>(1-y)^3]=1-P[X\leqslant(1-y)^3]=1-F_X[(1-y)^3].$$

两端对 y 求导，可得

$$f_Y(y)=F_Y'(y)=\frac{3(1-y)^2}{\pi[1+(1-y)^6]}，-\infty<y<\infty.$$

第3章　多维随机变量及其分布

3.1　知识结构图

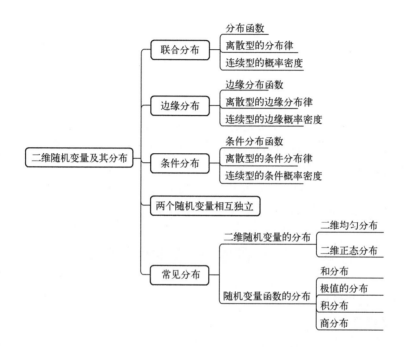

3.2　教学基本要求

（1）了解多维随机变量的概念；理解二维随机变量及其分布函数的概念.

（2）了解二维离散型随机变量分布律的概念和二维连续型随机变量概率密度的概念和性质，理解二维随机变量的边缘分布与联合分布的关系，会利用概率分布求有关事件的概率.

（3）了解二维随机变量条件分布的概念，会求条件分布.

（4）理解随机变量的独立性概念，掌握运用随机变量的独立性进行概率计算.

（5）了解二维均匀分布和二维正态分布的定义和性质.

（6）了解二维随机变量函数分布的概念，会求常用的两个随机变量函数的分布.

3.3　本 章 导 学

本章主要讨论二维随机变量，它可以看作是一维随机变量的推广. 对于二维随机变量,其两个分量都是一维随机变量,它们的分布具有一维随机变量的所有性质,而作为一个整体,它们又具有联合分布(联合分布函数、联合分布律和联合概率密度)且相互间可能存在着各种复杂关系,因此,二维随机变量的分布较一维随机变量的分布要复杂得多.而关于多维随机变量的讨论,其思想方法基本上与二维随机变量相同.

本章介绍了两种类型的二维随机变量:离散型随机变量与连续型随机变量.要深刻理解这两种随机变量的定义,熟练掌握二维随机变量的联合分布的性质及应用,并且能利用二维随机变量的联合分布计算边缘分布和条件分布,其中条件分布较复杂,可参照条件事件的概率计算方法去处理.二维均匀分布和二维正态分布是两个常见分布,尤其是二维均匀分布,应熟练掌握.二维随机变量落在一个平面区域的概率是本章的重要内容之一,应重点掌握.

随机变量的独立性是随机事件独立性的扩充,是概率中一个十分重要的知识点,除利用独立性的定义判断外,也常利用问题的实际意义去判断涉及的两个随机变量的独立性,要熟练掌握.

两个随机变量的函数的分布是本章的难点.对于离散型随机变量,注意掌握"倒表法"求函数的分布;对于连续型随机变量的常见函数的分布,除使用公式外,还要注意分布函数法的运用.尤其需要指出的是,要认真掌握两个随机变量的和的分布,以及极大值函数与极小值函数的分布.

在本章的讨论中,经常涉及偏导数和积分(定积分、无穷积分和二重积分)的计算,所以,熟练掌握高等数学的相关内容是学好本章的基础.

3.4 主要概念、重要定理与公式

一、二维随机变量

1. 二维随机变量

设随机试验的样本空间为 $S=\{e\}$,设 $X=X(e)$,$Y=Y(e)$ 是定义在 S 上的随机变量,由它们构成的一个向量 (X,Y) 称为定义在 S 上的二维随机变量或二维随机向量.

2. 二维随机变量 (X,Y) 的分布函数

设 (X,Y) 是二维随机变量,对任意实数 x,y,二元函数

$$F(x,y)=P\{(X\leqslant x)\cap(Y\leqslant y)\}\xlongequal{\text{记为}}P\{X\leqslant x,Y\leqslant y\}$$

称为二维随机变量 (X,Y) 的分布函数或随机变量 X 和 Y 的联合分布函数.

若将二维随机变量 (X,Y) 看成是平面上随机点的坐标,则分布函数 $F(x,y)$ 在点 (x,y) 处的函数值就是随机点 (X,Y) 落在以点 (x,y) 为顶点而位于该点左下方的无穷矩形域内的概率,如图 3-1 所示.

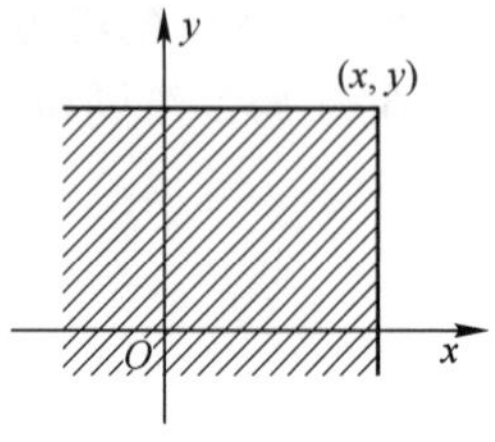

3. 二维离散型随机变量

如果二维随机变量 (X,Y) 全部可能取到的不同的值是有限对或可列无限多对,则称 (X,Y) 为离散型随机变量.

4. 二维离散型随机变量的分布律

设二维离散型随机变量 (X,Y) 所有可能取的值为 (x_i,y_j),

图 3-1

$i,j=1,2,\cdots,$ 记 $P\{X=x_i,Y=y_j\}=p_{ij},i,j=1,2,\cdots,$ 则由概率的定义有

$$p_{ij}\geqslant 0,\sum_{i=1}^{\infty}\sum_{j=1}^{\infty}p_{ij}=1.$$

称 $P\{X=x_i,Y=y_j\}=p_{ij},i,j=1,2,\cdots$ 为二维离散型随机变量 (X,Y) 的分布律,或随机变量 X 和 Y 的联合分布律.

其分布函数为

$$F(x,y)=P\{X\leqslant x,Y\leqslant y\}=\sum_{x_i\leqslant x,y_j\leqslant y}p_{ij}.$$

5. 二维连续型随机变量及概率密度

对于二维随机变量 (X,Y) 的分布函数 $F(x,y)$,如果存在非负的函数 $f(x,y)$,使对任意实数 x,y,有

$$F(x,y)=\int_{-\infty}^{x}\int_{-\infty}^{y}f(u,v)\mathrm{d}u\mathrm{d}v,$$

则称 (X,Y) 是二维连续型随机变量,函数 $f(x,y)$ 称为二维随机变量 (X,Y) 的概率密度,或称为随机变量 X 和 Y 的联合概率密度.

6. n 维随机变量

设随机试验的样本空间为 $S=\{e\}$,$e\in S$ 为样本点,设 $X_1=X_1(e),X_2=X_2(e),\cdots,X_n=X_n(e)$ 是定义在 S 上的随机变量,由它们构成的 n 维向量 $(X_1,X_2,\cdots,X_n)$ 称为 n 维随机变量或 n 维随机向量.

7. n 维随机变量的分布函数

对于任意 n 个实数 $x_1,x_2,\cdots,x_n$,n 元函数

$$F(x_1,x_2,\cdots,x_n)=P\{X_1\leqslant x_1,X_2\leqslant x_2,\cdots,X_n\leqslant x_n\}$$

称为 n 维随机变量 $(X_1,X_2,\cdots,X_n)$ 的分布函数或称为随机变量 $X_1,X_2,\cdots,X_n$ 的联合分布函数.

8. 二维随机变量的联合分布函数的性质

(1) 非负性、归一性:$0\leqslant F(x,y)\leqslant 1$;对任意固定的 y,有 $F(-\infty,y)=0$,对任意固定的 x,有 $F(x,-\infty)=0$,且

$$F(-\infty,-\infty)=0,F(\infty,\infty)=1.$$

(2) 单调不减性:$F(x,y)$ 关于 x 和 y 均为单调非减函数,即对任意固定的 y,当 $x_2>x_1$,有 $F(x_2,y)\geqslant F(x_1,y)$. 对任意固定的 x,当 $y_2>y_1$,有 $F(x,y_2)\geqslant F(x,y_1)$.

(3) 右连续性:$F(x,y)$ 关于 x 和 y 均为右连续,即

$$F(x,y)=F(x+0,y),F(x,y)=F(x,y+0).$$

(4) 对于任意 $(x_1,y_1),(x_2,y_2),x_1<x_2,y_1<y_2$,下述不等式成立:

$$F(x_2,y_2)-F(x_2,y_1)-F(x_1,y_2)+F(x_1,y_1)\geqslant 0.$$

9. 概率密度函数的性质

(1) 非负性:$f(x,y)\geqslant 0.$

(2) 归一性:$\int_{-\infty}^{\infty}\int_{-\infty}^{\infty}f(x,y)\mathrm{d}x\mathrm{d}y=F(\infty,\infty)=1.$

10. 二维连续型随机变量的性质

设 (X,Y) 的分布函数为 $F(x,y)$,概率密度函数为 $f(x,y).$

（1）$0 \leqslant F(x,y) \leqslant 1$；对任意固定的 y，有 $F(-\infty,y)=0$，对任意固定的 x，有 $F(x,-\infty)=0$，且 $F(-\infty,-\infty)=0,F(+\infty,+\infty)=1$.

（2）$F(x,y)$ 为二元连续函数.

（3）设 G 是平面 xOy 上的区域，则点 (X,Y) 落在 G 内的概率为

$$P\{(X,Y) \in G\} = \iint\limits_{G} f(x,y)\,\mathrm{d}x\mathrm{d}y.$$

（4）若 $f(x,y)$ 在点 (x,y) 连续，则有

$$\frac{\partial^2 F(x,y)}{\partial x \partial y} = f(x,y).$$

二、边缘分布

1. 边缘分布函数

设 $F(x,y)$ 为 (X,Y) 的分布函数，关于 X 和 Y 的边缘分布函数分别记为 $F_X(x)$ 和 $F_Y(y)$，且有 $F_X(x)=F(x,\infty)$，$F_Y(y)=F(\infty,y)$.

n 维随机变量 $(X_1,X_2,\cdots,X_n)$ 中每个变量 X_i 的分布函数 $F_{X_i}(x_i)$ 称为边缘分布函数，$i=1,2,\cdots,n$.

2. 边缘分布律

二维离散型随机变量 (X,Y) 的分布律为

$$P\{X=x_i,Y=y_j\}=p_{ij},i,j=1,2,\cdots.$$

记

$$p_{i\cdot} = P\{X=x_i\} = \sum_{j=1}^{\infty} P\{X=x_i,Y=y_j\} = \sum_{j=1}^{\infty} p_{ij},\ i=1,2,\cdots,$$

$$p_{\cdot j} = P\{Y=y_j\} = \sum_{i=1}^{\infty} P\{X=x_i,Y=y_j\} = \sum_{i=1}^{\infty} p_{ij},\ j=1,2,\cdots.$$

分别称 $p_{i\cdot}(i=1,2,\cdots)$ 和 $p_{\cdot j}(j=1,2,\cdots)$ 为 (X,Y) 关于 X 和关于 Y 的边缘分布律.

3. 边缘概率密度

设 (X,Y) 的概率密度为 $f(x,y)$，则 X,Y 的分布函数可表示为

$$F_X(x) = \int_{-\infty}^{x} \left[\int_{-\infty}^{\infty} f(u,v)\,\mathrm{d}v \right] \mathrm{d}u,\ F_Y(y) = \int_{-\infty}^{y} \left[\int_{-\infty}^{\infty} f(u,v)\,\mathrm{d}u \right] \mathrm{d}v.$$

它们分别称为 (X,Y) 关于 X 和关于 Y 的边缘分布函数，而

$$f_X(x) = \int_{-\infty}^{\infty} f(x,y)\,\mathrm{d}y,\ f_Y(y) = \int_{-\infty}^{\infty} f(x,y)\,\mathrm{d}x$$

分别称为 (X,Y) 关于 X 和关于 Y 的边缘概率密度.

4. 二维正态分布

若二维随机变量 (X,Y) 具有概率密度

$$f(x,y) = \frac{1}{2\pi\sigma_1\sigma_2\sqrt{1-\rho^2}} \exp\left\{ -\frac{1}{2(1-\rho^2)} \left[\left(\frac{x-\mu_1}{\sigma_1}\right)^2 - 2\rho\left(\frac{x-\mu_1}{\sigma_1}\right)\left(\frac{y-\mu_2}{\sigma_2}\right) + \left(\frac{y-\mu_2}{\sigma_2}\right)^2 \right] \right\},$$

其中 $\mu_1,\mu_2,\sigma_1,\sigma_2,\rho$ 均为常数，且 $\sigma_1>0,\sigma_2>0,|\rho|<1$，则称 (X,Y) 服从参数为 $\mu_1,\mu_2,\sigma_1,\sigma_2,\rho$ 的二维正态分布，记为 $(X,Y) \sim N(\mu_1,\mu_2,\sigma_1^2,\sigma_2^2,\rho)$.

三、条件分布

1. 条件分布律

设 (X,Y) 是二维离散型随机变量,对于固定的 j,若 $p_{\cdot j}=P\{Y=y_j\}>0$,则称

$$p_{i|j}=P\{X=x_i|Y=y_j\}=\frac{P\{X=x_i,Y=y_j\}}{P\{Y=y_j\}}=\frac{p_{ij}}{p_{\cdot j}}, \; i=1,2,\cdots$$

为在 $Y=y_j$ 条件下随机变量 X 的条件分布律.

类似地,对于固定的 i,若 $p_{i\cdot}=P\{X=x_i\}>0$,则称

$$p_{j|i}=P\{Y=y_j|X=x_i\}=\frac{P\{X=x_i,Y=y_j)}{P\{X=x_i\}}=\frac{p_{ij}}{p_{i\cdot}}, \; j=1,2,\cdots$$

为在 $X=x_i$ 条件下随机变量 Y 的条件分布律.

2. 条件概率密度

对于固定的 y,若 $f_Y(y)>0$,则称 $f_{X|Y}(x|y)=\dfrac{f(x,y)}{f_Y(y)}$,$-\infty<x<\infty$ 为在 $Y=y$ 的条件下 X 的条件概率密度.

类似地,若 $f_X(x)>0$,则称 $f_{Y|X}(y|x)=\dfrac{f(x,y)}{f_X(x)}$,$-\infty<y<\infty$ 为在 $X=x$ 的条件下 Y 的条件概率密度.

3. 二维均匀分布

设 G 是平面上的有界区域,其面积为 A. 若二维随机变量 (X,Y) 具有概率密度

$$f(x,y)=\begin{cases} \dfrac{1}{A}, & (x,y)\in G, \\ 0, & \text{其他,} \end{cases}$$

则称 (X,Y) 在 G 上服从均匀分布,记为 $(X,Y)\sim U(G)$.

四、相互独立的随机变量

1. 两个随机变量的相互独立

设 $F(x,y)$ 及 $F_X(x),F_Y(y)$ 分别是二维随机变量 (X,Y) 的分布函数及边缘分布函数. 若对于所有 x,y 有 $P\{X\leqslant x,Y\leqslant y\}=P\{X\leqslant x\}P\{Y\leqslant y\}$,即 $F(x,y)=F_X(x)F_Y(y)$,则称随机变量 X 和 Y 是相互独立的.

(1) 设 (X,Y) 是离散型随机变量,则 X 和 Y 相互独立的充要条件为对 (X,Y) 的所有可能取的值 (x_i,y_j) 有 $P\{X=x_i,Y=y_j\}=P\{X=x_i\}P\{Y=y_j\}$,即

$$p_{ij}=p_{i\cdot}\times p_{\cdot j}, \; i,j=1,2,\cdots.$$

(2) 设 (X,Y) 是连续型随机变量,$f(x,y),f_X(x),f_Y(y)$ 分别为 (X,Y) 的概率密度和边缘概率密度,则 X 和 Y 相互独立的充要条件为 $f(x,y)=f_X(x)\cdot f_Y(y)$ 在平面上几乎处处成立.

2. 两个随机变量相互独立的充分必要条件

二维随机变量 (X,Y) 服从正态分布,则 X 和 Y 是相互独立的充分必要条件是参数 $\rho=0$.

3. n 个随机变量的相互独立

设 n 维随机变量 $(X_1,X_2,\cdots,X_n)$ 的分布函数为 $F(x_1,x_2,\cdots,x_n)$,边缘分布函数即 X_i

的分布函数为 $F_{X_i}(x)$,$i=1,2,\cdots,n$. 若对于任意实数 $x_1,x_2,\cdots,x_n$,有
$$F(x_1,x_2,\cdots,x_n)=F_{X_1}(x_1)F_{X_2}(x_2)\cdots F_{X_n}(x_n).$$
则称随机变量 $X_1,X_2,\cdots,X_n$ 相互独立.

设 $(X_1,X_2,\cdots,X_n)$ 为 n 维离散型随机变量,若对一切可能的值 $x_1,x_2,\cdots,x_n$,有
$$P\{X_1=x_1,X_2=x_2,\cdots,X_n=x_n\}=P\{X_1=x_1\}\cdot P\{X_2=x_2\}\cdots P\{X_n=x_n\},$$
则称随机变量 $X_1,X_2,\cdots,X_n$ 相互独立.

设 $(X_1,X_2,\cdots,X_n)$ 为 n 维连续型随机变量,若对任意实数 $x_1,x_2,\cdots,x_n$,有
$$f(x_1,x_2,\cdots,x_n)=f_{X_1}(x_1)f_{X_2}(x_2)\cdots f_{X_n}(x_n),$$
其中 $f(x_1,x_2,\cdots,x_n)$ 为联合概率密度,$f_{X_i}(x_i)$ 为 X_i 的概率密度 $(i=1,2,\cdots,n)$,则称 X_1,$X_2,\cdots,X_n$ 相互独立.

4. 随机变量的独立性的性质

(1) 常数和任何随机变量相互独立.

(2) 随机变量 X 和 Y 相互独立的充要条件是 X 生成的任何事件和 Y 生成的任何事件独立,即对任意实数集 A,B,有 $P\{X\in A,Y\in B\}=P\{X\in A\}P\{Y\in B\}$.

(3) 若 X 和 Y 相互独立,则 $f(X)$ 和 $g(Y)$ 也相互独立,其中 $f(x),g(y)$ 一般为连续函数.

(4) 若 $X_1,X_2,\cdots,X_n$ 相互独立,则 $f_1(X_1),f_2(X_2),\cdots,f_n(X_n)$ 也相互独立.

(5) 若 $X_1,X_2,\cdots,X_n$ 相互独立,则 $f(X_1,X_2,\cdots,X_m)$ 和 $f(X_{m+1},X_{m+2},\cdots,X_n)$ 也相互独立.

(6) 若 $(X_1,X_2,\cdots,X_m)$ 和 $(Y_1,Y_2,\cdots,Y_n)$ 相互独立,则 $X_i(i=1,2,\cdots,m)$ 和 $Y_j(j=1,2,\cdots,n)$ 相互独立. 又若 h,g 是连续函数,则 $h(X_1,X_2,\cdots,X_m)$ 和 $g(Y_1,Y_2,\cdots,Y_n)$ 相互独立.

五、两个随机变量的函数的分布

1. 随机变量的函数的分布

已知二维随机变量 (X,Y) 的概率分布(联合分布函数或联合概率密度或联合分布律),而随机变量 $Z=g(X,Y)$,则 Z 的分布函数为
$$F_Z(z)=P\{Z\leqslant z\}=P\{g(X,Y)\leqslant z\},\quad -\infty<z<\infty$$
称为随机变量的函数的分布.

2. 离散型随机变量的函数的分布

已知离散型随机变量的联合分布律为 $P\{X=x_i,Y=y_j\}=p_{ij},i,j=1,2,\cdots,Z=g(X,Y)$,则 Z 的分布函数为
$$F_Z(z)=P\{Z\leqslant z\}=P\{g(X,Y)\leqslant z\}=\sum_{g(x_i,y_j)\leqslant z}P\{X=x_i,Y=y_j\}.$$

Z 的分布律为
$$P\{Z=z_k\}=P\{g(X,Y)=z_k\}=\sum_{g(x_i,y_j)=z_k}P\{X=x_i,Y=y_j\}.$$

3. 连续型随机变量的函数的分布

已知连续型随机变量 (X,Y) 的概率密度为 $f(x,y)$,$Z=g(X,Y)$,则 Z 的分布函数为
$$F_Z(z)=P\{Z\leqslant z\}=P\{g(X,Y)\leqslant z\}=\iint\limits_{g(x,y)\leqslant z}f(x,y)\mathrm{d}x\mathrm{d}y.$$

4. 和分布

设 (X,Y) 的概率密度为 $f(x,y)$，则 $Z=X+Y$ 的概率密度为

$$f_Z(z) = \int_{-\infty}^{\infty} f(x, z-x)\,\mathrm{d}x = \int_{-\infty}^{\infty} f(z-y, y)\,\mathrm{d}y.$$

当 X 和 Y 相互独立时，有卷积公式：

$$f_Z(z) = \int_{-\infty}^{\infty} f_X(x) f_Y(z-x)\,\mathrm{d}x = \int_{-\infty}^{\infty} f_X(z-y) f_Y(y)\,\mathrm{d}y.$$

(1) 若 $X \sim b(m,p)$，$Y \sim b(n,p)$，且 X 和 Y 相互独立，则 $X+Y \sim b(m+n,p)$.

(2) 若 $X \sim \pi(\lambda_1)$，$Y \sim \pi(\lambda_2)$，且 X 和 Y 相互独立，则 $X+Y \sim \pi(\lambda_1+\lambda_2)$.

(3) 若 $X \sim N(\mu_1, \sigma_1^2)$，$Y \sim N(\mu_2, \sigma_2^2)$，且 X 和 Y 相互独立，则 $X+Y \sim N(\mu_1+\mu_2, \sigma_1^2+\sigma_2^2)$.

(4) 若 $X_i \sim N(\mu_i, \sigma_i^2)$，$i=1,2,\cdots,n$，且 $X_1, X_2, \cdots, X_n$ 相互独立，则 $Y = C_1 X_1 + C_2 X_2 + \cdots + C_n X_n + C$ 仍服从正态分布，且此正态分布为 $N\left(\sum_{i=1}^{n} C_i \mu_i + C, \sum_{i=1}^{n} C_i^2 \sigma_i^2\right)$，其中 $C_1, C_2, \cdots, C_n$ 为不全为零的常数.

5. 商分布，积分布

设 (X,Y) 的概率密度为 $f(x,y)$，则 $Z = \dfrac{Y}{X}$，$Z = XY$ 的概率密度分别为

$$f_{Y/X}(z) = \int_{-\infty}^{\infty} |x| f(x, xz)\,\mathrm{d}x, \quad f_{XY}(z) = \int_{-\infty}^{\infty} \frac{1}{|x|} f\left(x, \frac{z}{x}\right)\mathrm{d}x.$$

当 X 和 Y 相互独立时，有

$$f_{Y/X}(z) = \int_{-\infty}^{\infty} |x| f_X(x) f_Y(xz)\,\mathrm{d}x,$$

$$f_{XY}(z) = \int_{-\infty}^{\infty} \frac{1}{|x|} f_X(x) f_Y\left(\frac{z}{x}\right)\mathrm{d}x.$$

6. 极大极小分布

设随机变量 X 和 Y 相互独立，其分布函数分别为 $F_X(x)$ 和 $F_Y(y)$，则 $M = \max\{X,Y\}$ 的分布函数为

$$F_{\max}(z) = F_X(z) F_Y(z),$$

$N = \min\{X,Y\}$ 的分布函数为

$$F_{\min}(z) = 1 - [1-F_X(z)][1-F_Y(z)].$$

上述结果可推广到 n 个相互独立的随机变量 $X_1, X_2, \cdots, X_n$，此时有

$$F_{\max}(z) = F_{X_1}(z) F_{X_2}(z) \cdots F_{X_n}(z),$$

$$F_{\min}(z) = 1 - [1-F_{X_1}(z)] \cdot [1-F_{X_2}(z)] \cdots [1-F_{X_n}(z)].$$

特别地，若 $X_1, X_2, \cdots, X_n$ 相互独立且具有相同分布函数 $F(x)$，则

$$F_{\max}(z) = [F(z)]^n, \quad F_{\min}(z) = 1 - [1-F(z)]^n.$$

3.5 典型例题解析

【例1】 选择题：

下列(　　)是二维随机变量的分布函数

(A) $F(x,y)=\begin{cases} 1, & x+y>0.8, \\ 0, & \text{其他} \end{cases}$

(B) $F(x,y)=\displaystyle\int_{-\infty}^{y}\int_{-\infty}^{x}\mathrm{e}^{-s-t}\mathrm{d}s\mathrm{d}t$

(C) $F(x,y)=\begin{cases} \displaystyle\int_{0}^{y}\int_{0}^{x}\mathrm{e}^{-s-t}\mathrm{d}s\mathrm{d}t, & x>0,y>0, \\ 0, & \text{其他} \end{cases}$

(D) $F(x,y)=\begin{cases} \mathrm{e}^{-x-y}, & x>0,y>0, \\ 0, & \text{其他} \end{cases}$

分析:此题考查某一个二元函数是否是二维随机变量的分布函数,可依据二维随机变量的分布函数的 4 条性质(非负性、归一性、单调不减性、右连续性(连续型随机变量的分布函数为连续的)、$F(x_2,y_2)-F(x_2,y_1)-F(x_1,y_2)+F(x_1,y_1)\geq 0$)进行判断.

解:选 C.

因为此时 $F(x,y)$ 满足作为随机变量的分布函数的所有条件. 而 A 中有 $F(1,1)-F(0,1)-F(1,0)+F(0,0)=-1<0$,B 中 $F(+\infty,+\infty)\neq 1$,D 中 $F(x,y)$ 非单增,且 $F(+\infty,+\infty)\neq 1$,故 A,B,D 都不符合要求.

【例 2】 设盒内有 3 个红球和 1 个白球,从中不放回地抽取两次,每次抽一个球,设第一次抽到红球数为 X,第二次抽到的红球数为 Y,求 (X,Y) 服从的分布函数.

分析:首先依据古典概型的知识点求得离散型随机变量的分布律,再根据二维随机变量的分布函数的定义 $F(x,y)=P\{X\leq x,Y\leq y\}$,对任意实数 x,y,通过求事件 $\{X\leq x,Y\leq y\}$ 的概率得到分布函数.

解:先求出 (X,Y) 的分布律. 首先 (X,Y) 的值域为 $\{(0,1),(1,1),(1,2)\}$,且

$$P(X=0,Y=1)=P(\text{第一次抽到白球,第二次抽到红球})=\frac{1\times 3}{4\times 3}=\frac{1}{4};$$

$$P(X=1,Y=2)=P(\text{第一次抽到红球,第二次抽到红球})=\frac{3\times 2}{4\times 3}=\frac{1}{2};$$

$$P(X=1,Y=1)=P(\text{第一次抽到红球,第二次抽到白球})=\frac{3\times 1}{4\times 3}=\frac{1}{4};$$

$(X=0,Y=2)$ 是不可能事件.

其联合概率分布为

Y ＼ X	0	1
1	$\frac{1}{4}$	$\frac{1}{4}$
2	0	$\frac{1}{2}$

过 (X,Y) 的各个可能取值点 $(0,1),(0,2),(1,1),(1,2)$ 分别作平行于 x 轴和 y 轴的直线,这四条直线将全平面分成 9 个区域,而分布函数 $F(x,y)$ 取不同值的区域只有 5 个,如图 3-2 所示.

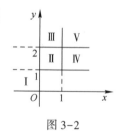

图 3-2

① 当 $x<0$ 或 $y<1$ 时,有

$$F(x,y)=P\{X\leq x,Y\leq y\}=P(\varnothing)=0;$$

② 当 $0\leq x<1,1\leq y<2$ 时(即图中 Ⅱ 区),有

$$F(x,y)=P\{X\leq x,Y\leq y\}=P\{X=0,Y=1\}=\frac{1}{4};$$

③ 当 $0 \leqslant x < 1, y \geqslant 2$ 时(即图中Ⅲ区),有

$$F(x,y) = P\{X \leqslant x, Y \leqslant y\} = P\{X=0, Y=1\} + P\{X=0, Y=2\} = \frac{1}{4} + 0 = \frac{1}{4};$$

④ 当 $x \geqslant 1, 1 \leqslant y < 2$ 时(即图中Ⅳ区),有

$$F(x,y) = P\{X \leqslant x, Y \leqslant y\} = P\{X=0, Y=1\} + P\{X=1, Y=1\} = \frac{1}{4} + \frac{1}{4} = \frac{1}{2};$$

⑤ 当 $x \geqslant 1, y \geqslant 2$ 时(即图中Ⅴ区),有

$$F(x,y) = P\{X \leqslant x, Y \leqslant y\} = P(S) = 1.$$

所以 (X,Y) 的分布函数为

$$F(x,y) = P(X \leqslant x, Y \leqslant y) = \begin{cases} 0, & x<0, \text{或 } y<1, \\ \dfrac{1}{4}, & 0 \leqslant x<1, 1 \leqslant y, \\ \dfrac{1}{2}, & 1 \leqslant x, 1 \leqslant y<2, \\ 1, & 1 \leqslant x, 2 \leqslant y. \end{cases}$$

【例3】 设二维随机变量 (X,Y) 的联合分布律为

Y \ X	0	1	2
0	0	$2c$	$4c$
1	c	$3c$	$5c$
2	$2c$	$4c$	$6c$
3	$3c$	$5c$	$7c$

求:(1) 常数 c 的值;(2) $F(2,2)$;(3) $P\{X \geqslant 1, Y \leqslant 2\}$.

分析:关键是用分布律的两条性质($p_{ij} \geqslant 0, i,j = 1,2,\cdots; \sum\limits_{i=1}^{\infty} \sum\limits_{j=1}^{\infty} p_{ij} = 1$)求常数 c 及

$P\{(X,Y) \in G\} = \sum\limits_{(x_i,y_j) \in G} p_{ij}$,将概率问题转化为求和问题.

解:(1) 由于

$$\sum_{i=0}^{2} \sum_{j=0}^{3} P\{X=i, Y=j\}$$

$$= 0 + 2c + 4c + c + 3c + 5c + 2c + 4c + 6c + 3c + 5c + 7c = 42c = 1,$$

故 $c = \dfrac{1}{42}$.

(2) $F(2,2) = \sum\limits_{i \leqslant 2} \sum\limits_{j \leqslant 2} p_{ij} = (0+2c+4c) + (c+3c+5c) + (2c+4c+6c)$

$$= 27c = 27 \times \frac{1}{42} = \frac{9}{14}.$$

(3) $P\{X \geqslant 1, Y \leqslant 2\} = \sum\limits_{i \geqslant 1} \sum\limits_{j \leqslant 2} p_{ij} = (2c+4c) + (3c+5c) + (4c+6c) = 24c = 24 \times \dfrac{1}{42}$

$= \dfrac{4}{7}$.

【例4】 设随机变量(X,Y)的概率密度为

$$f(x,y)=\begin{cases} k(6-x-y), & 0<x<2,2<y<4, \\ 0, & \text{其他}. \end{cases}$$

(1)确定常数k;(2)求概率$P\{X<1,Y<3\}$;(3)求概率$P\{X+Y\leqslant4\}$.

分析:(1)利用连续型随机变量的概率密度的性质$\int_{-\infty}^{\infty}\int_{-\infty}^{\infty}f(x,y)\mathrm{d}x\mathrm{d}y=1$,可以求得待定常数$k$;(2)求二维连续型随机变量落在某个区域上的概率,就等于联合概率密度在该区域上的二重积分.

解:如图3-3所示.

(1)由$1=\int_{-\infty}^{\infty}\int_{-\infty}^{\infty}f(x,y)\mathrm{d}x\mathrm{d}y=\int_{2}^{4}\left[\int_{0}^{2}k(6-x-y)\mathrm{d}x\right]\mathrm{d}y=k\int_{2}^{4}(10-2y)\mathrm{d}y=8k$

得$k=\dfrac{1}{8}$.

(2)$P\{X<1,Y<3\}=\int_{2}^{3}\left[\int_{0}^{1}\dfrac{1}{8}(6-x-y)\mathrm{d}x\right]\mathrm{d}y$

$\qquad\qquad\qquad\quad=\int_{2}^{3}\dfrac{1}{8}\left(\dfrac{11}{2}-y\right)\mathrm{d}y=\dfrac{3}{8}.$

(3)$P\{X+Y\leqslant4\}=\dfrac{1}{8}\int_{0}^{2}\left[\int_{2}^{4-x}(6-x-y)\mathrm{d}y\right]\mathrm{d}x$

$\qquad\qquad\qquad\quad=\dfrac{1}{8}\int_{0}^{2}\left(6-4x+\dfrac{1}{2}x^2\right)\mathrm{d}x=\dfrac{2}{3}.$

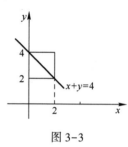

图3-3

【例5】 设二维随机变量的联合概率密度为

$$f(x,y)=\begin{cases} \dfrac{3}{2}x^2y, & 0\leqslant x\leqslant1,0\leqslant y\leqslant2, \\ 0, & \text{其他}. \end{cases}$$

(1)求(X,Y)的分布函数$F(x,y)$;(2)求概率$P\{2X+Y\leqslant2\}$.

分析:(1)已知连续型随机变量联合概率密度,由分布函数的定义$F(x,y)=P(X\leqslant x,Y\leqslant y)=\int_{-\infty}^{x}\int_{-\infty}^{y}f(x,y)\mathrm{d}x\mathrm{d}y$,讨论任意实数$(x,y)$,通过计算二重积分可以得到联合分布函数.

(2)所求概率可通过计算相应区域的二重积分得到.

解:(1)将整个平面分为5个区域(图3-4)

当$(x,y)\in D_1$,即$x<0$或$y<0$时,$f(x,y)=0$,故
$$F(x,y)=P(X\leqslant x,Y\leqslant y)=0;$$

当$(x,y)\in D$,即$0\leqslant x\leqslant1,0\leqslant y\leqslant2$时,有

$F(x,y)=P(X\leqslant x,Y\leqslant y)=\int_{-\infty}^{x}\int_{-\infty}^{y}f(x,y)\mathrm{d}x\mathrm{d}y=\int_{0}^{x}\int_{0}^{y}\dfrac{3}{2}x^2y\mathrm{d}x\mathrm{d}y=\dfrac{1}{4}x^3y^2.$

当$(x,y)\in D_2$,即$0\leqslant x\leqslant1,y>2$时,有

$\qquad F(x,y)=P(X\leqslant x,Y\leqslant y)=\int_{-\infty}^{x}\int_{-\infty}^{y}f(x,y)\mathrm{d}x\mathrm{d}y=\int_{0}^{x}\int_{0}^{2}\dfrac{3}{2}x^2y\mathrm{d}x\mathrm{d}y=x^3;$

当$(x,y)\in D_3$,即$x>1,0\leqslant y\leqslant2$时,有

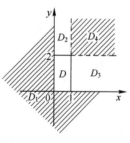

图3-4

$$F(x,y) = P(X \leqslant x, Y \leqslant y) = \int_{-\infty}^{x}\int_{-\infty}^{y} f(x,y)\,\mathrm{d}x\mathrm{d}y = \int_{0}^{1}\int_{0}^{y}\frac{3}{2}x^2 y\,\mathrm{d}x\mathrm{d}y = \frac{y^2}{4};$$

当 $(x,y) \in D_4$,即 $x>1$ 且 $y>2$ 时,有

$$F(x,y) = P(X \leqslant x, Y \leqslant y) = \int_{-\infty}^{x}\int_{-\infty}^{y} f(x,y)\,\mathrm{d}x\mathrm{d}y = \int_{0}^{1}\int_{0}^{2}\frac{3}{2}x^2 y\,\mathrm{d}x\mathrm{d}y = 1.$$

故有

$$F(x,y) = \begin{cases} 0, & x<0 \text{ 或 } y<0, \\ \dfrac{1}{4}x^3 y^2, & 0 \leqslant x \leqslant 1, 0 \leqslant y \leqslant 2, \\ x^3, & 0<x<1, y>2, \\ \dfrac{y^2}{4}, & x>1, 0<y<2, \\ 1, & x>1, y>2. \end{cases}$$

(2) $P\{2X+Y \leqslant 2\} = \iint\limits_{2x+y \leqslant 2} f(x,y)\,\mathrm{d}x\mathrm{d}y = \int_{0}^{1}\mathrm{d}x\int_{0}^{2(1-x)}\frac{3}{2}x^2 y\,\mathrm{d}y$

$\qquad\qquad\qquad = \int_{0}^{1}\frac{3}{2}x^2 \cdot \left(\frac{1}{2}y^2\right)\Big|_{0}^{2(1-x)}\mathrm{d}x = 3\int_{0}^{1}(x^2 - 2x^3 + x^4)\,\mathrm{d}x$

$\qquad\qquad\qquad = 3\left[\frac{1}{3}x^3 - \frac{1}{2}x^4 + \frac{1}{5}x^5\right]_{0}^{1} = \frac{1}{10}.$

【例 6】 设随机变量 X 和 Y 的概率分布分别为

X	-1	0	1
p_k	$\dfrac{1}{4}$	$\dfrac{1}{2}$	$\dfrac{1}{4}$

Y	-1	0	1
p_k	$\dfrac{1}{4}$	$\dfrac{1}{2}$	$\dfrac{1}{4}$

且 $P\{XY=0\}=1$. (1) 求 (X,Y) 的分布律;(2) 求概率 $P\{X+Y \geqslant 1\}$.

分析:虽已知 (X,Y) 的边缘分布,但仅已知两个边缘分布不能确定联合分布. 故应利用题中所给条件 $P\{XY=0\}=1$ 入手,并利用联合分布律与边缘分布律的关系确定联合分布律,再由联合分布律求概率.

解:(1) 从条件 $P\{XY=0\}=1$ 出发,可知 $P\{XY\neq0\}=0$,于是有 $P\{XY\neq0\}=P\{X=-1,Y=1\}+P\{X=1,Y=1\}+P\{X=-1,Y=-1\}+P\{X=1,Y=-1\}$,从任何事件概率的非负性及 $P\{XY\neq0\}=0$,可得出上式等号右边的四个概率全为 0,即

$$P\{X=-1,Y=1\}=P\{X=1,Y=1\}=P\{X=-1,Y=-1\}=P\{X=1,Y=-1\}=0,$$

于是 X 和 Y 的联合分布及边缘分布如表 3-1 所示.

表 3-1

Y \ X	-1	0	1	$p_{\cdot j}$
-1	0	p_{12}	0	$\dfrac{1}{4}$
0	p_{21}	p_{22}	p_{23}	$\dfrac{1}{2}$
1	0	p_{32}	0	$\dfrac{1}{4}$
$p_{i\cdot}$	$\dfrac{1}{4}$	$\dfrac{1}{2}$	$\dfrac{1}{4}$	1

由此可知 $p_{12}=p_{21}=p_{23}=p_{32}=\dfrac{1}{4}$，进而 $p_{22}=0$，故 X 和 Y 的联合分布律如表 3-2 所示．

表 3-2

Y＼X	-1	0	1
-1	0	$\dfrac{1}{4}$	0
0	$\dfrac{1}{4}$	0	$\dfrac{1}{4}$
1	0	$\dfrac{1}{4}$	0

（2）由于 $\{X+Y\geqslant 1\}=\{X=0,Y=1\}\cup\{X=1,Y=0\}\cup\{X=1,Y=1\}$，且三事件互斥，所以

$$P\{X+Y\geqslant 1\}=P\{X=0,Y=1\}+P\{X=1,Y=0\}+P\{X=1,Y=1\}=\frac{1}{4}+\frac{1}{4}+0=\frac{1}{2}.$$

【例 7】 设 (X,Y) 的分布函数为 $F(x,y)=A\left(B+\arctan\dfrac{x}{2}\right)\left(C+\arctan\dfrac{y}{3}\right)$．求：

（1）系数 A,B 和 C；（2）(X,Y) 的概率密度；（3）边缘分布函数及边缘概率密度．

分析：（1）由分布函数的性质求 A,B,C 的值；

（2）由连续型随机变量的分布函数与概率密度的关系求概率密度函数、边缘概率密度．

解：（1）由分布函数的性质知

$$F(+\infty,+\infty)=A\left(B+\frac{\pi}{2}\right)\left(C+\frac{\pi}{2}\right)=1,F(x,-\infty)=A\left(B+\arctan\frac{x}{2}\right)\left(C-\frac{\pi}{2}\right)=0,$$

$$F(-\infty,y)=A\left(B-\frac{\pi}{2}\right)\left(C+\arctan\frac{y}{3}\right)=0,$$

由上面三式可得 $A=\dfrac{1}{\pi^2},B=\dfrac{\pi}{2},C=\dfrac{\pi}{2}$，即

$$F(x,y)=\frac{1}{\pi^2}\left(\frac{\pi}{2}+\arctan\frac{x}{2}\right)\left(\frac{\pi}{2}+\arctan\frac{y}{3}\right).$$

（2）(X,Y) 的概率密度为

$$f(x,y)=\frac{\partial^2 F(x,y)}{\partial x\partial y}=\frac{6}{\pi^2(x^2+4)(y^2+9)}$$

（3）边缘分布函数分别为

$$F_X(x)=F(x,+\infty)=\frac{1}{2}+\frac{1}{\pi}\arctan\frac{x}{2},\quad F_Y(y)=F(+\infty,y)=\frac{1}{2}+\frac{1}{\pi}\arctan\frac{y}{3},$$

边缘概率密度分别为

$$f_X(x)=\frac{\mathrm{d}F_X(x)}{\mathrm{d}x}=\frac{2}{\pi(x^2+4)},\quad f_Y(y)=\frac{\mathrm{d}F_Y(y)}{\mathrm{d}y}=\frac{3}{\pi(x^2+9)}.$$

【例 8】 设二维随机变量 (X,Y) 的概率密度函数为

$$f(x,y)=\begin{cases}\mathrm{e}^{-y}, & 0<x<y\\ 0, & \text{其他}.\end{cases}$$

求边缘概率密度.

分析:根据公式计算边缘概率密度.

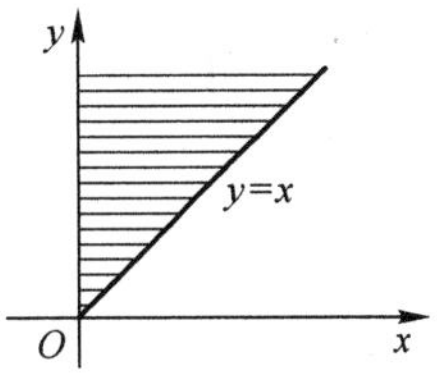

解:概率密度 $f(x,y)$ 仅在图 3-5 中阴影部分的区域内才具有非零值.

图 3-5

当 $x>0$ 时,有

$$f_X(x)=\int_{-\infty}^{+\infty}f(x,y)\mathrm{d}y=\int_x^{+\infty}\mathrm{e}^{-y}\mathrm{d}y=-\mathrm{e}^{-y}\Big|_x^{+\infty}=\mathrm{e}^{-x},$$

故 X 的边缘概率密度为

$$f_X(x)=\begin{cases}\mathrm{e}^{-x},&x>0,\\0,&\text{其他}.\end{cases}$$

另外,当 $y>0$ 时,有

$$f_Y(y)=\int_{-\infty}^{+\infty}f(x,y)\mathrm{d}x=\int_0^y\mathrm{e}^{-y}\mathrm{d}x=\mathrm{e}^{-y}x\Big|_0^y=y\mathrm{e}^{-y},$$

故 Y 的边缘概率密度为

$$f_Y(y)=\begin{cases}y\mathrm{e}^{-y},&y>0,\\0,&\text{其他}.\end{cases}$$

【例 9】 设二维离散型随机变量 (X,Y) 的分布律为

Y \ X	0	1	2
0	$\dfrac{3}{20}$	$\dfrac{3}{20}$	$\dfrac{3}{20}$
1	$\dfrac{1}{10}$	$\dfrac{1}{5}$	$\dfrac{1}{4}$

求:(1) $X=1$ 的条件下 Y 的条件分布律;(2) $Y=0$ 的条件下 X 的条件分布律.

分析:利用离散型随机变量的条件分布律的公式计算即可,但要注意在已知 (X,Y) 的联合分布的前提下,当作为条件的随机变量取值的概率大于 0 时,才能求出随机变量的条件分布律.

解:(1) $P\{X=1\}=P\{X=1,Y=0\}+P\{X=1,Y=1\}=\dfrac{3}{20}+\dfrac{1}{5}=\dfrac{7}{20}.$

当 $X=1$ 时,Y 的条件分布律为

$$P\{Y=j\,|\,X=1\}=\frac{P\{X=1,Y=j\}}{P\{X=1\}}=\begin{cases}\dfrac{3}{7},&j=0,\\[2mm]\dfrac{4}{7},&j=1.\end{cases}$$

(2) $P\{Y=0\}=P\{X=0,Y=0\}+P\{X=1,Y=0\}+P\{X=2,Y=0\}=\dfrac{3}{20}+\dfrac{3}{20}+\dfrac{3}{20}=\dfrac{9}{20}.$

当 $Y=0$ 时,X 的条件分布律为

$$P\{X=i\,|\,Y=0\}=\frac{P\{X=i,Y=0\}}{P\{Y=0\}}=\frac{\dfrac{3}{20}}{\dfrac{9}{20}}=\frac{1}{3},i=0,1,2.$$

【例10】 设二维随机变量(X,Y)的概率密度为
$$f(x,y)=\begin{cases}\dfrac{21}{4}x^2y, & x^2\leqslant y\leqslant 1,\\[2mm]0, & \text{其他}.\end{cases}$$

求(X,Y)的条件概率密度$f_{X|Y}(x|y),f_{Y|X}(y|x)$,并写出$X=\dfrac{1}{2}$时$Y$的条件概率密度.

分析:由条件概率密度公式,如公式$f_{X|Y}(x|y)=\dfrac{f(x,y)}{f_Y(y)}$,先确定使$f_Y(y)>0$成立的$y$的取值范围,再求出$f_{X|Y}(x|y)$.在此过程中,由$f(x,y)$的区域确定$f_{X|Y}(x|y)$的区域.

解:如图3-6所示,先求边缘概率密度,即

$$f_X(x)=\int_{-\infty}^{\infty}f(x,y)\mathrm{d}y=\int_{x^2}^{1}\frac{21}{4}x^2y\mathrm{d}y=\frac{21}{4}x^2\cdot\frac{1}{2}(1-x^4),$$

故

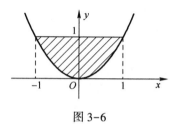

图3-6

$$f_X(x)=\begin{cases}\dfrac{21}{8}x^2(1-x^4), & -1\leqslant x\leqslant 1,\\[2mm]0, & \text{其他}.\end{cases}$$

$$f_Y(y)=\int_{-\infty}^{\infty}f(x,y)\mathrm{d}x=\int_{-\sqrt{y}}^{\sqrt{y}}\frac{21}{4}x^2y\mathrm{d}x=\frac{21}{2}y\cdot\frac{1}{3}(\sqrt{y})^3,$$

故

$$f_Y(y)=\begin{cases}\dfrac{7}{2}y^{\frac{5}{2}}, & 0\leqslant y\leqslant 1,\\[2mm]0, & \text{其他}.\end{cases}$$

再求条件概率密度.

当$0<y\leqslant 1$时,X的条件概率密度为(注:这里是使$f_Y(y)>0$的y的范围)

$$f_{X|Y}(x|y)=\frac{f(x,y)}{f_Y(y)}=\begin{cases}\dfrac{3}{2}x^2y^{-\frac{3}{2}}, & -\sqrt{y}<x<\sqrt{y},\\[2mm]0, & x\text{ 取其他值};\end{cases}$$

当$-1<x<1$且$x\neq 0$时,Y的条件概率密度为(注:这里是使$f_X(x)>0$的x的范围)

$$f_{Y|X}(y|x)=\frac{f(x,y)}{f_X(x)}=\begin{cases}\dfrac{2y}{1-x^4}, & x^2\leqslant y<1,\\[2mm]0, & y\text{ 取其他值}.\end{cases}$$

将$x=\dfrac{1}{2}$代入$f_{Y|X}(y|x)$中得

$$f_{Y|X}\left(y\,\middle|\,x=\frac{1}{2}\right)=\begin{cases}\dfrac{32}{15}y, & \dfrac{1}{4}<y<1,\\[2mm]0, & \text{其他}.\end{cases}$$

【例11】 设随机变量X在区间$(0,1)$上服从均匀分布,在$X=x(0<x<1)$的条件下,随机变量Y在区间$(0,x)$上服从均匀分布,求随机变量X和Y的联合概率密度.

分析:由题设的X的边缘概率密度及$X=x(0<x<1)$时的Y的条件概率密度,利用公式$f(x,y)=f_X(x)\cdot f_{Y|X}(y|x)=f_Y(y)\cdot f_{X|Y}(x|y)$可求得联合概率密度.

解:(1) X 的概率密度与在 $X=x(0<x<1)$ 时的 Y 的条件概率密度分别为

$$f_X(x)=\begin{cases}1, & 0<x<1,\\ 0, & \text{其他};\end{cases} \qquad f_{Y|X}(y|x)=\begin{cases}\dfrac{1}{x}, & 0<y<x,\\ 0, & \text{其他}.\end{cases}$$

当 $0<y<x<1$ 时,随机变量 X 和 Y 的联合概率密度为

$$f(x,y)=f_X(x)f_{Y|X}(y|x)=\frac{1}{x}.$$

在其他 (x,y) 点处,有 $f(x,y)=0$,即随机变量 X 和 Y 的联合概率密度为

$$f(x,y)=\begin{cases}\dfrac{1}{x}, & 0<y<x<1,\\ 0, & \text{其他}.\end{cases}$$

【例 12】 已知 X 与 Y 的联合分布律为

Y \ X	0	1	2	3
1	0	$\dfrac{3}{8}$	$\dfrac{3}{8}$	0
3	$\dfrac{1}{8}$	0	0	$\dfrac{1}{8}$

判断 X 与 Y 是否相互独立.

分析:由离散型随机变量相互独立的定义,先求边缘分布律,再考查 $p_{ij}=p_{i\cdot}\times p_{\cdot j}$(对任何 $i,j=1,2,\cdots$)是否成立.

解:X、Y 的边缘分布律分别为

X	0	1	2	3
p_k	$\dfrac{1}{8}$	$\dfrac{3}{8}$	$\dfrac{3}{8}$	$\dfrac{1}{8}$

Y	1	3
p_k	$\dfrac{3}{4}$	$\dfrac{1}{4}$

因为 $P(X=0,Y=1)=0$,但 $P(X=0)\cdot P(Y=1)=\dfrac{1}{8}\cdot\dfrac{3}{4}\neq0$,所以 $P(X=0,Y=1)\neq P(X=0)\cdot P(Y=1)$,因此 X 与 Y 不相互独立.

【例 13】 设随机变量 X 与 Y 相互独立,下面列出了二维随机变量 (X,Y) 联合分布律,以及关于 X 和关于 Y 的边缘分布律中的部分数值,试将其余数值填入表中的空白处.

X \ Y	y_1	y_2	y_3	$P\{X=x_i\}=p_{i\cdot}$
x_1	①	$\dfrac{1}{8}$	⑦	②
x_2	$\dfrac{1}{8}$	⑥	⑧	③
$P\{Y=y_j\}=p_{\cdot j}$	$\dfrac{1}{6}$	④	⑤	1

分析:本题的关键是 X 与 Y 相互独立,从而有 $p_{ij}=p_{i\cdot}\times p_{\cdot j}$,即

$$P\{X=x_i,Y=y_j\}=P\{X=x_i\}\cdot P\{Y=y_j\},i,j=1,2,\cdots,$$

再由联合分布和边缘分布的关系,即可逐步求出空白处的答案.

解：按照图中标注的顺序(用加圆圈的数字表示)逐步获得答案：① $\frac{1}{6}-\frac{1}{8}=\frac{1}{24}$；② $\frac{1}{24}/$ $\frac{1}{6}=\frac{1}{4}$；③ $1-\frac{1}{4}=\frac{3}{4}$；④ $\frac{1}{8}/②=\frac{1}{2}$；⑤ $1-\frac{1}{2}-\frac{1}{6}=\frac{1}{3}$；⑥ $\frac{1}{2}-\frac{1}{8}=\frac{3}{8}$；⑦ $\frac{1}{4}-\frac{1}{8}-\frac{1}{24}=\frac{1}{12}$；⑧ $\frac{1}{3}-\frac{1}{12}=\frac{1}{4}$.

【例14】 设 (X,Y) 在区域 G 内服从均匀分布，G 由直线 $\frac{x}{2}+y=1$ 及 x 轴 y 轴围成.

(1) 求 (X,Y) 的联合概率密度；(2) 判断 X 和 Y 是否相互独立.

分析：(1) 计算区域 G 的面积，按均匀分布的定义可得到的联合概率密度 $f(x,y)$；

(2) 先计算 X 和 Y 的边缘概率密度，然后考查 $f(x,y)$ 是否等于 $f_X(x)$ 和 $f_Y(y)$ 的乘积.

解：(1) G 的面积 $L(G)=\frac{1}{2}\times 2\times 1=1$，故

$$f(x,y)=\begin{cases}\dfrac{1}{L(x)}=1, & (x,y)\in G,\\ 0, & \text{其他}.\end{cases}$$

(2) 当 $0\leqslant x\leqslant 2$ 时，有

$$f_X(x)=\int_{-\infty}^{+\infty}f(x,y)\mathrm{d}y=\int_{-\infty}^{0}0\mathrm{d}y+\int_{0}^{1-\frac{x}{2}}1\mathrm{d}y+\int_{1-\frac{x}{2}}^{+\infty}0\mathrm{d}y=1-\frac{x}{2},$$

X 的边缘概率密度为

$$f_X(x)=\begin{cases}1-\dfrac{x}{2}, & 0\leqslant x\leqslant 2,\\ 0, & \text{其他}.\end{cases}$$

当 $0\leqslant y\leqslant 1$ 时，有

$$f_Y(y)=\int_{-\infty}^{+\infty}f(x,y)\mathrm{d}x=\int_{-\infty}^{0}0\mathrm{d}x+\int_{0}^{2(1-y)}1\mathrm{d}x+\int_{2(1-y)}^{+\infty}0\mathrm{d}x=2(1-y)$$

Y 的边缘概率密度为

$$f_Y(y)=\begin{cases}2(1-y), & 0\leqslant y\leqslant 1,\\ 0, & \text{其他}.\end{cases}$$

因为 $f_X(x)f_Y(y)=\begin{cases}\left(1-\dfrac{x}{2}\right)\cdot 2(1-y), & 0\leqslant x\leqslant 2,0\leqslant y\leqslant 1,\\ 0, & \text{其他}\end{cases}\neq f(x,y)=\begin{cases}1, & (x,y)\in G,\\ 0, & \text{其他},\end{cases}$

所以随机变量 X 和 Y 不相互独立.

【例15】 设 X 和 Y 是两个相互独立的随机变量，X 在 $(0,1)$ 上服从均匀分布，Y 的概率密度为

$$f_Y(y)=\begin{cases}\dfrac{1}{2}\mathrm{e}^{-\frac{1}{2}y}, & y>0,\\ 0, & y\leqslant 0.\end{cases}$$

(1) 求 X 和 Y 的联合概率密度；

(2) 设含有 a 的二次方程为 $a^2+2Xa+y=0$，试求 a 有实根的概率.

分析:(1) 因 X 和 Y 相互独立,故联合概率密度 $f(x,y)$ 等于 $f_X(x)$ 和 $f_Y(y)$ 的乘积;

(2) 方程有实根的概率即求概率 $P\{Y \leqslant X^2\}$.

解:(1) $f(x,y) = f_X(x)f_Y(y) = \begin{cases} \dfrac{1}{2}e^{-\frac{1}{2}y}, & 0<x<1, 0<y, \\ 0, & \text{其他}. \end{cases}$

(2) a 有实根要求 $(2X)^2 - 4Y \geqslant 0$,所求概率即为 $P\{Y \leqslant X^2\}$,而

$$P\{Y \leqslant X^2\} = \int_0^1 \mathrm{d}x \int_0^{x^2} \frac{1}{2}e^{-\frac{1}{2}y}\mathrm{d}y = \int_0^1 \left(-e^{-\frac{1}{2}y}\right)\Big|_0^{x^2}\mathrm{d}x = \int_0^1 \left(1 - e^{-\frac{1}{2}x^2}\right)\mathrm{d}x$$

$$= 1 - \sqrt{2\pi}\int_0^1 \frac{1}{\sqrt{2\pi}}e^{-\frac{1}{2}x^2}\mathrm{d}x = 1 - \sqrt{2\pi}\left(\int_{-\infty}^1 \frac{1}{\sqrt{2\pi}}e^{-\frac{1}{2}x^2}\mathrm{d}x - \int_{-\infty}^0 \frac{1}{\sqrt{2\pi}}e^{-\frac{1}{2}x^2}\mathrm{d}x\right)$$

$$= 1 - \sqrt{2\pi}(\varPhi(1) - \varPhi(0)) = 0.1445. \quad \left(\text{由于 } \varPhi(x) = \int_{-\infty}^x \frac{1}{\sqrt{2\pi}}e^{-\frac{t^2}{2}}\mathrm{d}t\right)$$

【例 16】 设两个相互独立的随机变量 X,Y 的分布律分别为 $P(X=1)=0.3, P(X=3)=0.7, P(Y=2)=0.6, P(Y=4)=0.4$,分别求 $Z=X+Y, G=XY, M=\max(X,Y), N=\min(X,Y)$ 的分布律.

分析:求二维离散型随机变量 X,Y 的函数的分布与求一维离散型随机变量的函数的分布类似,本质是利用事件及概率的运算法则,在已知联合分布律的基础上,确定所求变量的取值并求出取值的概率,从而得到变量的分布律.

解:由相互独立可得 X 和 Y 的联合分布律,且有

(x,y)	$(1,2)$	$(1,4)$	$(3,2)$	$(3,4)$
$P(X=x, Y=y)$	0.18	0.12	0.42	0.28
$X+Y$	3	5	5	7
$X \cdot Y$	2	4	6	12
$\max(X,Y)$	2	4	3	4
$\min(X,Y)$	1	1	2	3

$P(X+Y=3) = P(X=1, Y=2) = 0.18,$

$P(X+Y=5) = P(X=1, Y=4) + P(X=3, Y=2) = 0.12 + 0.42 = 0.54,$

$P(X+Y=7) = P(X=3, Y=4) = 0.28.$

所以 $Z=X+Y$ 的分布律为

$Z=X+Y$	3	5	7
p	0.18	0.54	0.28

同理,$G=XY, M=\max(X,Y), N=\min(X,Y)$ 的分布律分别为

$G=X \cdot Y$	2	4	6	12
p	0.18	0.12	0.42	0.28

$M=\max(X,Y)$	2	3	4
p	0.18	0.42	0.4

$N=\min(X,Y)$	1	2	3
p	0.3	0.42	0.28

【例17】 设二维随机变量(X,Y)的概率密度为

$$f(x,y) = \begin{cases} 2-x-y, & 0<x<1, 0<y<1, \\ 0, & \text{其他}. \end{cases}$$

求 $Z=X+Y$ 的概率密度.

分析:先求 $X+Y$ 的分布函数,再求概率密度,也可以直接利用 $X+Y$ 的概率密度公式求. 计算积分时要注意积分限的准确选取.

解:方法1 先求 Z 的分布函数,如图3-7所示,有

$$F_Z(z) = P(X+Y \leqslant z) = \iint\limits_{x+y\leqslant z} (2-x-y)\mathrm{d}x\mathrm{d}y.$$

当 $z<0$ 时,有

$$F_Z(z) = 0;$$

当 $z \geqslant 2$ 时,有

$$F_Z(z) = 1;$$

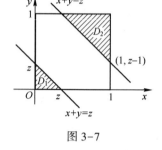

图3-7

当 $0 \leqslant z \leqslant 1$ 时,有

$$F_Z(z) = P(X+Y \leqslant z) = \iint\limits_{D_1} (2-x-y)\mathrm{d}x\mathrm{d}y = \int_0^z \mathrm{d}x \int_0^{z-x} (2-x-y)\mathrm{d}y = z^2 - \frac{1}{3}z^3;$$

当 $1 \leqslant z < 2$ 时,有

$$F_Z(z) = P(X+Y \leqslant z) = 1 - \iint\limits_{D_2} (2-x-y)\mathrm{d}x\mathrm{d}y = 1 - \int_{z-1}^1 \mathrm{d}x \int_{z-x}^1 (2-x-y)\mathrm{d}y$$

$$= 1 - \frac{1}{3}(2-z)^3.$$

故 $Z=X+Y$ 的概率密度为

$$f_Z(z) = F_Z'(z) = \begin{cases} 2z-z^2, & 0<z\leqslant 1, \\ z^2-4z+4, & 1\leqslant z<2, \\ 0, & \text{其他}. \end{cases}$$

方法2 如图3-8所示,有

$$f_Z(z) = \int_{-\infty}^{\infty} f(x,z-x)\mathrm{d}x,$$

$$f(x,z-x) = \begin{cases} 2-x-(z-x), & 0<x<1, 0<z-x<1 \\ 0, & \text{其他} \end{cases} = \begin{cases} 2-z, & 0<x<1, x<z<1+x \\ 0, & \text{其他} \end{cases}$$

当 $z \leqslant 0$ 或 $z \geqslant 2$ 时,有

$$f_Z(z) = 0;$$

当 $0<z<1$ 时,有

$$f_Z(z) = \int_0^z (2-z)\mathrm{d}x = z(2-z);$$

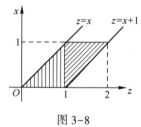

图3-8

当 $1 \leqslant z < 2$ 时,有

$$f_Z(z) = \int_{z-1}^1 (2-z)\mathrm{d}x = (2-z)^2.$$

故 $Z=X+Y$ 的概率密度为

$$f_Z(z) = F'_Z(z) = \begin{cases} 2z-z^2, & 0<z<1, \\ (z-2)^2, & 1\leqslant z<2, \\ 0, & \text{其他}. \end{cases}$$

【例18】 设 X 和 Y 是两个相互独立的随机变量,且 X 在 $(0,1)$ 上服从均匀分布,Y 服从参数为 $\theta=1$ 的指数分布,求随机变量 $Z=X+Y$ 的概率密度.

分析:可以用两个随机变量的和的概率密度的卷积公式 $f_Z(z)=\displaystyle\int_{-\infty}^{\infty} f_X(x)f_Y(z-x)\mathrm{d}x$ 或 $f_Z(z)=\displaystyle\int_{-\infty}^{\infty} f_X(z-y)f_Y(y)\mathrm{d}y$ 选一计算,也可用分布函数法求出(类似于例17).它们的关键都是先在平面直角坐标系中做出被积函数非零区域的图形,再求概率密度.

解:由题设知 X 的概率密度为

$$f_X(x) = \begin{cases} 1, & 0<x<1, \\ 0, & \text{其他}, \end{cases}$$

Y 的概率密度为

$$f_Y(y) = \begin{cases} \mathrm{e}^{-y}, & y>0, \\ 0, & \text{其他}. \end{cases}$$

因为卷积公式与 z 有关,所以当 $f_X(x)>0$,$f_Y(z-x)>0$ 时,x,z 满足

$$\begin{cases} 0<x<1, \\ z-x>0, \end{cases} \quad \text{即} \quad \begin{cases} 0<x<1, \\ z>x. \end{cases}$$

在 zOx 面上,根据与 x 所满足的关系做被积函数的非零区域的图形,如图3-9所示.求 $f_Z(z)$ 时,由被积函数的非零区域的图形对 x 积分,对任意实数 z 分段讨论.

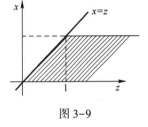

图3-9

(1)当 $z<0$ 时,有

$$f_X(x) \cdot f_Y(z-x) = 0,$$

故 $f_Z(z)=0$.

(2)当 $0\leqslant z<1$ 时,有

$$f_Z(z) = \int_{-\infty}^{\infty} f_X(x)f_Y(z-x)\mathrm{d}x$$

$$= \int_0^z 1 \cdot \mathrm{e}^{-(z-x)}\mathrm{d}x = 1 - \mathrm{e}^{-z}.$$

(3)当 $z\geqslant 1$ 时,有

$$f_Z(z) = \int_{-\infty}^{\infty} f_X(x)f_Y(z-x)\mathrm{d}x = \int_0^1 1 \cdot \mathrm{e}^{-(z-x)}\mathrm{d}x = \mathrm{e}^{-z}(\mathrm{e}-1),$$

故

$$f_Z(z) = \begin{cases} 0, & z<0, \\ 1-\mathrm{e}^{-z}, & 0\leqslant z\leqslant 1, \\ \mathrm{e}^{-z}(\mathrm{e}-1), & z>1. \end{cases}$$

【例19】 某电子仪器由4个相互独立的电子部件 L_{ij} 组成,组成方式如图3-10所示,已知每个电子部件的使用寿命 $X_{ij}(i,j=1,2)$ 都服从参数为 λ 的指数分布,求电子仪器的使用寿命 Z 的概率密度.

分析:由实际知变量相互独立,先利用极大极小分布公式计算出分布函数,再求概率密度.

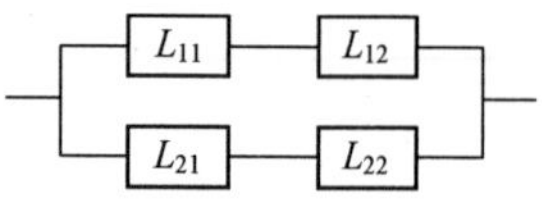

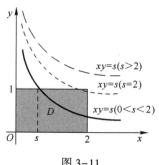

图 3-10

解:电子元件寿命相互独立,由于 X_{ij} 服从参数为 λ 的指数分布,故其分布函数为

$$F_{X_{ij}}(x) = \begin{cases} 1-e^{-\lambda x}, & x>0, \\ 0, & x \leqslant 0. \end{cases}$$

下面先求两个串联组的使用寿命 $Y_i(i=1,2)$ 的分布函数,因为在串联时,只要 L_{i1},L_{i2} 中任何一个部件损坏,其串联组就停止工作,故第 i 个串联组的使用寿命为

$$Y_i = \min(X_{i1},X_{i2}), i=1,2,$$

其分布函数为

$$F_{Y_i}(y) = 1-\left[1-F_{X_{i1}}(y)\right]\left[1-F_{X_{i2}}(y)\right] = \begin{cases} 1-e^{-2\lambda y}, & y>0, \\ 0, & y \leqslant 0. \end{cases}$$

由于在并联时,只有当两个串联组都损坏时,仪器才停止工作,所以电子仪器的使用寿命为

$$Z = \max(Y_1,Y_2),$$

而其分布函数为

$$F_Z(z) = F_{Y_1}(z) \cdot F_{Y_2}(z) = \begin{cases} (1-e^{-2\lambda z})^2, & z>0, \\ 0, & z \leqslant 0. \end{cases}$$

于是 Z 的密度函数为

$$f_Z(z) = F_Z'(z) = \begin{cases} 4\lambda e^{-2\lambda z}(1-e^{-2\lambda z}), & z>0, \\ 0, & z \leqslant 0. \end{cases}$$

【例20】 设二维随机变量 (X,Y) 在矩形域 $D = \{(x,y) \mid 0 \leqslant x \leqslant 2, 0 \leqslant y \leqslant 1\}$ 上服从均匀分布,试求边长为 X 和 Y 的矩形面积 S 的概率密度.

分析:所求为 X 和 Y 的函数的分布,由分布函数法和公式法均可解决.

解:(X,Y) 的联合概率密度为

$$f(x,y) = \begin{cases} \dfrac{1}{2}, & (x,y) \in D, \\ 0, & (x,y) \notin D. \end{cases}$$

$S=XY$ 的分布函数为

$$F_S(s) = P(S \leqslant s) = P(XY \leqslant s).$$

如图 3-11 所示,当 $s \leqslant 0$ 时,有

$$F_S(s) = P(\varnothing) = 0.$$

当 $0<s<2$ 时,有

$$F_S(s) = \iint\limits_{xy \leqslant s} f(x,y) = \int_0^s dx \int_0^1 \frac{1}{2} dy + \int_s^2 dx \int_0^{\frac{s}{x}} \frac{1}{2} dy$$

$$= \frac{s}{2} + \frac{s}{2}(\ln 2 - \ln s).$$

当 $s \geqslant 2$ 时,有

图 3-11

$$F_S(s) = P(\Omega) = 1.$$

所以有

$$f_S(s) = F'_S(s) = \begin{cases} \dfrac{1}{2}(\ln 2 - \ln s), & 0 < s < 2, \\ 0, & \text{其他}. \end{cases}$$

【例21】 已知随机变量(X, Y)服从二维正态分布

$$f(x, y) = \frac{1}{2\pi} e^{-\frac{1}{2}(x^2 + y^2)},$$

求随机变量$Z = \dfrac{1}{3}(x^2 + y^2)$的概率密度.

分析:用求概率密度常用的解题方法,先求Z的分布函数,再求导数,即可得到Z的概率密度. 本题在计算随机变量落在某区域中的概率时,会用到极坐标来计算二重积分.

解:先求Z的分布函数,显然,当$z<0$时,$F_Z(z) = 0$,当$z \geqslant 0$时,有

$$F_Z(z) = P\left\{\frac{1}{3}(X^2 + Y^2) \leqslant z\right\} = P\{X^2 + Y^2 \leqslant 3z\} = \iint\limits_{x^2 + y^2 \leqslant 3z} \frac{1}{2\pi} e^{-\frac{1}{2}(x^2 + y^2)} \mathrm{d}x\mathrm{d}y$$

$$= \frac{1}{2\pi} \int_0^{2\pi} \mathrm{d}\theta \int_0^{\sqrt{3z}} e^{-\frac{1}{2}r^2} r \mathrm{d}r = 1 - e^{-\frac{3}{2}z}.$$

对$F_Z(z)$求导数,则Z的概率密度为

$$f_Z(z) = \begin{cases} 0, & z \leqslant 0, \\ \dfrac{3}{2} e^{-\frac{3}{2}z}, & z > 0. \end{cases}$$

【例22】 若随机变量$X \sim N(\mu_1, \sigma_1^2)$,$Y \sim N(\mu_2, \sigma_2^2)$,且$X, Y$相互独立,$Z = X - Y$,求$Z$的概率密度.

分析:随机变量X, Y服从正态分布,且相互独立,由定理知其线性组合$Z = X - Y$也服从正态分布,$Z \sim N(\mu, \sigma^2)$,只要求出μ和σ^2即可.

解:因为若$X_i \sim N(\mu_i, \sigma_i^2)$,$i = 1, 2$,且$X_1, X_2$相互独立,则$Y = C_1 X_1 + C_2 X_2$仍服从正态分布,且此正态分布为$N(C_1\mu_1 + C_2\mu_2, C_1^2\sigma_1^2 + C_2^2\sigma_2^2)$,所以

$$Z = X - Y \sim N(\mu_1 - \mu_2, \sigma_1^2 + \sigma_2^2),$$

故Z的概率密度为

$$f(z) = \frac{1}{\sqrt{2\pi(\sigma_1^2 + \sigma_2^2)}} e^{-\frac{(z - \mu_1 + \mu_2)^2}{2(\sigma_1^2 + \sigma_2^2)}}, \quad -\infty < z < +\infty.$$

【例23】 设随机变量X, Y相互独立,X的概率分布为$P(X = i) = \dfrac{1}{3}(i = -1, 0, 1)$,$Y$的概率密度为$f(y) = \begin{cases} 1, & 0 \leqslant y \leqslant 1, \\ 0, & \text{其他} \end{cases}$,记$Z = X + Y$.

(1) 求$P\left\{Z \leqslant \dfrac{1}{2} \middle| X = 0\right\}$;

(2) 求Z的概率密度.

分析:本题中的两个变量 X 和 Y 分别是离散型和连续型的,一般情况下,一个离散型与一个连续型随机变量函数的分布问题需利用全概率公式或对事件进行分解才能得到答案. 本题利用 X, Y 的相互独立与全概率公式,并且注意分段函数的计算.

解:(1) 由于 X, Y 相互独立,因此

$$P\left\{Z \leqslant \frac{1}{2} \middle| X=0\right\} = P\left\{X+Y \leqslant \frac{1}{2} \middle| X=0\right\} = P\left\{Y \leqslant \frac{1}{2} \middle| X=0\right\} = P\left\{Y \leqslant \frac{1}{2}\right\}$$

$$= \int_{-\infty}^{\frac{1}{2}} f(y)\,\mathrm{d}y = \int_{0}^{\frac{1}{2}} 1\,\mathrm{d}y = \frac{1}{2}.$$

(2) 先求 Z 的分布函数. 由于 $(X=-1), (X=0), (X=1)$ 构成一个完备事件组,因此根据全概率公式得 Z 的分布函数为

$$F_Z(z) = P(X+Y \leqslant z)$$

$$= P(X+Y \leqslant z \mid X=-1) \cdot P(X=-1) + P(X+Y \leqslant z \mid X=0) \cdot P(X=0)$$

$$\quad + P(X+Y \leqslant z \mid X=1) \cdot P(X=1)$$

$$= \frac{1}{3}\left[P(X+Y \leqslant z \mid X=-1) + P(X+Y \leqslant z \mid X=0) + P(X+Y \leqslant z \mid X=1)\right]$$

$$= \frac{1}{3}\left[P(Y \leqslant z+1) + P(Y \leqslant z) + P(Y \leqslant z-1)\right]$$

$$= \frac{1}{3}\left[F_Y(z+1) + F_Y(z) + F_Y(z-1)\right],$$

式中:$F_Y(z)$ 表示 Y 的分布函数. 于是 Z 的概率密度为

$$f_Z(z) = F_Z'(z) = \frac{1}{3}\left[f_Y(z+1) + f_Y(z) + f_Y(z-1)\right]$$

$$= \begin{cases} \dfrac{1}{3}, & -1 < z < 2, \\ 0, & \text{其他}. \end{cases}$$

3.6　疑难问题及常见错误例析

(1) 如何求二维随机变量 (X, Y) 的分布函数 $F(x, y)$?

答:① 若 (X, Y) 为离散型,且其分布律为

$$p_{ij} = P\{X=x_i, Y=y_j\}, \quad i, j = 1, 2, \cdots,$$

则分布函数为 $F(x, y) = \sum\limits_{x_i \leqslant x} \sum\limits_{y_j \leqslant y} p_{ij}$.

② 若 (X, Y) 为连续型,且其概率密度为 $f(x, y)$,则分布函数为

$$F(x, y) = \int_{-\infty}^{x} \int_{-\infty}^{y} f(u, v)\,\mathrm{d}u\mathrm{d}v.$$

如果 $f(x, y)$ 分区域定义,则对 (x, y) 需分区域计算 $F(x, y)$,具体步骤:首先在 xOy 平面上绘出 $f(x, y)$ 取值非零的区域 D,然后过 D 的各个边界交点分别作平行于 x 轴和 y 轴的直线,这些直线将平面分成若干个小区域(设为 $D_i, i = 1, 2, \cdots, s$),对每个 D_i 分别求 $F(x, y)$ 的表达式.

若(X,Y)的两分量X与Y相互独立,则
$$F(x,y)=F_X(x)\cdot F_Y(y),$$
式中:$F_X(x),F_Y(y)$分别为(X,Y)关于X和Y的边缘分布函数.

(2) 二维随机变量的边缘分布与一维随机变量的分布有什么联系与区别?

答:从某种意义上讲,可以认为二维随机变量的每个边缘分布是一维随机变量的分布.如二维正态分布$(X,Y)\sim N(\mu_1,\mu_2,\sigma_1^2,\sigma_2^2,\rho)$的边缘分布$X\sim N(\mu_1,\sigma_1^2)$,$Y\sim N(\mu_2,\sigma_2^2)$具备一维分布的性质.所以,边缘分布与一维分布有联系.

但是从严格意义上讲,二维随机变量的边缘分布是定义在$\mathbf{R}^2$平面上的,而一维随机变量的分布是定义在实数轴上的,两者的定义域不同.例如,(X,Y)的边缘分布$F_X(x)=P\{X\leqslant x,Y<+\infty\}$表示随机点$(X,Y)$落在区域$\{-\infty<X\leqslant x,-\infty<Y<+\infty\}$内的概率,而一维分布$F(x)=P\{X\leqslant x\}$表示随机点$X$落在区间$\{-\infty,x]$上的概率,二者是有区别的.

(3) 二维随机变量(X,Y)的联合分布、边缘分布和条件分布之间的关系是什么?

答:由定义知(X,Y)的联合分布唯一确定关于X和Y的边缘分布,也唯一确定条件分布.反之,由$f(x,y)=f_X(x)\cdot f_{Y\mid X}(y\mid x)=f_Y(y)\cdot f_{X\mid Y}(x\mid y)$知一个条件分布和它对应的边缘分布能唯一确定一个联合分布.但是两个边缘分布却不一定唯一确定联合分布.例如,二维正态分布$(X,Y)\sim N(\mu_1,\mu_2,\sigma_1^2,\sigma_2^2,\rho)$可以确定两个边缘分布是一维正态分布,即$X\sim N(\mu_1,\sigma_1^2)$和$Y\sim N(\mu_2,\sigma_2^2)$,且都不依赖于参数$\rho$;而$(X,Y)$的边缘分布$f_X(x),f_Y(y)$,当$\rho$不同时却可以得到不同的联合分布$(X,Y)\sim N(\mu_1,\mu_2,\sigma_1^2,\sigma_2^2,\rho)$.

另外,当组成(X,Y)的X,Y相互独立时,有
$$P\{X\leqslant x,Y\leqslant y\}=P\{X\leqslant x\}\cdot P\{Y\leqslant y\},$$
即
$$F(x,y)=F_X(x)\cdot F_Y(y).$$
故当X,Y相互独立时,边缘分布能唯一确定联合分布,从而知条件分布也能唯一确定联合分布.特殊地,二维正态随机变量X和Y相互独立的充分必要条件是$\rho=0$.

(4) 分析下面的解法是否正确,如不正确,给出正确解法.

设随机变量(X,Y)的分布函数为
$$F(x,y)=\begin{cases}(1-e^{-2x})(1-e^{-2y}),&0\leqslant x<\infty,0\leqslant y<\infty,\\0,&\text{其他}.\end{cases}$$
求$P\{X>1,Y>1\}$.

解:由题设,$F_X(x)=F(x,+\infty)=1-e^{-2x}$,$F_Y(y)=F(+\infty,y)=1-e^{-2y}$,由此可知$X$与$Y$相互独立,故有

$P\{X>1,Y>1\}=1-P\{X\leqslant1,Y\leqslant1\}=1-F_X(1)\cdot F_Y(1)=1-(1-e^{-2})(1-e^{-2})=0.2524.$

分析:上述解法有两个错误.

① 边缘分布函数错了,应为
$$F_X(x)=\begin{cases}1-e^{-2x},&0\leqslant x<+\infty,\\0,&\text{其他},\end{cases}$$
$$F_Y(y)=\begin{cases}1-e^{-2y},&0\leqslant y<+\infty,\\0,&\text{其他}.\end{cases}$$

② 受事件 $P\{X>1\} = 1-P\{X\leqslant 1\}$ 的影响,错误地认为事件 $\{X>1, Y>1\}$ 与 $\{X\leqslant 1, Y\leqslant 1\}$ 是对立事件.

正确解:因为 $F(x,y) = F_X(x) \cdot F_Y(x)$,故 X 与 Y 相互独立,从而有

$$P\{X>1, Y>1\} = P\{X>1\} \cdot P\{Y>1\} = [1-P\{X\leqslant 1\}] \cdot [1-P\{Y\leqslant 1\}]$$
$$= [1-(1-e^{-2})] \cdot [1-(1-e^{-2})] = 0.0183.$$

(5) 分析下面的解法是否正确.

设二维随机变量 (X,Y) 的概率密度为

$$f(x,y) = \begin{cases} 1, & -y\leqslant x\leqslant y, 0\leqslant y\leqslant 1, \\ 0, & 其他. \end{cases}$$

求其边缘概率密度 $f_X(x), f_Y(y)$.

解: $f_X(x) = \int_{-\infty}^{+\infty} f(x,y)\,dy = \int_0^1 1dy = 1$,

$f_Y(y) = \int_{-\infty}^{+\infty} f(x,y)\,dx = \int_{-y}^{y} 1dx = 2y.$

分析:上述解法有两个错误.

① 边缘概率密度 $f_X(x)$ 是任意实数 x 的函数,当 $f(x,y)$ 为分段函数时,要讨论 x 的取值范围,再对 $f(x,y)$ 关于 y 积分,且需注意正确选取积分的上、下限,通常 $f_X(x)$ 不是一个常数.

② $f_Y(y)$ 的公式正确,但没有对任意实数 y 的取值进行讨论.

正确解: $f_X(x) = \int_{-\infty}^{+\infty} f(x,y)\,dy = \begin{cases} \int_{-x}^{1} 1dy = 1+x, & -1\leqslant x<0, \\ \int_{x}^{1} 1dy = 1-x, & 0\leqslant x\leqslant 1, \\ \int_{-\infty}^{+\infty} 0dy = 0, & x<-1, x>1. \end{cases}$

$f_Y(y) = \int_{-\infty}^{+\infty} f(x,y)\,dx = \begin{cases} \int_{-y}^{y} 1dx = 2y, & 0\leqslant y\leqslant 1, \\ \int_{-\infty}^{+\infty} 0dx = 0, & y<0, y>1. \end{cases}$

(6) 分析下列解法是否正确.

设 X, Y 的联合概率密度为

$$f(x,y) = \begin{cases} 3x, & 0\leqslant x<1, 0\leqslant y<x, \\ 0, & 其他. \end{cases}$$

求:(1) $P\left\{Y\leqslant \dfrac{1}{8} \middle| X=\dfrac{1}{4}\right\}$;(2) $P\left\{Y\leqslant \dfrac{1}{8} \middle| X<\dfrac{1}{4}\right\}$.

解:(1) 由于 $P\left\{X=\dfrac{1}{4}\right\} = 0$,因此 $P\left\{Y\leqslant \dfrac{1}{8} \middle| X=\dfrac{1}{4}\right\} = \dfrac{P\left\{X=\dfrac{1}{4}, Y\leqslant \dfrac{1}{8}\right\}}{P\left\{X=\dfrac{1}{4}\right\}}$ 不存在.

(2) $f_X(x) = \int_{-\infty}^{+\infty} f(x,y)\,dy = \begin{cases} \int_0^x 3xdy = 3x^2, & 0\leqslant x<1, \\ 0, & 其他, \end{cases}$

所以

$$f_{Y\mid X}(y\mid x) = \begin{cases} \dfrac{3x}{3x^2} = \dfrac{1}{x}, & 0 \leqslant y < x, \\ 0, & \text{其他}, \end{cases}$$

$$P\left\{Y \leqslant \frac{1}{8} \,\middle|\, X < \frac{1}{4}\right\} = \int_{-\infty}^{\frac{1}{8}} f_{Y\mid X}\left(y\,\middle|\,\frac{1}{4}\right)\mathrm{d}y = \int_0^{\frac{1}{8}} \frac{1}{\frac{1}{4}}\mathrm{d}y = \frac{1}{2}.$$

分析:上述解法有两个错误.

(1) 一个随机变量落在某一区域上的概率只能是[0,1]上的唯一一个数,不可能不存在.错误是直接用条件概率公式计算.

(2) 错误是忘了条件分布的定义中作为条件随机变量的取值是一个数,而不是一个区间.

正确解:(1) $P\left\{Y \leqslant \dfrac{1}{8} \,\middle|\, X = \dfrac{1}{4}\right\} = \displaystyle\int_{-\infty}^{\frac{1}{8}} f_{Y\mid X}\left(y\,\middle|\,\frac{1}{4}\right)\mathrm{d}y = \int_0^{\frac{1}{8}} 4\mathrm{d}y = \frac{1}{2}.$

(2) $P\left\{Y \leqslant \dfrac{1}{8} \,\middle|\, X < \dfrac{1}{4}\right\} = \dfrac{P\left\{X < \dfrac{1}{4}, Y \leqslant \dfrac{1}{8}\right\}}{P\left\{X < \dfrac{1}{4}\right\}},$

而 $P\left\{X < \dfrac{1}{4}, Y \leqslant \dfrac{1}{8}\right\} = \displaystyle\iint\limits_{D} 3x\mathrm{d}x\mathrm{d}y = \int_0^{\frac{1}{8}}\mathrm{d}x\int_0^x 3x\mathrm{d}y + \int_{\frac{1}{8}}^{\frac{1}{4}}\mathrm{d}x\int_0^{\frac{1}{8}} 3x\mathrm{d}y = \dfrac{11}{1024}$, $P\left\{X < \dfrac{1}{4}\right\} =$

$\displaystyle\int_{-\infty}^{\frac{1}{4}} f_X(x)\mathrm{d}y = \int_0^{\frac{1}{4}} 3x^2\mathrm{d}x = \left(\dfrac{1}{4}\right)^3$, 故有 $P\left\{Y \leqslant \dfrac{1}{8} \,\middle|\, X < \dfrac{1}{4}\right\} = \dfrac{\dfrac{11}{1021}}{\left(\dfrac{1}{3}\right)^3} = \dfrac{11}{16}.$

3.7 同步习题及解答

3.7.1 同步习题

一、填空题:

1. 已知 $(X, Y) \sim f(x, y) = \begin{cases} C\sin(x+y), & 0 \leqslant x, y \leqslant \dfrac{\pi}{4}, \\ 0, & \text{其他} \end{cases}$, 则 $C = \underline{\hspace{2cm}}$.

2. 在区间 $(0,1)$ 中随机地取两个数,则事件"两数之和小于 $\dfrac{6}{5}$"的概率为 $\underline{\hspace{2cm}}$.

3. 一个电子仪器包含两个主要元件, X, Y 分别表示两个元件的寿命(单位:h),已知 X 和 Y 的联合分布函数为

$$F(x, y) = \begin{cases} 1 - \mathrm{e}^{-0.01x} - \mathrm{e}^{-0.01y} + \mathrm{e}^{-0.01(x+y)}, & x \geqslant 0, y \geqslant 0, \\ 0, & \text{其他}, \end{cases}$$

则两元件的寿命超过 120h 的概率为_____.

4. 已知 (X,Y) 的联合概率密度为

$$f(x,y)=\frac{1}{2\pi 5^2}e^{-\frac{1}{2}\left(\frac{x^2}{5^2}+\frac{y^2}{5^2}\right)}, \quad -\infty<x,y<+\infty,$$

则 X,Y _____(是或不是)相互独立的.

5. 设相互独立的随机变量 X 与 Y 的分布相同,且 X 的分布为

X	0	1
$p_i.$	$\frac{1}{2}$	$\frac{1}{2}$

则随机变量 $Z=\max(X,Y)$ 的分布是_____.

二、单项选择题:

1. 下列叙述中错误的是(   ).

(A) 联合分布决定边缘分布

(B) 边缘分布不能决定联合分布

(C) 两个随机变量各自的联合分布不同,但边缘分布可能相同

(D) 边缘分布之积即为联合分布

2. 设 $F_1(x),F_2(x)$ 分别为随机变量 X_1 和 X_2 的分布函数,为使 $F(x)=aF_1(x)-bF_2(x)$ 是某一随机变量的分布函数,在下列给定的各组数值中应取(   ).

(A) $a=\frac{3}{5},b=-\frac{2}{5}$ (B) $a=\frac{2}{3},b=\frac{2}{3}$

(C) $a=-\frac{1}{2},b=\frac{3}{2}$ (D) $a=\frac{1}{2},b=-\frac{3}{2}$

3. 设二维随机变量 (X,Y) 服从正态分布 $N(1,0,1,1,0)$,则概率 $P\{XY-Y<0\}=$(   ).

(A) 0   (B) 1   (C) $\frac{1}{2}$ (D) $\frac{1}{4}$

4. 设二维随机变量 (X,Y) 的概率密度为

$$f(x,y)=\begin{cases}6x, & 0\le x\le y\le 1,\\ 0, & \text{其他},\end{cases}$$

则 $P(X+Y\le 1)=$_____.

(A) 0   (B) 1   (C) $\frac{1}{2}$ (D) $\frac{1}{4}$

5. 设随机变量 X 与 Y 相互独立,且 X 服从标准正态分布 $N(0,1)$,Y 的概率分布为 $P\{Y=0\}=P\{Y=1\}=\frac{1}{2}$,记 $F_Z(z)$ 为随机变量 $Z=XY$ 的分布函数,则函数 $F_Z(z)$ 的间断点个数为(   ).

(A) 0   (B) 1   (C) 2   (D) 3

三、袋中有 1 个红色球、2 个黑色球与 3 个白色球,现有放回地从袋中取 2 次,每次取 1 球,以 X,Y,Z 分别表示两次取球所取得的红球、黑球与白球的个数.

（1）求 $P\{X=1\,|\,Z=0\}$；

（2）求二维随机变量 (X,Y) 概率分布；

（3）求边缘分布；

（4）X 和 Y 是否相互独立；

（5）计算概率 $P\{0<X\leqslant 2,0<Y\leqslant 1\}$.

四、设二维离散型随机变量 (X,Y) 的分布律如下所示，问 α 与 β 为何值时，X 与 Y 相互独立.

X \ Y	1	2	3
1	$\dfrac{1}{6}$	$\dfrac{1}{9}$	$\dfrac{1}{18}$
2	$\dfrac{1}{3}$	α	β

五、设二维随机变量 (X,Y) 的概率密度为

$$f(x,y)=\begin{cases}Ce^{-3x-4y}, & x>0,y>0,\\ 0, & \text{其他}.\end{cases}$$

（1）求 C；

（2）求边缘分布函数 $f_X(x)$，$f_Y(y)$；

（3）求 (X,Y) 的联合分布函数；

（4）讨论 X 与 Y 的独立性；

（5）求 $P\{0<X\leqslant 1,0<Y\leqslant 2\}$；

（6）求 $X+Y$ 的概率分布.

六、设随机变量 X 和 Y 相互独立，且分别服从参数为 λ_1,λ_2 的泊松分布，试证明 $Z=X+Y$ 服从参数为 $\lambda_1+\lambda_2$ 的泊松分布.

七、设 X 和 Y 分别表示两个不同电子原件的寿命，并设 X 和 Y 相互独立，且服从同一分布，其概率密度为

$$f(x)=\begin{cases}\dfrac{1000}{x^2}, & x>1000,\\ 0, & x\leqslant 1000.\end{cases}$$

试求 $Z=\dfrac{X}{Y}$ 的概率密度.

3.7.2 同步习题解答

一、填空题：

1. $C=\sqrt{2}+1$.

分析：$1=\displaystyle\int_{-\infty}^{+\infty}\left[\int_{-\infty}^{+\infty}f(x,y)\,\mathrm{d}y\right]\mathrm{d}x=\int_{0}^{\frac{\pi}{4}}\mathrm{d}x\left[\int_{0}^{\frac{\pi}{4}}C\sin(x+y)\,\mathrm{d}y\right]$

$$= C\int_0^{\frac{\pi}{4}}\left(\cos x - \cos\left(x + \frac{\pi}{4}\right)\right)\mathrm{d}x = C(\sqrt{2} - 1)\,,\text{得 } C = \sqrt{2} + 1.$$

2. $\dfrac{17}{25}$.

分析：(X,Y) 在边长为 1 的正方形区域上服从均匀分布,所求为 $P\left(X + Y < \dfrac{6}{5}\right)$.

3. $\mathrm{e}^{-2.4}$.

分析：由 X,Y 的边缘分布函数

$$F_X(x) = F(x, +\infty) = \begin{cases} 1 - \mathrm{e}^{-0.01x}, & x \geqslant 0, \\ 0, & x < 0, \end{cases}$$

$$F_Y(y) = F(+\infty, y) = \begin{cases} 1 - \mathrm{e}^{-0.01y}, & y \geqslant 0, \\ 0, & y < 0, \end{cases}$$

可知 $F_X(x) \cdot F_Y(y) = F(x,y)$,故 X,Y 相互独立,所求概率为

$P\{X > 120, Y > 120\} = P\{X > 120\} \cdot P\{Y > 120\} = [1 - F_X(120)][1 - F_Y(120)]$
$= (1 - 1 + \mathrm{e}^{-1.2})^2 = \mathrm{e}^{-2.4}$.

4. 是.

分析：由题设知 $(X,Y) \sim N(0,0,5^2,5^2,0)$,其中 $\rho = 0$,而服从二维正态分布的随机变量 X 和 Y 相互独立的充要条件为 $\rho = 0$,故 X 与 Y 相互独立.

5. $P(Z = 0) = \dfrac{1}{4}, P(Z = 1) = \dfrac{3}{4}$.

分析：由于 X 与 Y 都只取两个值 0 和 1,所以 $Z = \max(X,Y)$ 也只取两个值 0 和 1,而

$P(Z = 0) = P(\max(X,Y) = 0) = P(X = 0, Y = 0) = P(X = 0) \cdot P(Y = 0) = \dfrac{1}{2} \times \dfrac{1}{2} = \dfrac{1}{4}$,

$P(Z = 1) = 1 - P(Z = 0) = 1 - \dfrac{1}{4} = \dfrac{3}{4}$.

二、单项选择题：

1. D.

2. A.

3. C.

分析：由 $(X,Y) \sim N(1,0,1,1,0)$,可知 $X \sim N(1,1)$,$Y \sim N(0,1)$,有 $X - 1 \sim N(0,1)$. 由参数 $\rho = 0$ 知 X 和 Y 相互独立,进而 $X - 1$ 和 Y 也相互独立,则

$P\{XY - Y < 0\} = P\{(X-1)Y < 0\} = P\{X - 1 < 0, Y > 0\} + P\{X - 1 > 0, Y < 0\}$

$\quad = P\{X - 1 < 0\} \cdot P\{Y > 0\} + P\{X - 1 > 0\} \cdot P\{Y < 0\} = \dfrac{1}{2} \times \dfrac{1}{2} + \dfrac{1}{2} \times \dfrac{1}{2} = \dfrac{1}{2}$.

4. D.

分析：$P(X + Y \leqslant 1) = \iint\limits_{x+y\leqslant 1} f(x,y)\mathrm{d}x\mathrm{d}y = \int_0^{\frac{1}{2}}\left[\int_x^{1-x} 6x\mathrm{d}y\right]\mathrm{d}x = \int_0^{\frac{1}{2}}(6x - 12x^2)\mathrm{d}x = \dfrac{1}{4}$.

5. B.

分析：$F_Z(z) = P\{XY \leqslant z\} = P\{XY \leqslant z \mid Y = 0\} \cdot P\{Y = 0\} + P\{XY \leqslant z \mid Y = 1\} \cdot P\{Y = 1\}$

$$= \frac{1}{2} \left[P\{XY \leq z \mid Y=0\} + P\{XY \leq z \mid Y=1\} \right] = \frac{1}{2} \left[P\{X \cdot 0 \leq z \mid Y=0\} + P\{X \leq z \mid Y=1\} \right].$$

因为 X 与 Y 相互独立,所以

$$F_Z(z) = \frac{1}{2} \left[P\{X \cdot 0 \leq z\} + P\{X \leq z\} \right].$$

若 $z < 0$,则 $F_Z(z) = \frac{1}{2} \Phi(z)$;若 $z \geq 0$,则 $F_Z(z) = \frac{1}{2}(1 + \Phi(z))$. 所以 $z=0$ 为间断点,故选 B.

三、解:(1) 在没有取白球的情况下取了 1 次红球,利用压缩的样本空间则相当于只有 1 个红色球,2 个黑色球放回取 2 次,其中摸了 1 个红球的概率为

$$P\{X=1 \mid Z=0\} = \frac{C_2^1 \times 2}{C_3^1 \cdot C_3^1} = \frac{4}{9}.$$

(2) X,Y 取值范围为 0,1,2,故

$$P\{X=0,Y=0\} = \frac{C_3^1 C_3^1}{C_6^1 \cdot C_6^1} = \frac{1}{4}, P\{X=1,Y=0\} = \frac{C_2^1 C_3^1}{C_6^1 \cdot C_6^1} = \frac{1}{6},$$

$$P\{X=2,Y=0\} = \frac{1}{C_6^1 \cdot C_6^1} = \frac{1}{36}, P\{X=0,Y=1\} = \frac{C_2^1 C_2^1 C_3^1}{C_6^1 \cdot C_6^1} = \frac{1}{3},$$

$$P\{X=1,Y=1\} = \frac{C_2^1 C_2^1}{C_6^1 \cdot C_6^1} = \frac{1}{9}, P\{X=2,Y=1\} = 0,$$

$$P\{X=0,Y=2\} = \frac{C_2^1 C_2^1}{C_6^1 \cdot C_6^1} = \frac{1}{9}, P\{X=1,Y=2\} = 0, P\{X=2,Y=2\} = 0.$$

所求分布律为

Y \\ X	0	1	2
0	$\frac{1}{4}$	$\frac{1}{6}$	$\frac{1}{36}$
1	$\frac{1}{3}$	$\frac{1}{9}$	0
2	$\frac{1}{9}$	0	0

(3) 边缘分布律为

X	0	1	2
$p_i.$	$\frac{25}{36}$	$\frac{10}{36}$	$\frac{1}{36}$

X	0	1	2
$p_i.$	$\frac{4}{9}$	$\frac{4}{9}$	$\frac{1}{9}$

(4) 因为 $P\{X=0,Y=0\} = \frac{1}{4} \neq P\{X=0\} P\{Y=0\} = \frac{25}{36} \cdot \frac{4}{9}$,所以 X 和 Y 不相互独立.

(5) $P\{0 < X \leq 2, 0 < Y \leq 1\} = P\{X=1,Y=1\} + P\{X=2,Y=1\} = \frac{1}{9} + 0 = \frac{1}{9}.$

四、解:由题设知(X,Y)关于X和Y的边缘分布律分别是

X	1	2
$p_i.$	$\dfrac{1}{3}$	$\dfrac{1}{3}+\alpha+\beta$

Y	1	2	3
$p._j$	$\dfrac{1}{2}$	$\alpha+\dfrac{1}{9}$	$\beta+\dfrac{1}{18}$

若X与Y相互独立,则必有$p_{ij}=p_i. \cdot p._j$成立,又因待定常数只有两个,故只需建立两个方程,且最好是建立仅含一个待定常数的方程,因此由$p_{12}=p_1. \cdot p._2$;$p_{13}=p_1. \cdot p._3$得

$$\begin{cases} \dfrac{1}{9}=\dfrac{1}{3}\left(\alpha+\dfrac{1}{9}\right), \\ \dfrac{1}{18}=\dfrac{1}{3}\left(\alpha+\dfrac{1}{18}\right), \end{cases}$$

解之得$\alpha=\dfrac{2}{9},\beta=\dfrac{1}{9}$.

五、解:(1) 由$\displaystyle\int_{-\infty}^{+\infty}\int_{-\infty}^{+\infty}f(x,y)\mathrm{d}x\mathrm{d}y=1$,有

$$\int_0^{+\infty}\int_0^{+\infty}Ce^{-3x-4y}\mathrm{d}x\mathrm{d}y=1,$$

$$C\cdot\left(-\dfrac{1}{3}e^{-3x}\Big|_0^{+\infty}\right)\cdot\left(-\dfrac{1}{4}e^{-4x}\Big|_0^{+\infty}\right)=1,$$

即$C\cdot\left(-\dfrac{1}{3}\right)\cdot\left(-\dfrac{1}{4}\right)=1$,所以$C=12$.

(2) 当$x>0$时,有

$$f_X(x)=\int_{-\infty}^{+\infty}f(x,y)\mathrm{d}y=\int_0^{+\infty}12e^{-3x-4y}\mathrm{d}y=12e^{-3x}\cdot\left(-\dfrac{1}{4}e^{-4y}\Big|_0^{+\infty}\right)=3e^{-3x}.$$

所以

$$f_X(x)=\begin{cases} 3e^{-3x}, & x>0, \\ 0, & \text{其他}. \end{cases}$$

同理可得

$$f_Y(y)=\begin{cases} 4e^{-4y}, & y>0, \\ 0, & \text{其他}. \end{cases}$$

(3) 当$x>0,y>0$时,(X,Y)的分布函数为

$$F(x,y)=\int_{-\infty}^x\int_{-\infty}^y f(u,v)\mathrm{d}u\mathrm{d}v=\int_0^x\int_0^y 12e^{-3u-4v}\mathrm{d}u\mathrm{d}v=(1-e^{-3x})(1-e^{-4y}).$$

当$(x,y)\notin\{(x,y)\,|\,x>0,y>0\}$时,有

$$F(x,y)=\int_{-\infty}^x\int_{-\infty}^y f(u,v)\mathrm{d}u\mathrm{d}v=\int_{-\infty}^x\int_{-\infty}^y 0\mathrm{d}u\mathrm{d}v=0,$$

所以

$$F(x,y)=\begin{cases} (1-e^{-3x})(1-e^{-4y}), & x>0,y>0, \\ 0, & \text{其他}. \end{cases}$$

（4）因为

$$f_X(x) \cdot f_Y(y) = \begin{cases} 3e^{-3x}, & x>0 \\ 0, & 其他 \end{cases} \cdot \begin{cases} 4e^{-4y}, & y>0 \\ 0, & 其他 \end{cases} = \begin{cases} 12e^{-3x-4y}, & x>0,y>0 \\ 0, & 其他 \end{cases} = f(x,y),$$

所以 X 与 Y 相互独立.

（5）$P\{0<X\leqslant 1, 0<Y\leqslant 2\} = \int_0^1 dx \int_0^2 12e^{-3x-4y} dy$

$= \int_0^1 3e^{-3x} dx \cdot \int_0^2 4e^{-y} dy = (1-e^{-3})(1-e^{-8})$.

（6）设 $Z=X+Y$，因为 X 与 Y 相互独立，所以 $X+Y$ 的概率密度为

$$f_Z(z) = \int_{-\infty}^{\infty} f_X(x) f_Y(z-x) dx.$$

当 $x>0$ 且 $z-x>0$ 时，$f_Z(z) \neq 0$，由此 $0<x<z$，在 zOx 坐标面画出图形（图 3-12），讨论 z 的值：

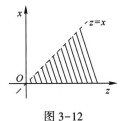

图 3-12

当 $z\leqslant 0$ 时，$f_Z(z)=0$；当 $z>0$ 时，$f_Z(z) = \int_0^z 3e^{-3x} \cdot 4e^{-4(z-x)} dx = 12e^{-4z}(e^z-1)$.

故 $f_Z(z) = \begin{cases} 12e^{-4z}(e^z-1), & z>0, \\ 0, & z\leqslant 0. \end{cases}$

六、证明：$P\{Z=k\} = P\{X+Y=k\} = \sum_{i=0}^{k} P\{X=i, Y=k-i\}$

$= \sum_{i=0}^{k} P\{X=i\}P\{Y=k-i\} = \sum_{i=0}^{k} \frac{\lambda_1^i}{i!}e^{-\lambda_1} \cdot \frac{\lambda_2^{k-i}}{(k-i)!}e^{-\lambda_2}$

$= \left[\sum_{i=0}^{k} \frac{k!}{i!(k-i)!}\lambda_1^i \lambda_2^{k-i}\right] \frac{1}{k!} e^{-(\lambda_1+\lambda_2)}$

$= (\lambda_1+\lambda_2)^k \cdot \frac{1}{k!} e^{-(\lambda_1+\lambda_2)}, k=0,1,2,\cdots$

则 $Z=X+Y$ 服从参数为 $\lambda_1+\lambda_2$ 的泊松分布.

七、解：先求其分布函数，由于 (X,Y) 的概率密度只在第一象限的一部分区域不为 0，故只需讨论 $z>0$ 的情形，而且只需计算落在图 3-13 和图 3-14 的区域 D 上的概率.

当 $0<z\leqslant 1$ 时，如图 3-13 所示，有

$$F_Z(z) = P\{Z\leqslant z\} = P\left\{\frac{X}{Y}\leqslant z\right\} = \iint_D f(x,y) d\sigma$$

$$= \iint_D f_X(x) f_Y(y) dx dy = 1000^2 \int_{1000}^{\infty} \frac{dx}{x^2} \int_{\frac{x}{z}}^{\infty} \frac{dy}{y^2} = \frac{z}{2};$$

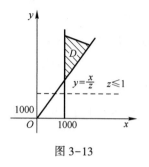

图 3-13

当 $z > 1$,如图 3-14 所示,有

$$F_Z(z) = P\{Z \leqslant z\} = P\left\{\frac{X}{Y} \leqslant z\right\}$$

$$= \iint\limits_D f(x,y)\,\mathrm{d}x\mathrm{d}y = 1000^2 \int_{1000}^{\infty} \frac{\mathrm{d}y}{y^2} \int_{1000}^{yz} \frac{\mathrm{d}x}{x^2} = 1 - \frac{1}{2z}.$$

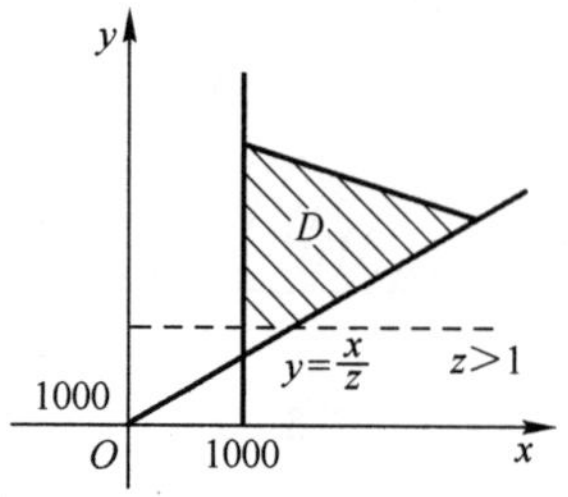

图 3-14

因此,Z 的概率密度为

$$f_Z(z) = F_Z'(z) = \begin{cases} 0, & z \leqslant 0, \\[2mm] \dfrac{1}{2}, & 0 < z \leqslant 1, \\[2mm] \dfrac{1}{2z^2}, & z > 1. \end{cases}$$

第4章　随机变量的数字特征

4.1　知识结构图

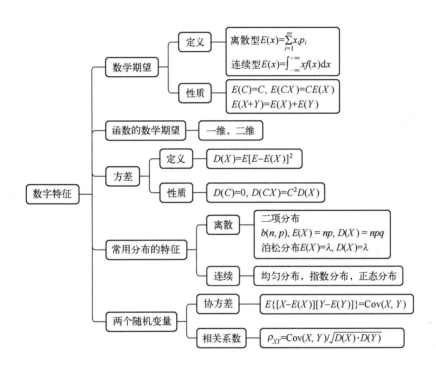

4.2　教学基本要求

（1）理解随机变量数字特征（数学期望、方差、标准差、协方差及相关系数）的概念；并会运用数字特征的基本性质计算具体分布的数字特征.

（2）掌握常用分布的数字特征.

（3）掌握根据随机变量 X 的概率分布求其函数 $g(X)$ 的数学期望 $E[g(X)]$.

（4）会根据随机变量 X 和 Y 的联合概率分布求其函数 $g(X,Y)$ 的数学期望 $E[g(X,Y)]$.

4.3　本　章　导　学

随机变量的数字特征是由随机变量的分布确定的，是用来描述随机变量某一方面特征的常数. 最重要的数字特征是数学期望和方差. 数学期望描述随机变量取值的平均大小,方差描述随机变量与它自己的数学期望的偏离程度.

随机变量 X 的数学期望的定义式:离散型 $E(X) = \sum_{i=1}^{\infty} x_i p_i$;连续型 $E(X) = \int_{-\infty}^{+\infty} x f(x) \mathrm{d}x$.

随机变量 X 的方差的定义式为 $D(X) = E\{[X-E(X)]^2\}$. 方差的计算公式为 $D(X) = E(X^2) - [E(X)]^2$.

应掌握基本概念、定义及计算公式,为进一步的学习打好基础.

4.4 主要概念、重要定理与公式

4.4.1 基本概念

1. 离散型随机变量的数学期望

设离散型随机变量 X 的分布律为

$$P\{X=x_k\} = p_k, k=1,2,\cdots$$

若级数 $\sum_{k=1}^{\infty} x_k p_k$ 绝对收敛,则称级数 $\sum_{k=1}^{\infty} x_k p_k$ 的和为离散型随机变量 X 的数学期望,记为 $E(X)$,即 $E(X) = \sum_{k=1}^{\infty} x_k p_k$.

2. 连续型随机变量的数学期望

设连续型随机变量 X 的概率密度函数为 $f(x)$,若积分

$$\int_{-\infty}^{\infty} x f(x) \mathrm{d}x$$

绝对收敛,则称积分 $\int_{-\infty}^{\infty} x f(x) \mathrm{d}x$ 的值为续型随随机变量 X 的数学期望,记为 $E(X)$,即 $E(X) = \int_{-\infty}^{\infty} x f(x) \mathrm{d}x$.

数学期望简称期望,又称为均值. 数学期望 $E(X)$ 完全由随机变量 X 的概率分布所确定.

3. 方差定义

设 X 是一个随机变量,若 $E\{[X-E(X)]^2\}$ 存在,则称 $E\{[X-E(X)]^2\}$ 为 X 的方差,记为 $D(X)$,即 $D(X) = E\{[X-E(X)]^2\}$. $\sqrt{D(X)}$ 称为标准差或均方差.

方差实际上就是随机变量 X 的函数 $g(X) = (X-E(X))^2$ 的数学期望,对于离散型随机变量,有

$$D(X) = \sum_{k=1}^{\infty} [x_k - E(X)]^2 p_k,$$

其中 $P\{X=x_k\} = p_k, k=1,2,\cdots$ 是 X 的分布律.

对于连续型随机变量,有

$$D(X) = \int_{-\infty}^{\infty} [x - E(X)]^2 f(x) \mathrm{d}x,$$

式中:$f(x)$ 是 X 的概率密度.

随机变量 X 的方差可按下列公式计算:

$$D(X) = E(X^2) - [E(X)]^2.$$

4. 协方差与相关系数的定义

$E\{[X-E(X)][Y-E(Y)]\}$ 称为随机变量 X 与 Y 的协方差,记为 $\mathrm{Cov}(X,Y)$,即

$$\mathrm{Cov}(X,Y) = E\{[X-E(X)][Y-E(Y)]\},$$

而

$$\rho_{XY} = \frac{\mathrm{Cov}(X,Y)}{\sqrt{D(X) \cdot D(Y)}}$$

称为随机变量 X 与 Y 的相关系数.

5. 矩

设 X 和 Y 是随机变量.

若 $E(X^k), k=1,2,\cdots$ 存在,则称它为 X 的 k 阶原点矩,简称 k 阶矩;

若 $E\{[X-E(X)]^k\}, k=2,3,\cdots$ 存在,称它为 X 的 k 阶中心矩;

若 $E(X^k Y^l), k,l=1,2,\cdots$ 存在,称它为 X 与 Y 的 $k+l$ 阶混合矩;

若 $E\{[X-E(X)]^k [Y-E(Y)]^l\}, k,l=1,2,\cdots$ 存在,称它为 X 与 Y 的 $k+l$ 阶混合中矩.

4.4.2 基本理论

(1) 定理 设 Y 是随机变量 X 的函数,$Y=g(X)$ (g 是连续函数).

① X 为离散型随机变量,它的分布律为 $P\{X=x_k\}=p_k, k=1,2,\cdots$,若级数 $\sum_{k=1}^{\infty} x_k p_k$ 绝对收敛,则有 $E(Y) = E[g(X)] = \sum_{k=1}^{\infty} g(x_k) p_k$.

② X 为连续型随机变量,它的概率密度为 $f(x)$,若积分 $\int_{-\infty}^{\infty} g(x)f(x)\mathrm{d}x$ 绝对收敛,则有 $E(Y) = E[g(X)] = \int_{-\infty}^{\infty} g(x)f(x)\mathrm{d}x$.

(2) 若 Z 是随机变量 X,Y 的函数 $Z=g(X,Y)$ (g 是连续函数),那么 Z 是一个一维随机变量. 若二维随机变量 (X,Y) 的概率密度为 $f(x,y)$,则有

$$E(Z) = E[g(X,Y)] = \int_{-\infty}^{\infty} \int_{-\infty}^{\infty} g(x,y)f(x,y)\mathrm{d}x\mathrm{d}y.$$

这里设上式右边的积分绝对收敛.

(3) 若 (X,Y) 为离散型随机变量,它的分布律为 $P\{X=x_i, Y=y_i\}=p_{ij}, i,j=1,2,\cdots$, 则有

$$E(Z) = E[g(X,Y)] = \sum_{j=1}^{\infty} \sum_{i=1}^{\infty} g(x,y) p_{ij},$$

这里设上式右边的级数绝对收敛.

（4）设 C 是常数，则有 $E(C)=C$.

（5）设 X 是一个随机变量，C 是常数，则有 $E(CX)=CE(X)$.

（6）设 X,Y 是两个随机变量，则有 $E(X+Y)=E(X)+E(Y)$.

（7）设 X,Y 是相互独立的两个随机变量，则有 $E(XY)=E(X)E(Y)$.

（8）设 C 是常数，则有 $D(C)=0$.

（9）设 X 是一个随机变量，C 是常数，则有 $D(CX)=C^2D(X)$.

（10）设 X,Y 是两个随机变量，则有
$$D(X+Y)=D(X)+D(Y)+2E\{(X-E(X))(Y-E(Y))\}.$$

特别地，若 X,Y 相互独立，则有 $D(X+Y)=D(X)+D(Y)$.

（11）$D(X)=0$ 的充要条件是 X 以概率 1 取常数 C，即 $P\{X=C\}=1$. 显然，这里 $C=E(X)$.

（12）切比雪夫不等式：设随机变量 X 具有数学期望 $E(X)=\mu$，方差 $D(X)=\sigma^2$，则对于任意正数 ε，不等式 $P\{|X-\mu|\geqslant\varepsilon\}\leqslant\dfrac{\sigma^2}{\varepsilon^2}$ 成立．

（13）设 X,Y 是两个随机变量，则有 $D(X+Y)=D(X)+D(Y)+2\mathrm{Cov}(X,Y)$.

（14）设 X,Y 是两个随机变量，则有 $\mathrm{Cov}(X,Y)=E(XY)-E(X)E(Y)$.

（15）设 X,Y 是两个随机变量，则有 $\mathrm{Cov}(aX,bY)=ab\mathrm{Cov}(X,Y)$，$a,b$ 是常数．

（16）设 X_1,X_2,Y 是三个随机变量，则有
$$\mathrm{Cov}(X_1+X_2,Y)=\mathrm{Cov}(X_1,Y)+\mathrm{Cov}(X_2,Y).$$

（17）定理：① $|\rho_{XY}|\leqslant1$.

② $|\rho_{XY}|=1$ 的充要条件是存在常数 a,b 使得
$$P\{Y=a+bX\}=1.$$

当 $\rho_{XY}=0$ 时，称 X,Y 不相关．

（18）n 维正态随机变量具有以下四条重要性质：

① n 维正态随机变量 $(X_1,X_2,\cdots,X_n)$ 的每一个分量 X_i，$i=1,2,\cdots,n$ 都是正态随机变量；反过来，若 $X_1,X_2,\cdots,X_n$ 都是正态随机变量且相互独立，则 $(X_1,X_2,\cdots,X_n)$ 是 n 维正态随机变量．

② n 维随机变量 $(X_1,X_2,\cdots,X_n)$ 服从 n 维正态分布的充要条件是 $X_1,X_2,\cdots,X_n$ 的任意的线性组合 $l_1X_1+l_2X_2+\cdots+l_nX_n$ 服从一维正态分布（其中 $l_1,l_2,\cdots,l_n$ 不全为 0）．

③ 若 $(X_1,X_2,\cdots,X_n)$ 服从 n 维正态分布，设 $Y_1,Y_2,\cdots,Y_k$ 是 $X_j(j=1,2,\cdots,n)$ 的线性函数，则 $(Y_1,Y_2,\cdots,Y_k)$ 也服从多维正态分布．

④ 设 $(X_1,X_2,\cdots,X_n)$ 服从 n 维正态分布，则"$X_1,X_2,\cdots,X_n$ 相互独立"与"$X_1,X_2,\cdots,X_n$ 两两不相关"是等价的．

4.4.3 基本方法

（1）求一维随机变量的数字特征．

① 对分布已知的情形，按定义直接计算．

② 对由随机试验给出的随机变量，先求出其分布，再按定义计算．

（2）求一维随机变量函数的数学期望．

（3）求二维随机变量及其函数的数字特征．

（4）求多维随机变量的数字特征(0—1 分布分解法简介)．

（5）有关数字特征的证明题和应用题．

4.5 典型例题解析

4.5.1 求一维随机变量的数字特征

思路点拨:这类题型主要是求期望和方差,其常用方法有:

1. 对分布已知的情形,按定义直接计算,常用分布的数字特征:

分　　布	分布律或概率密度	数学期望 $E(X)$	方差 $D(X)$
0—1 分布	$P(X=k)=p^k q^{1-k}, k=0,1$ $0<p<1, p+q=1$	$E(X)=p$	$D(X)=pq$
二项分布	$P(X=k)=C_n^k p^k q^{n-k}$ $k=0,1,2,\cdots,n$ $0<p<1, p+q=1$	$E(X)=np$	$D(X)=npq$
泊松分布	$P(X=k)=\dfrac{\lambda^k}{k!}e^{-\lambda}$ $k=0,1,2,\cdots;\lambda>0$	$E(X)=\lambda$	$D(X)=\lambda$
均匀分布	$f(x)=\begin{cases}\dfrac{1}{b-a}, & x\in(a,b)\\ 0, & \text{其他}\end{cases}$	$E(X)=\dfrac{a+b}{2}$	$D(X)=\dfrac{(b-a)^2}{12}$
指数分布	$f(x)=\begin{cases}\lambda e^{-\lambda x}, & x>0\\ 0, & x\leqslant 0\end{cases},\lambda>0$ 为参数	$E(X)=\dfrac{1}{\lambda}$	$D(X)=\dfrac{1}{\lambda^2}$

2. 对由随机试验给出的随机变量,先求出其分布,再按定义计算,离散型或连续型计算期望或方差的公式:离散型随机变量的分布列为

X	x_1	x_2	x_3	$\cdots$	x_k	$\cdots$
P	p_1	p_2	p_3	$\cdots$	p_k	$\cdots$

则

$$E(X)=\sum_{k=1}^{\infty}x_k p_k, \quad D(X)=\sum_{k=1}^{\infty}\left[x_k-E(X)\right]^2 p_k.$$

连续型:设 $\varphi(x)$ 为 X 的分布密度函数,则

$$E(X)=\int_{-\infty}^{+\infty}xf(x)\mathrm{d}x, \quad D(X)=\int_{-\infty}^{+\infty}\left[x-E(X)\right]^2 f(x)\mathrm{d}x.$$

【例1】 按规定某车站每天 8:00～9:00,9:00～10:00 都恰有一辆客车到站,各车到站时刻是随机的,且各车到站的时间相互独立,其规律为

到站时刻	8:10 9:10	8:30 9:30	8:50 9:50
概　率	$\dfrac{1}{5}$	$\dfrac{2}{5}$	$\dfrac{2}{5}$

一旅客 8:20 到站,求他候车时间的数学期望和方差.

分析:本题应由随机事件写出分布律,然后再计算.

解:令 X 表示候车时间,该旅客乘 9:10 的车,意味着 8:00~9:00 这趟车在 8:10 开走了,他候车时间 50min,对应的概率为"第一趟车 8:10 开走,第二趟车 9:10 开,两事件同时发生的概率",即　$P[X=50]=\dfrac{1}{5}\times\dfrac{1}{5}=\dfrac{1}{25}.$

他候车 70min、90min 对应的概率类似处理. 于是候车的分布律为

X	10	30	50	70	90
P	$\dfrac{2}{5}$	$\dfrac{2}{5}$	$\dfrac{1}{5}\times\dfrac{1}{5}$	$\dfrac{1}{5}\times\dfrac{2}{5}$	$\dfrac{1}{5}\times\dfrac{2}{5}$

故　$E(X)=10\times\dfrac{2}{5}+30\times\dfrac{2}{5}+50\times\dfrac{1}{25}+70\times\dfrac{2}{25}+90\times\dfrac{2}{25}=30.8(\min)$,

$E(X^2)=(10)^2\times\dfrac{2}{5}+(30)^2\times\dfrac{2}{5}+(50)^2\times\dfrac{1}{25}+(70)^2\times\dfrac{2}{25}+(90)^2\times\dfrac{2}{25}=1540$,

$D(X)=E(X^2)-[E(X)]^2=1540-(30.8)^2=591.36.$

【例 2】 设随机变量 X 的概率密度为 $f(x)=\dfrac{1}{2}\mathrm{e}^{-|x|}$, $-\infty<x<+\infty$. 求 $E(X)$ 及 $D(X)$.

分析:本题的关键是计算数字特征时,要利用定积分对称积分区间上被积函数奇偶性的性质.

解:$E(X)=\displaystyle\int_{-\infty}^{+\infty}xf(x)\mathrm{d}x=\int_{-\infty}^{+\infty}x\dfrac{1}{2}\mathrm{e}^{-|x|}\mathrm{d}x=0$,

(因为 $\dfrac{1}{2}\mathrm{e}^{-|x|}$ 为偶函数,$x\dfrac{1}{2}\mathrm{e}^{-|x|}$ 为奇函数,由对称积分区间上被积函数奇偶性的性质,所以 $E(X)=0$)

$$D(X)=\int_{-\infty}^{+\infty}[x-E(X)]^2f(x)\mathrm{d}x=\int_{-\infty}^{+\infty}x^2\dfrac{1}{2}\mathrm{e}^{-|x|}\mathrm{d}x$$

$$=\int_{0}^{+\infty}x^2\mathrm{e}^{-x}\mathrm{d}x=-\mathrm{e}^{-x}(x^2+2x+2)\Big|_{0}^{+\infty}=2.$$

【例 3】 设随机变量 X 的分布函数为

$$F(x)=\begin{cases}\dfrac{1}{2}\mathrm{e}^{x}, & x<0,\\[2mm]\dfrac{1}{2}, & 0\leqslant x<1,\\[2mm]1-\dfrac{1}{2}\mathrm{e}^{-\frac{1}{2}(x-1)}, & x\geqslant1.\end{cases}$$

求 $E(X)$ 及 $D(X)$.

分析:本题中给出的是 X 的分布函数,而非密度函数,但我们没有用分布函数求数学期望与方差公式,因此需先求出密度函数,然后用定义计算.

解:随机变量 X 的分布密度为

$$f(x) = F'(x) = \begin{cases} \dfrac{1}{2}e^x, & x < 0, \\ 0, & 0 \leqslant x < 1, \\ \dfrac{1}{4}e^{-\frac{1}{2}(x-1)}, & x \geqslant 1. \end{cases}$$

于是

$$\begin{aligned} E(X) &= \int_{-\infty}^{+\infty} xf(x)\,\mathrm{d}x = \int_{-\infty}^{0} \frac{x}{2}e^x\,\mathrm{d}x + \int_{1}^{+\infty} \frac{x}{4}e^{-\frac{1}{2}(x-1)}\,\mathrm{d}x \\ &= \frac{1}{2}\int_{-\infty}^{0} x\,\mathrm{d}e^x - \frac{1}{2}\int_{1}^{+\infty} x\,\mathrm{d}e^{-\frac{1}{2}(x-1)} \\ &= \frac{1}{2}\left(xe^x\big|_{-\infty}^{0} - \int_{-\infty}^{0} e^x\,\mathrm{d}x\right) - \frac{1}{2}\left[xe^{-\frac{1}{2}(x-1)}\big|_{1}^{+\infty} - \int_{1}^{+\infty} e^{-\frac{1}{2}(x-1)}\,\mathrm{d}x\right] \\ &= -\frac{1}{2}e^x\big|_{-\infty}^{0} + \left[\frac{1}{2} - e^{-\frac{1}{2}(x-1)}\big|_{1}^{+\infty}\right] \\ &= -\frac{1}{2} + \left(\frac{1}{2} + 1\right) = 1, \end{aligned}$$

又

$$\begin{aligned} E(X^2) &= \int_{-\infty}^{+\infty} x^2 f(x)\,\mathrm{d}x = \int_{-\infty}^{0} \frac{x^2}{2}e^x\,\mathrm{d}x + \int_{1}^{+\infty} \frac{x^2}{4}e^{-\frac{1}{2}(x-1)}\,\mathrm{d}x \\ &= \frac{1}{2}\int_{-\infty}^{0} x^2\,\mathrm{d}e^x - \frac{1}{2}\int_{1}^{+\infty} x^2\,\mathrm{d}e^{-\frac{1}{2}(x-1)} \\ &= \frac{1}{2}\left(x^2 e^x\big|_{-\infty}^{0} - \int_{-\infty}^{0} 2xe^x\,\mathrm{d}x\right) - \frac{1}{2}\left[x^2 e^{-\frac{1}{2}(x-1)}\big|_{1}^{+\infty} - \int_{1}^{+\infty} 2xe^{-\frac{1}{2}(x-1)}\,\mathrm{d}x\right] \\ &= -\int_{-\infty}^{0} xe^x\,\mathrm{d}x + \frac{1}{2} + \int_{1}^{+\infty} xe^{-\frac{1}{2}(x-1)}\,\mathrm{d}x \\ &= -\int_{-\infty}^{0} x\,\mathrm{d}e^x + \frac{1}{2} - 2\int_{1}^{+\infty} x\,\mathrm{d}e^{-\frac{1}{2}(x-1)} = \frac{15}{2}, \end{aligned}$$

$$D(X) = E(X^2) - [E(X)]^2 = \frac{15}{2} - 1^2 = \frac{13}{2}.$$

4.5.2 求一维随机变量函数的数学期望

【解题提示】 这类题型一般不采用先求概率密度或分布函数,再按定义计算的方法,其常用方法如下。

(1)设 Y 是随机变量 X 的函数,$Y = g(X)$,其中 g 是连续函数,则:

① X 为离散型随机变量,其分布律为

X	x_1	x_2	x_3	$\cdots$	x_k	$\cdots$
P	p_1	p_2	p_3	$\cdots$	p_k	$\cdots$

则

$$E(Y) = E[g(X)] = \sum_{k=1}^{\infty} g(x_k)p_k.$$

② X 为连续型随机变量,其分布密度为 $f(x)$,则

$$E(Y) = E[g(X)] = \int_{-\infty}^{+\infty} g(x)f(x)\,\mathrm{d}x.$$

(2) 无论 X 是离散型还是连续型,$Y=g(X)$ 的方差均用下式计算:

$$D(Y) = D[g(X)] = E(Y^2) - [E(Y)]^2.$$

计算过程中可以利用数学期望、方差的性质及常见分布的数学期望与方差计算.

【例4】 设 $X \sim E(1)$,则数学期望 $E(X+\mathrm{e}^{-2X}) = $ _____.

分析:先利用数学期望的线性性质,再用随机变量函数的数学期望公式.

解:因为 $X \sim E(1)$,于是 $E(X)=1$,而且 X 的概率密度为

$$f(x) = \begin{cases} \mathrm{e}^{-x}, & x>0, \\ 0, & x \leqslant 0, \end{cases}$$

从而

$$E(\mathrm{e}^{-2X}) = \int_{-\infty}^{+\infty} \mathrm{e}^{-2x} f(x)\,\mathrm{d}x = \int_{0}^{+\infty} \mathrm{e}^{-2x}\mathrm{e}^{-x}\,\mathrm{d}x = \frac{1}{3},$$

因此

$$E(X+\mathrm{e}^{-2X}) = E(X) + E(\mathrm{e}^{-2X}) = \frac{4}{3}.$$

【例5】 设随机变量 X 的概率密度为 $f(x) = \dfrac{1}{\pi(1+x^2)}$, $x \in (-\infty, +\infty)$,求 $E[\min(|X|,1)]$.

分析:本题中一定要在计算随机变量函数的数学期望过程中分析 $\min(|X|,1)$,不要单独计算 $\min(|X|,1)$.

解:$E[\min(|X|,1)] = \int_{-\infty}^{+\infty} \min(|X|,1)f(x)\,\mathrm{d}x$

$$= \int_{|X|<1} |X|f(x)\,\mathrm{d}x + \int_{|X|\geqslant 1} f(x)\,\mathrm{d}x = 2\int_{0}^{1} \frac{x}{\pi(1+x^2)}\,\mathrm{d}x + $$

$$2\int_{1}^{+\infty} \frac{1}{\pi(1+x^2)}\,\mathrm{d}x$$

$$= \frac{1}{\pi}\ln(1+x^2)\Big|_{0}^{1} + \frac{2}{\pi}\arctan x\Big|_{1}^{+\infty} = \frac{1}{\pi}\ln 2 + \frac{1}{2}.$$

【例6】 设随机变量 X 的概率密度为

$$f(x) = \begin{cases} ax, & 0<x<2, \\ cx+b, & 2 \leqslant x \leqslant 4, \\ 0, & 其他. \end{cases}$$

84

已知 $E(X)=2$，$D(X)=\dfrac{2}{3}$，试求：（1）a,b,c 的值；（2）随机变量 $Y=\mathrm{e}^{X}$ 的数学期望与方差．

分析：（1）主要考查已知数字特征反求参数的问题，只要充分利用已知条件和密度函数所具有的性质即可解答．

（2）在（1）的基础上直接用一维连续型随机变量函数的期望与方差公式计算即可．

解：（1）因为 $f(x)$ 为概率密度，故

$$\int_{-\infty}^{+\infty} f(x)\,\mathrm{d}x = \int_{0}^{2} ax\,\mathrm{d}x + \int_{2}^{4}(cx+b)\,\mathrm{d}x$$
$$= \frac{1}{2}ax^{2}\Big|_{0}^{2} + \frac{1}{2}cx^{2}\Big|_{2}^{4} + 2b = 1.$$

即有

$$2a+2b+6c=1. \tag{4-1}$$

又

$$E(X)=\int_{-\infty}^{+\infty} xf(x)\,\mathrm{d}x = \int_{0}^{2} ax^{2}\,\mathrm{d}x + \int_{2}^{4} x(cx+b)\,\mathrm{d}x$$
$$= \frac{1}{3}ax^{3}\Big|_{0}^{2} + \frac{1}{3}cx^{3}\Big|_{2}^{4} + \frac{1}{2}bx^{2}\Big|_{2}^{4}$$
$$= \frac{8}{3}a + \frac{56}{3}c + 6b = 2.$$

故有

$$4a+9b+28c=3. \tag{4-2}$$

因 $D(X)=\dfrac{2}{3}$，于是

$$E(X^{2})=D(X)+[\,E(X)\,]^{2}=\frac{14}{3},$$

即

$$E(X^{2})=\int_{-\infty}^{+\infty} x^{2}f(x)\,\mathrm{d}x = \int_{0}^{2} ax^{3}\,\mathrm{d}x + \int_{2}^{4} x^{2}(cx+b)\,\mathrm{d}x$$
$$= \frac{1}{4}ax^{4}\Big|_{0}^{2} + \frac{1}{4}cx^{4}\Big|_{2}^{4} + \frac{1}{3}bx^{3}\Big|_{2}^{4}$$
$$= 4a + 60c + \frac{56}{3}b = \frac{14}{3}.$$

于是有

$$6a+28b+90c=7. \tag{4-3}$$

联立式（4-1）~式（4-3），解得 $a=\dfrac{1}{4}$，$b=1$，$c=-\dfrac{1}{4}$．

（2）由于

$$f(x)=\begin{cases} ax, & 0<x<2,\\ cx+b, & 2\leqslant x\leqslant 4,\\ 0, & \text{其他,} \end{cases}$$

于是

$$E(Y) = E(\mathrm{e}^X) = \int_{-\infty}^{+\infty} \mathrm{e}^x f(x)\,\mathrm{d}x = \int_0^2 \frac{1}{4} x\mathrm{e}^x\,\mathrm{d}x + \int_2^4\left(-\frac{1}{4}x + 1\right)\mathrm{e}^x\,\mathrm{d}x$$

$$= \frac{1}{4}\left(x\mathrm{e}^x\Big|_0^2 - \int_0^2 \mathrm{e}^x\,\mathrm{d}x\right) - \frac{1}{4}\left(x\mathrm{e}^x\Big|_2^4 - \int_2^4 \mathrm{e}^x\,\mathrm{d}x\right) + \mathrm{e}^x\Big|_2^4$$

$$= \frac{1}{2}\mathrm{e}^2 - \frac{1}{4}\mathrm{e}^x\Big|_0^2 - \frac{4\mathrm{e}^4 - 2\mathrm{e}^2}{4} + \frac{1}{4}\mathrm{e}^x\Big|_2^4 + \mathrm{e}^4 - \mathrm{e}^2$$

$$= \frac{1}{4}(\mathrm{e}^2 - 1)^2.$$

$$E(Y^2) = E(\mathrm{e}^{2X}) = \int_{-\infty}^{+\infty} \mathrm{e}^{2x} f(x)\,\mathrm{d}x$$

$$= \int_0^2 \frac{1}{4} x\mathrm{e}^{2x}\,\mathrm{d}x + \int_2^4\left(-\frac{1}{4}x + 1\right)\mathrm{e}^{2x}\,\mathrm{d}x$$

$$= \frac{1}{8}\left(x\mathrm{e}^{2x}\Big|_0^2 - \int_0^2 \mathrm{e}^{2x}\,\mathrm{d}x\right) - \frac{1}{8}\left(x\mathrm{e}^{2x}\Big|_2^4 - \int_2^4 \mathrm{e}^{2x}\,\mathrm{d}x\right) + \frac{1}{2}\mathrm{e}^{2x}\Big|_2^4$$

$$= \frac{1}{4}\mathrm{e}^4 - \frac{1}{16}\mathrm{e}^{2x}\Big|_0^2 - \frac{4\mathrm{e}^8 - 2\mathrm{e}^4}{8} + \frac{1}{16}\mathrm{e}^{2x}\Big|_2^4 + \frac{\mathrm{e}^8 - \mathrm{e}^4}{2}$$

$$= \frac{1}{16}(\mathrm{e}^4 - 1)^2.$$

故

$$D(Y) = E(Y^2) - [E(Y)]^2 = \frac{1}{4}\mathrm{e}^2(\mathrm{e}^2 - 1)^2.$$

4.5.3　求二维随机变量及其函数的数字特征

【解题提示】　求解这类题型的常用方法有：

（1）已知二维随机变量(X,Y)的分布密度（或联合分布律），求$E(X)$，$D(X)$，$E(Y)$，$D(Y)$或协方差$\mathrm{Cov}(X,Y)$及相关系数ρ_{XY}，一般按如下程序进行：

①　求出(X,Y)关于X,Y的边缘密度$f_X(x)$，$f_Y(y)$.

②　利用如下公式计算相关的量（$Z = g(X,Y)$）.

离散型：$P(X=x_i, Y=y_j) = p_{ij}(i,j = 1,2,\cdots)$，则

$$E(X) = \sum_i x_i p_{i\cdot} = \sum_i \sum_j x_i p_{ij}, \qquad E(Y) = \sum_j y_j p_{\cdot j} = \sum_i \sum_j y_j p_{ij},$$

$$D(X) = \sum_i \sum_j [x_i - E(X)]^2 p_{ij}, \qquad D(Y) = \sum_i \sum_j [y_j - E(Y)]^2 p_{ij},$$

$$E(Z) = \sum_i \sum_j g(x_i, y_j) p_{ij}.$$

连续型：(X,Y)的联合密度为$\varphi(x,y)$，则

$$E(X) = \int_{-\infty}^{+\infty} x f_X(x)\,\mathrm{d}x = \int_{-\infty}^{+\infty}\int_{-\infty}^{+\infty} x f(x,y)\,\mathrm{d}x\mathrm{d}y,$$

$$E(Y) = \int_{-\infty}^{+\infty} y f_Y(y)\,\mathrm{d}y = \int_{-\infty}^{+\infty}\int_{-\infty}^{+\infty} y f(x,y)\,\mathrm{d}x\mathrm{d}y,$$

$$D(X) = \int_{-\infty}^{+\infty} [x - E(X)]^2 f_X(x)\,\mathrm{d}x, \qquad D(Y) = \int_{-\infty}^{+\infty} [y - E(Y)]^2 f_Y(y)\,\mathrm{d}y,$$

$$E(Z) = \int_{-\infty}^{+\infty} \int_{-\infty}^{+\infty} g(x,y)f(x,y)\,\mathrm{d}x\mathrm{d}y.$$

协方差

$$\mathrm{Cov}(X,Y) = E(XY) - E(X)E(Y).$$

相关系数

$$\rho_{XY} = \frac{\mathrm{Cov}(X,Y)}{\sqrt{D(X)}\,\sqrt{D(Y)}} = \frac{E(XY) - E(X)E(Y)}{\sqrt{D(X)}\,\sqrt{D(Y)}}.$$

注意：当 X,Y 相互独立时，有

$$E(XY) = E(X)E(Y); \quad D(X+Y) = D(X) + D(Y).$$

当 X,Y 不相互独立时，有

$$D(X+Y) = D(X) + D(Y) \pm 2\mathrm{Cov}(X,Y)$$
$$= D(X) + D(Y) \pm 2\rho_{XY}\sqrt{D(X)}\,\sqrt{D(Y)}.$$

当 (X,Y) 为二维正态分布时，X 与 Y 不相关，等于 X 与 Y 相互独立.

正态随机变量的线性组合仍为正态分布.

（2）对二维随机变量函数的数学期望也可引进恰当的中间变量转化为一维随机变量函数的情形来计算，但应用此方法的前提条件是中间变量的分布能方便求出.

【例 7】 设 X_1 与 X_2 相互独立，且均服从 $N(\mu, \sigma^2)$，试求 $E[\max(X_1, X_2)]$.

分析：要求的是二维随机变量函数的数学期望问题，可先由独立性求联合分布，再按函数的数学期望公式计算. 下面给出两种不同的解法.

解：方法一 因为 X_1 与 X_2 相互独立，且均服从 $N(\mu, \sigma^2)$，所以 X_1 与 X_2 的联合概率密度为

$$f(x,y) = f_{X_1}(x) \times f_{X_2}(x) = \frac{1}{2\pi\sigma^2} e^{-\frac{(x-\mu)^2 + (y-\mu)^2}{2\sigma^2}},$$

于是由随机变量的数学期望公式，有

$$E[\max(X_1, X_2)] = \int_{-\infty}^{+\infty} \int_{-\infty}^{+\infty} \max(x,y)f(x,y)\,\mathrm{d}x\mathrm{d}y$$

$$= \int_{-\infty}^{+\infty} \mathrm{d}x \int_{-\infty}^{x} xf(x,y)\,\mathrm{d}y + \int_{-\infty}^{+\infty} \mathrm{d}x \int_{x}^{+\infty} yf(x,y)\,\mathrm{d}y$$

$$= \int_{-\infty}^{+\infty} \mathrm{d}x \int_{-\infty}^{x} (x-\mu)f(x,y)\,\mathrm{d}y + \int_{-\infty}^{+\infty} \mathrm{d}x \int_{x}^{+\infty} (y-\mu)f(x,y)\,\mathrm{d}y + \mu$$

$$= \int_{-\infty}^{+\infty} \mathrm{d}y \int_{y}^{+\infty} (x-\mu)f(x,y)\,\mathrm{d}x + \int_{-\infty}^{+\infty} \mathrm{d}y \int_{y}^{+\infty} (x-\mu)f(x,y)\,\mathrm{d}x + \mu$$

$$= \mu + 2\int_{-\infty}^{+\infty} \mathrm{d}y \int_{y}^{+\infty} (x-\mu)f(x,y)\,\mathrm{d}x$$

$$= \mu + 2\int_{-\infty}^{+\infty} \frac{1}{2\pi\sigma^2} e^{-\frac{(y-\mu)^2}{2\sigma^2}} \mathrm{d}y \int_{y}^{+\infty} (x-\mu) e^{-\frac{(x-\mu)^2}{2\sigma^2}} \mathrm{d}x$$

$$= \mu + \frac{1}{\pi} \int_{-\infty}^{+\infty} e^{-\frac{(y-\mu)^2}{\sigma^2}} \mathrm{d}y = \mu + \frac{\sigma}{\sqrt{\pi}}.$$

方法二 令 $Y_1 = \dfrac{X_1 - \mu}{\sigma}$，$Y_2 = \dfrac{X_2 - \mu}{\sigma}$，则 Y_1 与 Y_2 独立且均服从 $N(0,1)$，且

$$\max(X_1, X_2) = \max(\mu + \sigma Y_1, \mu + \sigma Y_2) = \mu + \sigma \max(Y_1, Y_2).$$

又因为

$$\max(Y_1, Y_2) = \frac{1}{2}(Y_1 + Y_2 + |Y_1 - Y_2|),$$

故

$$E[\max(Y_1, Y_2)] = \frac{1}{2}[E(Y_1) + E(Y_2) + E(|Y_1 - Y_2|)] = \frac{1}{2}E(|Y_1 - Y_2|).$$

因为 $Y_1 - Y_2 \sim N(0,2)$，记 $Y_1 - Y_2 = U$，则

$$E(|Y_1 - Y_2|) = \int_{-\infty}^{+\infty} |u| \frac{1}{\sqrt{2\pi}\sqrt{2}} e^{-\frac{u^2}{4}} du = \frac{1}{\sqrt{\pi}} \int_{0}^{+\infty} u e^{-\frac{u^2}{4}} du = \frac{2}{\sqrt{\pi}}.$$

所以

$$E[\max(X_1, X_2)] = E[\mu + \sigma \max(Y_1, Y_2)] = \mu + \sigma E[\max(Y_1, Y_2)]$$

$$= \mu + \sigma \times \frac{1}{2} \times \frac{2}{\sqrt{\pi}} = \mu + \frac{\sigma}{\sqrt{\pi}}.$$

【例 8】 设二维随机变量 (X, Y) 的联合概率密度为

$$f(x,y) = \begin{cases} cxy, & 0 \leqslant x \leqslant 1, 0 \leqslant y \leqslant x, \\ 0, & \text{其他}. \end{cases}$$

试求：(1) 常数 c；(2) $E(X)$，$E(Y)$，$D(X)$，$D(Y)$；(3) $\mathrm{Cov}(X, Y)$ 和相关系数 ρ_{XY}.

分析：本题关键的是先根据 $\int_{-\infty}^{+\infty}\int_{-\infty}^{+\infty} f(x,y) \mathrm{d}x \mathrm{d}y = 1$ 计算出常数 c，再按函数的数学期望公式计算.

解：(1) $1 = \int_{-\infty}^{+\infty}\int_{-\infty}^{+\infty} f(x,y)\mathrm{d}x\mathrm{d}y = c\int_0^1 x\mathrm{d}x \int_0^x y\mathrm{d}y = c\int_0^1 \frac{1}{2}x^3\mathrm{d}x = \frac{1}{8}c \Rightarrow c = 8.$

所以

$$f(x,y) = \begin{cases} 8xy, & 0 \leqslant x \leqslant 1, 0 \leqslant y \leqslant x, \\ 0, & \text{其他}. \end{cases}$$

(2) $E(X) = \int_0^1 \left(\int_0^x x \cdot 8xy\mathrm{d}y\right)\mathrm{d}x = 8\int_0^1 x^2\mathrm{d}x\int_0^x y\mathrm{d}y = 4\int_0^1 x^4\mathrm{d}x = \frac{4}{5},$

$E(Y) = \int_0^1 \left(\int_y^1 y \cdot 8xy\mathrm{d}x\right)\mathrm{d}y = \frac{8}{15},$

$E(X^2) = \int_0^1 \left(\int_0^x x^2 \cdot 8xy\mathrm{d}y\right)\mathrm{d}x = 8\int_0^1 x^3\mathrm{d}x\int_0^x y\mathrm{d}y = 4\int_0^1 x^5\mathrm{d}x = \frac{2}{3},$

$D(X) = E(X^2) - [E(X)]^2 = \frac{2}{3} - \left(\frac{4}{5}\right)^2 = \frac{2}{75},$

$E(Y^2) = \int_0^1 \left(\int_y^1 y^2 \cdot 8xy\mathrm{d}x\right)\mathrm{d}y = \frac{1}{3},$

$D(Y) = E(Y^2) - [E(Y)]^2 = \frac{1}{3} - \left(\frac{8}{15}\right)^2 = \frac{11}{225},$

$E(XY) = \int_0^1 \left(\int_0^x xy \cdot 8xy\mathrm{d}y\right)\mathrm{d}x = 8\int_0^1 x^2\mathrm{d}x\int_0^x y^2\mathrm{d}y = \frac{8}{3}\int_0^1 x^5\mathrm{d}x = \frac{4}{9}.$

（3）$\mathrm{Cov}(X,Y)=E(XY)-E(X)E(Y)=\dfrac{4}{9}-\dfrac{4}{5}\times\dfrac{8}{15}=\dfrac{4}{225}$，

$$\rho_{XY}=\frac{\mathrm{Cov}(X,Y)}{\sqrt{D(X)}\cdot\sqrt{D(Y)}}=\frac{\dfrac{4}{225}}{\sqrt{\dfrac{2}{75}}\cdot\sqrt{\dfrac{11}{225}}}=\frac{2\sqrt{66}}{33}.$$

【例9】 已知(X,Y)的联合分布律为

X \ Y	-1	0	1
-1	$\dfrac{1}{8}$	$\dfrac{1}{8}$	$\dfrac{1}{8}$
0	$\dfrac{1}{8}$	0	$\dfrac{1}{8}$
1	$\dfrac{1}{8}$	$\dfrac{1}{8}$	$\dfrac{1}{8}$

试求：（1）$E(X),E(Y),D(X),D(Y)$；（2）$\mathrm{Cov}(X,Y)$和相关系数ρ_{XY}；（3）问X,Y是否相关？是否独立？

分析：$\rho_{XY}=0$，X与Y不相关；$P(X=A,Y=B)\neq P(X=A)\cdot P(Y=B)$，$X$与$Y$不相互独立．本题考查离散型随机变量相关和相互独立的定义．

解：（1）先求出X与Y的边缘分布律，分别为

X	-1	0	1	Y	-1	0	1
$P_{i\cdot}$	$\dfrac{3}{8}$	$\dfrac{2}{8}$	$\dfrac{3}{8}$	$P_{\cdot j}$	$\dfrac{3}{8}$	$\dfrac{2}{8}$	$\dfrac{3}{8}$

$E(X)=(-1)\times\dfrac{3}{8}+0\times\dfrac{2}{8}+1\times\dfrac{3}{8}=0$，　　　　同理 $E(Y)=0$，

$E(X^2)=(-1)^2\times\dfrac{3}{8}+0^2\times\dfrac{2}{8}+1^2\times\dfrac{3}{8}=\dfrac{6}{8}$，　　　同理 $E(Y^2)=\dfrac{6}{8}$，

$D(X)=E(X^2)-[E(X)]^2=\dfrac{6}{8}$，　　　　　　　同理 $D(Y)=\dfrac{6}{8}$.

（2）$E(XY)=(-1)\times(-1)\times\dfrac{1}{8}+(-1)\times0\times\dfrac{1}{8}+(-1)\times1\times\dfrac{1}{8}+0\times(-1)\times\dfrac{1}{8}+0\times0\times\dfrac{1}{8}$

$+0\times1\times\dfrac{1}{8}+1\times(-1)\times\dfrac{1}{8}+1\times0\times\dfrac{1}{8}+1\times1\times\dfrac{1}{8}=0$，

$\mathrm{Cov}(X,Y)=E(XY)-E(X)E(Y)=0$，　$\rho_{XY}=0$.

（3）因$\rho_{XY}=0$，所以X与Y不相关，有

$$P(X=-1,Y=-1)=\frac{1}{8}\neq\frac{3}{8}\times\frac{3}{8}=P(X=-1)\cdot P(Y=-1)，$$

所以X与Y不相互独立．

4.5.4 求多维随机变量的数字特征(0—1分布分解法简介)

【解题提示】 这类题型的求解技巧如下:

(1) 求解多维随机变量 X 的数字特征的0—1分布分解法:

① 分析欲求解的随机变量 X 是否可看成若干随机变量 X_i 的和,而 X_i 服从0—1分布.

② 引入新随机变量 X_i,第 i 事件发生时,$X_i=1$;第 i 事件不发生时,$X_i=0$.

③ 求出 $E(X_i)$,$D(X_i)$.

④ 分析 X_i 与 X_j 是否相互独立,根据相应公式求出 $E(X)$,$D(X)$.

设 $P(X_i=1)=P$,$P(X_i=0)=1-P$,则 $E(X_i)=P$,$D(X_i)=P(1-P)$,因此

$$E(X) = \sum_i E(X_i),$$

$$D(X) = D\left(\sum_i X_i\right) = \begin{cases} \sum_i D(X_i) = \sum_i P(1-P), & X_i \text{ 与 } X_j \text{ 相互独立}, \\ \sum_i D(X_i) + 2\sum\sum_{i<j} \mathrm{Cov}(X_i,X_j), & X_i \text{ 与 } X_j \text{ 不独立}. \end{cases}$$

(2) 利用期望、方差的定义和性质. 期望、方差的性质如下:

① $E(aX+b)=aE(X)+b$(其中 a,b 为常数).

② 设 X 和 Y 是两个随机变量,则有 $E(X\pm Y)=E(X)\pm E(Y)$.

③ 设 X 和 Y 是相互独立的随机变量,则有 $E(XY)=E(X)E(Y)$.

推广:如果 $X_1,X_2,\cdots,X_n$ 相互独立,则 $E\left(\prod_{i=1}^n X_i\right)=\prod_{i=1}^n E(X_i)$.

④ $D(aX+b)=a^2D(X)$(其中 a,b 为常数).

⑤ 设 X 和 Y 是两个随机变量,则有 $D(X\pm Y)=D(X)+D(Y)\pm 2E\{[X-E(X)][Y-E(Y)]\}$.

⑥ 设 X 和 Y 是相互独立的随机变量,则有 $D(aX\pm bY)=a^2D(X)+b^2D(Y)$.

该性质可以推广到有限多个相互独立的随机变量之和的情况,X,Y 不相关时该性质仍然成立.

⑦ $D(X)=0 \Leftrightarrow P(X=E(X))=1$.

【例10】 设随机变量 $X_1,X_2,\cdots,X_n$ 相互独立同分布,其相同的概率密度为

$$f(x) = \begin{cases} 2\mathrm{e}^{-2(x-\theta)}, & x>\theta, \\ 0, & x\leq\theta. \end{cases}$$

其中 θ 为参数,试求 $Z=\min\limits_{1\leq i\leq n}\{X_i\}$ 的数学期望和方差.

分析:此题为 n 个随机变量函数的数学期望. 若直接计算,则需求 n 重积分,显然不方便处理. 这里先求 Z 的分布函数,得到 Z 的密度函数,再按期望定义进行计算.

解:因为 $X_1,X_2,\cdots,X_n$ 的共同的概率密度为

$$f(x) = \begin{cases} 2\mathrm{e}^{-2(x-\theta)}, & x>\theta, \\ 0, & x\leq\theta, \end{cases}$$

所以它们共同的分布函数为

$$F(x) = \int_{-\infty}^x f(t)\,\mathrm{d}t = \begin{cases} \int_0^x 2\mathrm{e}^{-2(t-\theta)}\,\mathrm{d}t = -\mathrm{e}^{-2(t-\theta)}\Big|_0^x = 1-\mathrm{e}^{-2(x-\theta)}, & x>\theta, \\ 0, & x\leq\theta. \end{cases}$$

因此 Z 的分布函数

$$F_Z(z) = P(Z \leqslant z) = P\Big(\min_{1 \leqslant i \leqslant n}\{X_i\} \leqslant z\Big) = 1 - P\Big(\min_{1 \leqslant i \leqslant n}\{X_i\} > z\Big)$$

$$= 1 - P(X_1 > z, X_2 > z, \cdots, X_n > z)$$

$$= 1 - P(X_1 > z) \cdot P(X_2 > z) \cdot \cdots \cdot P(X_n > z)$$

$$= 1 - [1 - F(z)]^n = \begin{cases} 1 - e^{-2n(z-\theta)}, & z > \theta, \\ 0, & z \leqslant \theta. \end{cases}$$

从而 Z 的密度函数为

$$f_Z(z) = F'(z) = \begin{cases} 2n e^{-2n(z-\theta)}, & z > \theta, \\ 0, & z \leqslant \theta. \end{cases}$$

故

$$E(Z) = \int_{-\infty}^{+\infty} z f_Z(z)\,\mathrm{d}z = \int_{\theta}^{+\infty} 2nz e^{-2n(z-\theta)}\,\mathrm{d}z$$

$$= -z e^{-2n(z-\theta)} \Big|_{\theta}^{+\infty} + \int_{\theta}^{+\infty} e^{-2n(z-\theta)}\,\mathrm{d}z = \theta - \frac{1}{2n} e^{-2n(z-\theta)} \Big|_{\theta}^{+\infty} = \theta + \frac{1}{2n},$$

故

$$E(Z^2) = \int_{-\infty}^{+\infty} z^2 f_Z(z)\,\mathrm{d}z = \int_{\theta}^{+\infty} 2nz^2 e^{-2n(z-\theta)}\,\mathrm{d}z$$

$$= -z^2 e^{-2n(z-\theta)} \Big|_{\theta}^{+\infty} + \int_{\theta}^{+\infty} 2nz e^{-2n(z-\theta)}\,\mathrm{d}z = \theta^2 + \frac{1}{n}E(Z) = \theta^2 + \frac{\theta}{n} + \frac{1}{2n^2},$$

因此

$$D(Z) = E(Z^2) - [E(Z)]^2 = \theta^2 + \frac{\theta}{n} + \frac{1}{2n^2} - \Big(\theta + \frac{1}{2n}\Big)^2 = \frac{1}{4n^2}.$$

【例 11】 设某人先写了 n 封投向不同地址的信,再写 n 个标有这 n 个地址的信封,然后在每个信封内随意装入一封信,试求信与地址配对的个数的数学期望和方差.

分析:本题是一个"配对问题",用先求分布再按定义计算的方法非常麻烦.下面将用数学期望性质来求解,其重要技巧是将一个较复杂的随机变量转化成简单随机变量的和.

解:设 X 表示配对的个数,X_i 定义如下:若第 i 封信配对,则 $X_i = 1$;若第 i 封信未配对,则 $X_i = 0, i = 1, 2, \cdots, n.$ 于是有

$$X = \sum_{i=1}^{n} X_i, P(X_i = 1) = \frac{1}{n}, P(X_i = 0) = 1 - \frac{1}{n}.$$

因为

$$E(X_i) = 1 \times \frac{1}{n} + 0 \times \Big(1 - \frac{1}{n}\Big) = \frac{1}{n},$$

故

$$E(X) = E(X_1 + X_2 + \cdots + X_n) = E(X_1) + E(X_2) + \cdots + E(X_n) = 1.$$

因为

$$D(X) = E(X^2) - [E(X)]^2,$$

而

$$E(X^2) = E\left[(X_1 + X_2 + \cdots + X_n)^2\right] = \sum_{i=1}^{n} E(X_i^2) + 2 \sum_{1 \le i < j \le n} E(X_i X_j),$$

$$E(X_i^2) = 1^2 \times \frac{1}{n} + 0^2 \times \left(1 - \frac{1}{n}\right) = \frac{1}{n}.$$

因为随机变量 $X_i X_j (i \ne j)$ 的可能取值为 1 和 0, 且

$$P(X_i X_j = 1) = \frac{1}{n(n-1)}, P(X_i X_j = 0) = 1 - \frac{1}{n(n-1)},$$

故

$$E(X_i X_j) = 1 \times \frac{1}{n(n-1)} + 0 \times \left(1 - \frac{1}{n(n-1)}\right) = \frac{1}{n(n-1)},$$

于是

$$E(X^2) = n \times \frac{1}{n} + 2 C_n^2 \times \frac{1}{n(n-1)} = 2,$$

所以

$$D(X) = E(X^2) - [E(X)]^2 = 2 - 1^2 = 1.$$

【例 12】 设 $X_1, X_2, \cdots, X_n (n > 2)$ 为独立同分布的随机变量, 且均服从 $N(0,1)$, 记 $\overline{X} = \frac{1}{n} \sum_{i=1}^{n} X_i, Y_i = X_i - \overline{X}, i = 1, 2, \cdots, n.$ 求:

(1) Y_i 的方差 $D(Y_i), i = 1, 2, \cdots, n$;

(2) Y_1 与 Y_n 的协方差 $\mathrm{Cov}(Y_1, Y_n)$;

(3) $P(Y_1 + Y_n \le 0)$.

分析:(1) 先将 Y_i 表示为相互独立的随机变量求和, 再用方差的性质进行计算.

(2) 求 Y_1 与 Y_n 的协方差 $\mathrm{Cov}(Y_1, Y_n)$, 本质上还是数学期望的计算, 同样应注意利用数学期望的运算性质.

(3) 求概率 $P(Y_1 + Y_n \le 0)$ 的关键是先确定其分布.

本题前两问也可直接利用方差、协方差的性质求解.

解:由题设知 $X_1, X_2, \cdots, X_n (n > 2)$ 相互独立, 且

$$E(X_i) = 0, \quad D(X_i) = 1 (i = 1, 2, \cdots, n), \quad E(\overline{X}) = 0.$$

(1) $D(Y_i) = D(X_i - \overline{X}) = D\left[\left(1 - \frac{1}{n}\right) X_i - \frac{1}{n} \sum_{\substack{j=1 \\ j \ne i}}^{n} X_j\right] = \left(1 - \frac{1}{n}\right)^2 D(X_i) + \frac{1}{n^2} \sum_{\substack{j=1 \\ j \ne i}}^{n} D(X_j)$

$$= \frac{(n-1)^2}{n^2} + \frac{1}{n^2} \cdot (n-1) = \frac{n-1}{n}.$$

(2) 因为

$$E(Y_i) = E(X_i - \overline{X}) = E(X_i) - E(\overline{X}) = 0, \quad i = 1, 2, \cdots, n,$$

所以

$\mathrm{Cov}(Y_1, Y_n) = E\left[(Y_1 - E(Y_1))(Y_n - E(Y_n))\right] = E(Y_1 Y_n) = E\left[(X_1 - \overline{X})(X_n - \overline{X})\right]$

$$= E(X_1 X_n - X_1 \overline{X} - X_n \overline{X} + \overline{X}^2) = E(X_1 X_n) - 2E(X_1 \overline{X}) + E(\overline{X}^2)$$

$$= E(X_1) E(X_n) - \frac{2}{n} E\left(X_1^2 + \sum_{j=2}^{n} X_1 X_j\right) + D(\overline{X}) + E^2(\overline{X})$$

92

$$= 0 - \frac{2}{n} \times (1 + 0) + \frac{1}{n} \times 1 + 0 = -\frac{1}{n}.$$

(3) $Y_1 + Y_n = X_1 - \overline{X} + X_n - \overline{X} = \frac{n-2}{n}X_1 - \frac{2}{n}\sum_{i=2}^{n-1}X_i + \frac{n-2}{n}X_n$,

上式是相互独立的正态随机变量的线性组合,所以 $Y_1 + Y_n$ 服从正态分布.

由于

$$E(Y_1 + Y_n) = E(Y_1) + E(Y_n) = 0,$$

故

$$P(Y_1 + Y_n \leqslant 0) = \frac{1}{2}.$$

4.5.5 有关数字特征的证明题和应用题

【解题提示】 有关数字特征的证明题一般是利用数字特征的性质和定义来证明. 有关数字特征的应用题主要是随机变量函数的数学期望,求解这类问题的关键是找出函数关系.

【例 13】 设连续型随机变量 X 在区间 $[a,b]$ 中取值,证明: $a \leqslant E(X) \leqslant b$, $D(X) \leqslant \frac{(b-a)^2}{4}$.

分析:利用 $\int_a^b f(x) \mathrm{d}x = 1$ 和定积分的性质证明数学期望的不等式,方差的不等式的证明关键是设函数 $g(c) = E[(X-c)^2]$.

证明:设 X 的概率密度函数为 $f(x)$,则 $f(x) \geqslant 0$,而且 $\int_a^b f(x)\mathrm{d}x = 1$. 于是有

$$a\int_a^b f(x)\mathrm{d}x \leqslant \int_a^b x f(x)\mathrm{d}x \leqslant b\int_a^b f(x)\mathrm{d}x, \text{ 即 } a \leqslant E(X) \leqslant b.$$

令

$$\begin{aligned}
g(c) &= E[(X-c)^2] = c^2 - 2cE(X) + E(X^2) \\
&= [c - E(X)]^2 + E(X^2) - E^2(X) \\
&= [c - E(X)]^2 + D(X),
\end{aligned}$$

则 $g(c)$ 在 $c = E(X)$ 时取得最小值,并且此最小值即为 $D(X)$. 于是当 $c = \frac{a+b}{2}$ 时,有

$$D(X) = E[X - E(X)]^2 \leqslant E\left(X - \frac{a+b}{2}\right)^2 \leqslant \int_a^b \left(x - \frac{a+b}{2}\right)^2 f(x)\mathrm{d}x$$

$$\leqslant \int_a^b \left(b - \frac{a+b}{2}\right)^2 f(x)\mathrm{d}x = \frac{(b-a)^2}{4}.$$

【例 14】 设 $\varphi(x)$ 是正值非减函数,X 是连续随机变量,且 $E[\varphi(X)]$ 存在,证明: $P(X \geqslant a) \leqslant \frac{E[\varphi(X)]}{\varphi(a)}$.

分析:解题关键是由 $X \geqslant a \Leftrightarrow \varphi(X) \geqslant \varphi(a)$ 推出 $P(X \geqslant a) = P(\varphi(X) \geqslant \varphi(a))$.

证明:设 X 的概率密度函数为 $f(x)$,由题设有

$$X \geqslant a \Leftrightarrow \varphi(X) \geqslant \varphi(a),$$

于是有

$$P(X \geqslant a) = P(\varphi(X) \geqslant \varphi(a)) = \int_{\varphi(x) \geqslant \varphi(a)} f(x)\,\mathrm{d}x$$

$$\leqslant \int_{\varphi(x) \geqslant \varphi(a)} \frac{\varphi(x)}{\varphi(a)} f(x)\,\mathrm{d}x \leqslant \int_{-\infty}^{+\infty} \frac{\varphi(x)}{\varphi(a)} f(x)\,\mathrm{d}x$$

$$= \frac{1}{\varphi(a)} \int_{-\infty}^{+\infty} \varphi(x) f(x)\,\mathrm{d}x = \frac{E[\varphi(X)]}{\varphi(a)}.$$

【例 15】 一工厂生产的某种设备的寿命 X(以年计)服从指数分布,概率密度函数为

$$f(x) = \begin{cases} \dfrac{1}{4}\mathrm{e}^{-\frac{x}{4}}, & x>0, \\ 0, & x \leqslant 0. \end{cases}$$

工厂规定,出售的设备若在售出一年内损坏可予以调换,若工厂售出一台设备盈利100元,调换一台设备需花费300元,试求工厂出售一台设备净盈利的数学期望.

分析:题中给出的是设备的概率密度函数,并没有给出设备净盈利的分布,因此必须先求出设备净盈利的分布,然后再按定义计算.

解:设出售一台设备净盈利为 Y,则 Y 的所有可能取值为 $100, -200$. 因为

$$P(X \leqslant 1) = \int_{-\infty}^{1} f(x)\,\mathrm{d}x = \int_{0}^{1} \frac{1}{4}\mathrm{e}^{-\frac{x}{4}}\,\mathrm{d}x$$

$$= -\,\mathrm{e}^{-\frac{x}{4}}\Big|_{0}^{1} = 1 - \mathrm{e}^{-\frac{1}{4}},$$

于是 Y 的分布律为

Y	100	-200
P_k	$\mathrm{e}^{-\frac{1}{4}}$	$1-\mathrm{e}^{-\frac{1}{4}}$

所以

$$E(Y) = 100 \times \mathrm{e}^{-\frac{1}{4}} - 200 \times (1 - \mathrm{e}^{-\frac{1}{4}})$$

$$= 300 \times \mathrm{e}^{-\frac{1}{4}} - 200 = 33.64.$$

【例 16】 假设由自动生产线加工的某种零件的内径 X(单位:mm)服从正态分布 $N(\mu, 1)$,内径小于 10 或大于 12 的为不合格品,其余为合格品,销售每件合格品获利,销售每件不合格品亏损,已知销售利润 T(单位:元)与销售零件的内径 X 有如下关系:

$$T = \begin{cases} -1, & X<10, \\ 20, & 10 \leqslant X \leqslant 12, \\ -5, & X>12. \end{cases}$$

问平均内径 μ 取何值时,销售一个零件的平均利润最大?

分析:平均利润为 T 的数学期望 $E(T)$ 是参数 μ 的函数. 问题即为求 $E(T)$ 达到最大时参数 μ 的值.

解:因为 $X \sim N(\mu, 1)$,所以

$$P(T=-1) = P(X<10)$$

$$= P\left(\frac{X-\mu}{1} < \frac{10-\mu}{1}\right) = \Phi(10-\mu),$$

$$P(T=20) = P(10 \leqslant X \leqslant 12)$$

$$= P\left(\frac{10-\mu}{1} \leqslant \frac{X-\mu}{1} \leqslant \frac{12-\mu}{1}\right) = \Phi(12-\mu) - \Phi(10-\mu),$$

$$P(T=-5) = P(X>12) = 1 - P(X \leqslant 12)$$

$$= 1 - P\left(\frac{X-\mu}{1} \leqslant \frac{12-\mu}{1}\right) = 1 - \Phi(12-\mu),$$

于是销售一个零件的平均利润

$$E(T) = -5 \times P(T=-5) + (-1) \times P(T=-1) + 20 \times P(T=20)$$

$$= -5 \times [1 - \Phi(12-\mu)] - 1 \times \Phi(10-\mu) + 20 \times [\Phi(12-\mu) - \Phi(10-\mu)]$$

$$= 25\Phi(12-\mu) - 21\Phi(10-\mu) - 5.$$

令

$$\frac{\mathrm{d}E(T)}{\mathrm{d}\mu} = -25\varphi(12-\mu) + 21\varphi(10-\mu)$$

$$= \frac{1}{\sqrt{2\pi}}\left[21\mathrm{e}^{-\frac{(10-\mu)^2}{2}} - 25\mathrm{e}^{-\frac{(12-\mu)^2}{2}}\right] = 0,$$

得

$$21\mathrm{e}^{-\frac{(10-\mu)^2}{2}} = 25\mathrm{e}^{-\frac{(12-\mu)^2}{2}},$$

两边取对数得

$$\ln 21 - \frac{(10-\mu)^2}{2} = \ln 25 - \frac{(12-\mu)^2}{2},$$

即

$$\frac{(12-\mu)^2}{2} - \frac{(10-\mu)^2}{2} = 2(11-\mu) = \ln\frac{25}{21},$$

解得

$$\mu = 11 - \frac{1}{2}\ln\frac{25}{21} \approx 10.9.$$

容易验证平均内径 $\mu = 10.9$ 时,销售一个零件的平均利润最大. 且此最大值为

$$E(T)\big|_{\mu=10.9} = 25\Phi(12-\mu) - 21\Phi(10-\mu) - 5$$

$$\approx 25 \times 0.8643 - 21 \times (1-0.8159) - 5 = 12.47(\text{元}).$$

4.6 疑难问题及常见错误例析

(1) 在随机变量的研究和实际应用中,随机变量的数学期望和方差有何重要意义?

答:随机变量 X 的数学期望 $E(X)$ 反映 X 取值的集中位置,而方差反映 X 的取值与其数学期望的接近程度. $D(X)$ 越小, X 的取值越集中. $E(X)$ 和 $D(X)$ 粗略地反映了 X 取值的分布情况,另外,有一些应用广泛的重要分布(如二项分布、泊松分布、正态分布)的概率密度或分布律完全由它们的期望和方差所确定,而期望与方差在实际应用中容易估计

其值,故它们在理论和实际应用中有重要意义.

（2）因为随机变量 X 的数学期望定义为 $E(X)=\sum\limits_{i=1}^{\infty}x_ip_i$ 或 $E(X)=\int_{-\infty}^{+\infty}xf(x)\mathrm{d}x$,因此,数学期望存在就等价于级数 $\sum\limits_{i=1}^{\infty}x_ip_i$ 或积分 $\int_{-\infty}^{+\infty}xf(x)\mathrm{d}x$ 收敛.

答:此结论不对. 期望定义为 $\sum\limits_{i=1}^{\infty}x_ip_i$ 或 $\int_{-\infty}^{+\infty}xf(x)\mathrm{d}x$,要求 $\sum\limits_{i=1}^{\infty}x_ip_i$ 或 $\int_{-\infty}^{+\infty}xf(x)\mathrm{d}x$ 绝对收敛.

（3）相关系数 ρ_{XY} 反映随机变量 X 与 Y 的什么特性?

答:相关系数 ρ_{XY} 是用来反映随机变量 X 与 Y 之间线性关系程度的数字特征. 当 X 与 Y 存在线性关系 $Y=a+bX(b\ne0)$ 时,有
$$\mathrm{Cov}(X,Y)=E[(X-E(X))(Y-E(Y))]=bD(X),D(Y)=b^2D(X),$$
从而
$$\rho_{XY}=\frac{\mathrm{Cov}(X,Y)}{\sqrt{D(X)}\sqrt{D(Y)}}=\frac{b}{|b|},|\rho_{XY}|=1.$$

另外,若 $|\rho_{XY}|=1$,则 X 与 Y 之间以概率1存在线性关系,即存在常数 a,b 使 $P\{Y=a+bX\}=1$. $|\rho_{XY}|$ 越接近 1, X 与 Y 之间的线性相关程度越好; $|\rho_{XY}|$ 越接近 0, X 与 Y 之间的线性相关程度越差;若 $|\rho_{XY}|=0$,则称 X 与 Y 不相关.

（4）随机变量的分布与数字特征有何关系?

答:随机变量的分布完全确定数字特征,反之不然.

（5）独立性与不相关有何关系?

答: X 与 Y 的二阶矩存在,且当 $D(X)>0,D(Y)>0$ 时,若 X 与 Y 独立,则 X 与 Y 不（线性）相关,但反之不然. 但是对于两个正态变量,相互独立性与不相关是等价的.

（6）若随机变量 X 的期望不存在,则方差 $D(X)$ 一定不存在吗?

答:是的. 根据方差的定义 $D(X)=E[X-E(X)]^2$,若 $E(X)$ 不存在,当然 $D(X)$ 也不存在.

（7）若随机变量 X 的期望存在,则方差 $D(X)$ 一定存在吗?

答:不一定.

（8）"随机变量的数字特征就是指随机变量的期望与方差"这种说法对吗?

答:不对. 所谓随机变量的数字特征,就是刻划随机变量或它的分布的某些特征的数值. 随机变量的数字特征主要有数学期望 $E(X)$ 、方差 $D(X)$ 、矩（原点矩和中心矩）、协方差及相关系数.

（9）设随机变量 X 的分布律为 $P\left\{X=(-1)^i\dfrac{2^i}{i}\right\}=\dfrac{1}{2^i},i=1,2,\cdots$,试问 $E(X)$ 是否存在? 若存在,求出 $E(X)$.

错解:由数学期望公式可得
$$E(X)=\sum_{i=1}^{\infty}x_ip_i=\sum_{i=1}^{\infty}(-1)^i\frac{2^i}{i}\cdot\frac{1}{2^i}=\sum_{i=1}^{\infty}(-1)^i\frac{1}{i}=-\sum_{i=1}^{\infty}(-1)^{i-1}\frac{1}{i}=-\ln2.$$

正确解:因为 $\sum\limits_{i=1}^{\infty}|x_i|p_i=+\infty$,故 $E(X)$ 不存在.

(10) 设 X_1 和 X_2 独立,且都服从 $N(0,1)$ 分布,试求:

① $Y_1=X_1-X_2$,$Y_2=X_1X_2$ 的方差;② Y_1 和 Y_2 的相关系数 $\rho_{Y_1Y_2}$.

错解:由 X_1 和 X_2 独立,且都服从 $N(0,1)$ 分布,有

$D(X_1)=D(X_2)=1,E(X_1)=E(X_2)=0,$

$D(Y_1)=D(X_1-X_2)=D(X_1)-D(X_2)=1-1=0,$

$D(Y_2)=D(X_1X_2)=D(X_1)D(X_2)=1\cdot 1=1,$

$\mathrm{Cov}(Y_1,Y_2)=E(Y_1Y_2)-E(Y_1)E(Y_2)=E(Y_1)E(Y_2)=0,$

所以

$$\rho_{Y_1Y_2}=\frac{\mathrm{Cov}(Y_1,Y_2)}{\sqrt{D(Y_1)}\sqrt{D(Y_2)}}=\frac{1}{0\times 1},\text{不存在}.$$

正确解:$D(Y_1)=D(X_1-X_2)=D(X_1)+D(X_2)=2,$

$\qquad D(Y_2)=D(X_1X_2)=E\left[X_1X_2-E(X_1)E(X_2)\right]^2=E\left(X_1X_2\right)^2$

$\qquad =\int_{-\infty}^{+\infty}\int_{-\infty}^{+\infty}x_1^2x_2^2\cdot\frac{1}{2\pi}e^{-\frac{x_1^2+x_2^2}{2}}\mathrm{d}x_1\mathrm{d}x_2=\frac{1}{2\pi}\int_{-\infty}^{+\infty}x_1^2e^{-\frac{x_1^2}{2}}\mathrm{d}x_1\cdot\int_{-\infty}^{+\infty}x_2^2e^{-\frac{x_2^2}{2}}\mathrm{d}x_2$

$\qquad =\frac{1}{2\pi}\cdot\sqrt{2\pi}\cdot\sqrt{2\pi}=1.$

因为 X_1 和 X_2 相互独立,故 X_1^2 与 X_2^2 相互独立,X_1 与 X_2^2 也相互独立,于是有

$\mathrm{Cov}(Y_1,Y_2)=E(Y_1Y_2)-E(Y_1)E(Y_2)=E(Y_1Y_2)=E\left[(X_1-X_2)(X_1X_2)\right]$

$\qquad =E(X_1^2X_2-X_1X_2^2)=E(X_1^2X_2)-E(X_1X_2^2)=E(X_1^2)E(X_2)$

$\qquad -E(X_1)E(X_2^2)=0,$

故

$$\rho_{Y_1Y_2}=\frac{\mathrm{Cov}(Y_1,Y_2)}{\sqrt{D(Y_1)}\sqrt{D(Y_2)}}=0.$$

4.7 同步习题及解答

4.7.1 同步习题

一、填空题:

1. 已知随机变量 $X\sim B\left(1000,\frac{1}{4}\right)$,即 $P(X=k)=C_{1000}^k\left(\frac{1}{4}\right)^k\left(\frac{3}{4}\right)^{1000-k}$,$k=0,1,2,\cdots$,则 $E(X)=$ _____.

2. 设一次试验成功的概率为 p,进行 100 次独立重复试验,当 $p=$ _____时,成功次数的标准差的值最大,其最大值为_____.

3. 设随机变量 X 的概率密度函数为 $f(x)=\frac{1}{\sqrt{\pi}}e^{-(x-1)^2}$,$-\infty<x<+\infty$,则 $E(X)=$

_____,$D(X)=$ _____.

4. 设随机变量 X 与 Y 独立,且 $X\sim N(1,3)$,$Y\sim N(3,1)$,则 $2X-3Y-1\sim N($ _____,

_____).

5. 设 $X_1, X_2, \cdots, X_{10}$ 相互独立,且数学期望 $E(X_i)=10(i=1,2,\cdots,10)$,方差 $D(X_i)=4(i=1,2,\cdots,10)$,记 $\bar{X}=\dfrac{1}{10}\sum\limits_{i=1}^{10}X_i$,则 $E(\bar{X})=$ _____ $,D(\bar{X})=$ _____ .

6. 设随机变量 X 和 Y 的联合概率分布为

X ＼ Y	-1	0	1
0	0.07	0.18	0.15
1	0.08	0.32	0.20

则 X 和 Y 的相关系数 $\rho_{XY}=$ _____ .

7. 设 X 的概率密度函数为 $f(x)=\begin{cases}ax+b, & 0<x<1, \\ 0, & \text{其他}.\end{cases}$ 且 $E(X)=\dfrac{1}{2}$,则 $a=$ _____ $,b=$ _____ .

8. 已知随机变量 X 服从 $(-a,a)$ 上的均匀分布 $(a>0)$,且已知 $P(X>1)=\dfrac{1}{3}$,则 $a=$ _____ $,D(X)=$ _____ .

9. 设随机变量 X 的概率密度函数

$$f(x)=\begin{cases}1+x, & -1<x<0, \\ 1-x, & 0\leqslant x<1, \\ 0, & \text{其他},\end{cases}$$

则 $E(|X|)=$ _____ $,D(|X|)=$ _____ .

10. 设随机变量 X 和 Y 的相关系数 $\rho_{XY}=0.7$,若 $Z=X+0.8$,则 Y 与 Z 的相关系数为 _____ .

11. 设随机变量 $X\sim N(0,1)$,$Y=X^{2n}$(n 为正整数),则相关系数 $\rho_{XY}=$ _____ .

12. 设 X 和 Y 是两个相互独立的随机变量,其概率密度函数分别为

$$f(x)=\begin{cases}2x, & 0\leqslant x\leqslant 1, \\ 0, & \text{其他},\end{cases}$$

$$f(y)=\begin{cases}\mathrm{e}^{-(y-5)}, & y>5, \\ 0, & \text{其他},\end{cases}$$

则 $E(XY)=$ _____ .

二、单项选择题:

1. 已知随机变量 X 服从参数为 2 的泊松(Poisson)分布,则随机变量 $Y=3X-2$ 的数学期望 $E(Y)=($).

(A) 10   (B) 4   (C) -2   (D) $-\dfrac{1}{2}$

2. 设两个相互独立的随机变量 X 和 Y 的方差分别为 4 和 2,则随机变量 $3X-2Y$ 的方差是( ).

(A) 8   (B) 16   (C) 28   (D) 44

3. 已知随机变量 X 服从二项分布,且 $E(X)=2.4, D(X)=1.44$,则二项分布的参数 n, p 的值为(　　).

(A) $n=4, p=0.6$　　　　　　　　(B) $n=6, p=0.4$

(C) $n=8, p=0.3$　　　　　　　　(D) $n=24, p=0.1$

4. 设随机变量 $X_i (i=1,2,3)$ 都服从 $[0,2]$ 上的均匀分布,则 $E(3X_1-X_2+2X_3)=$ (　　).

(A) 1　　　　　(B) 3　　　　　(C) 4　　　　　(D) 2

5. 设随机变量 X 和 Y 相互独立且同分布,记 $U=X-Y, V=X+Y$,则随机变量 U 和 V 必然(　　).

(A) 不独立　　　　　　　　　　(B) 相互独立

(C) 相关系数不为 0　　　　　　　(D) 相关系数为 0

6. 设随机变量 X 服从参数为 2 的指数分布,则随机变量 $Y=2X+\mathrm{e}^{-2X}$ 的数学期望 $E(Y)=$ (　　).

(A) $\dfrac{3}{2}$　　　　(B) 5　　　　(C) $\dfrac{3}{4}$　　　　(D) $\dfrac{4}{3}$

7. 对于任意两个随机变量 X 和 Y,若 $E(XY)=E(X) \cdot E(Y)$,则(　　).

(A) $D(XY)=D(X) \cdot D(Y)$　　　　(B) X 和 Y 相互独立

(C) $D(X+Y)=D(X)+D(Y)$　　　　(D) X 和 Y 不相互独立

8. 设 X 是一随机变量,$E(X)=u, D(X)=\sigma^2, u, \sigma>0$ 为常数,则对任意常数 C,有 (　　).

(A) $E(X-C)^2=E(X)^2-C^2$　　　　(B) $E(X-C)^2=E(X-u)^2$

(C) $E(X-C)^2<E(X-u)^2$　　　　(D) $E(X-C)^2 \geqslant E(X-u)^2$

9. 设随机变量 X 和 Y 相互独立,则(　　).

(A) $D(XY)=D(X) \cdot D(Y)$　　　　(B) $E\left(\dfrac{X}{Y}\right)=\dfrac{E(X)}{E(Y)}$

(C) $D(XY)<D(X) \cdot D(Y)$　　　　(D) $E\left(\dfrac{X}{Y}\right)=E(X)E\left(\dfrac{1}{Y}\right)$

10. 设离散型随机变量 X 可能取值为 $x_1=1, x_2=2, x_3=3$,且 $E(X)=2.3, E(X^2)=5.9$,则 x_1, x_2, x_3 所对应的概率为(　　).

(A) $p_1=0.1, p_2=0.2, p_3=0.7$　　　　(B) $p_1=0.2, p_2=0.3, p_3=0.5$

(C) $p_1=0.3, p_2=0.5, p_3=0.2$　　　　(D) $p_1=0.2, p_2=0.5, p_3=0.3$

三、解答题:

1. 设袋中有 k 号的球 k 只 $(k=1,2,\cdots,n)$,从中摸出一球,试求所得号码的数学期望.

2. 设随机变量 X 的概率密度函数

$$f(x)=\begin{cases} x, & 0<x<1, \\ 2-x, & 1 \leqslant x \leqslant 2, \\ 0, & \text{其他}. \end{cases}$$

求 $E(X)$ 和 $D(X)$.

四、设随机变量 X 服从参数为 1 的指数分布，设 $Y = 2X + e^{-3X}$，求 Y 的数学期望.

五、已知随机变量 (X,Y) 服从二维正态分布，并且 X 和 Y 分别服从正态分布 $N(1,3^2)$ 和 $N(0,4^2)$，X 与 Y 的相关系数 $\rho_{XY} = -\dfrac{1}{2}$. 设 $Z = \dfrac{X}{3} + \dfrac{Y}{2}$.

(1) 求 $E(Z)$ 和 $D(Z)$；　(2) 求 X 与 Z 的相关系数 ρ_{XZ}.

六、一民航送客车载有 20 位旅客自机场开出，旅客有 10 个车站可以下车，如到达一个车站时没有旅客下车则不停车，以 X 表示停车的次数，求 $E(X)$（设旅客在各个车站下车是等可能的，并设各旅客是否下车相互独立）.

七、设有 N 个人，每个人将自己的帽子扔进屋子中央，把帽子充分混合后，每个人再随机地从中选取一顶，试求选中自己帽子的人数的数学期望和方差.

八、掷两颗骰子（一颗骰子有 6 个面，各面的点数分别为 1，2，3，4，5，6），ξ 为第一颗出现的点数，η 表示两颗中出现的较大的点数. 求：(1) $E(\xi)$，$D(\xi)$；(2) $E(\eta)$，$D(\eta)$.

九、游客乘电梯从电视塔底层到顶层观光，电梯于每个整点的 5min、25min 和 55min 从底层起行，假设一游客在早上 8 点的第 X 分钟到达底层电梯处，且 X 在 $[0,60]$ 上服从均匀分布，求该游客等候时间的数学期望.

十、对于任意事件 A 和 B，$0<P(A)<1$，$0<P(B)<1$，$\rho = \dfrac{P(AB)-P(A)P(B)}{\sqrt{P(A)P(B)P(\overline{A})P(\overline{B})}}$ 称为事件 A 和 B 的相关系数. (1) 证明事件 A 和 B 独立的充要条件是其相关系数为 0；(2) 利用随机变量相关系数的基本性质，证明 $|\rho| \leqslant 1$.

十一、解答题（共 2 小题）：

(1) 设 X 服从几何分布，它的分布律为 $P(X=k) = (1-p)^{k-1}p$，$(k=1,2,\cdots)$，求 $E(X)$ 和 $D(X)$.

(2) 设随机变量 X 的概率密度函数

$$f(x) = \begin{cases} \dfrac{3}{(x+1)^4}, & x>0, \\ 0, & x \leqslant 0. \end{cases}$$

求 $E(X)$ 和 $D(X)$.

十二、设随机变量 $X \sim N(a,\sigma^2)$，求 $E(|x-a|)$.

十三、设随机变量 (X,Y) 的联合密度函数为

$$f(x,y) = \begin{cases} 2-x-y, & 0 \leqslant x \leqslant 1, 0 \leqslant y \leqslant 1, \\ 0, & \text{其他}. \end{cases}$$

(1) 判别 X,Y 是否相互独立，是否相关；　(2) 求 $E(X)$，$E(Y)$，$D(X)$，$D(Y)$ 和 $D(X+Y)$.

十四、将 n 只球（$1\sim n$ 号）随机地放进 n 只盒子（$1\sim n$ 号）中去，一只盒子装一只球，将一只球装入与球同号码的盒子中，称为一个配对，记 X 为配对的个数，求 $E(X)$ 和 $D(X)$.

十五、设 X,Y 相互独立，且都在 $[0,1]$ 上服从均匀分布，记 $Z = \max(X,Y)$，$W = \min(X,Y)$，试求：

(1) $E(Z)$ 和 $D(Z)$；$E(W)$ 和 $D(W)$.　(2) $E(Z+W)$.

十六、假设国际市场上每年对我国某种出口商品的需求量是随机变量 X（单位：t），

它服从于 $[2000,4000]$ 的均匀分布. 设每售出这种商品 1t,可为国家挣得 3 万元;但假如销售不出而囤积于库,则每吨浪费保养费 1 万元. 求要组织多少吨货源,才能使国家的收益最大.

十七、设随机变量 $X_1, X_2, \cdots, X_n$ 是独立随机变量,$D(X_i) = \sigma_i^2$,试求"权"$\alpha_1, \alpha_2, \cdots, \alpha_n$ $\left(\sum\limits_{i=1}^{n} \alpha_i = 1\right)$,使 $\sum\limits_{i=1}^{n} \alpha_i X_i$ 的方差最小.

十八、设随机变量 $X_1, X_2, \cdots, X_n$ 中任意两个的相关系数都是 ρ,试证:$\rho \geqslant \dfrac{-1}{n-1}$.

4.7.2 同步习题解答

一、填空题:

1. 250.　　2. $\dfrac{1}{2}$,25.　　3. 1,$\dfrac{1}{2}$.　　4. -8,21.　　5. 10,0.4.　　6. 0.

7. 0,1.　　8. 3,3.　　9. $\dfrac{1}{3}$,$\dfrac{1}{18}$.　　10. 0.7.　　11. 0.　　12. 4.

二、单项选择题:

1. B.　　2. D.　　3. B.　　4. C.　　5. D.　　6. A.　　7. C.

8. D(提示:将 $E(X-C)^2 = E(X-u+u-C)^2$ 是解本题的关键).　　9. D.　　10. B.

三、解答题:

1. $\dfrac{2n+1}{3}$.　　2. 1,$\dfrac{1}{6}$.

四、$\dfrac{9}{4}$.

五、(1) $\dfrac{1}{3}$,3,(2) 0.

六、$10\left[1-\left(\dfrac{9}{10}\right)^{20}\right] = 8.784$ 次.

七、1,1.

八、(1) 3.5,$\dfrac{35}{12}$.　　(2) $4\dfrac{17}{36}$,17.5.

九、11.67min.

十、略

十一、解答题

(1) $\dfrac{1}{p}$,$\dfrac{q}{p^2}$ $\Bigg($提示:在求解过程中使用两个求和公式:$\sum\limits_{k=1}^{\infty} kq^{k-1} = \dfrac{1}{(1-q)^2}$,$\sum\limits_{k=1}^{\infty} k^2 q^{k-1} = \dfrac{1+q}{(1-q)^3}\Bigg)$.

(2) $\dfrac{1}{2}$,$\dfrac{3}{4}$.

十二、$\dfrac{\sqrt{2}}{\sqrt{\pi}}\sigma$.

十三、(1) X 与 Y 不相互独立,X 与 Y 相关. 　　(2) $\dfrac{5}{12},\dfrac{5}{12},\dfrac{11}{144},\dfrac{11}{144},\dfrac{5}{36}$.

十四、1,1.

十五、(1) $\dfrac{2}{3},\dfrac{1}{18}$ 和 $\dfrac{1}{3},\dfrac{1}{18}$. 　　(2) 1.

十六、组织 3500t 的货源时国家收益最大.

十七、若有某个 $\sigma_k=0$,取 $\alpha_k=1$,其余 $\alpha_i=0(i\neq k)$ 其方差最小.

下面假设所有 $\sigma_k>0(k=1,2,\cdots n)$,则由方差的性质有

$$D\left(\sum_{i=1}^{n}\alpha_i X_i\right)=\sum_{i=1}^{n}\alpha_i^2 DX_i,$$

记

$$f(\alpha_1,\alpha_2,\cdots,\alpha_n)=\sum_{i=1}^{n}\alpha_i^2 DX_i.$$

为求函数 $f(\alpha_1,\alpha_2,\cdots,\alpha_n)$ 在条件 $\sum_{i=1}^{n}\alpha_i=1$ 下的极值,由拉格朗日乘数法,作函数

$$F(\alpha_1,\alpha_2,\cdots,\alpha_n)=\sum_{i=1}^{n}\alpha_i^2\sigma_i^2+\lambda\left(\sum_{i=1}^{n}\alpha_i-1\right).$$

设随机变量 $X_1,X_2,\cdots,X_n$ 是独立随机变量,,试求"权" $\alpha_1,\alpha_2,\cdots,\alpha_n\left(\sum_{i=1}^{n}\alpha_i=1\right)$.

令

$$\begin{cases}\dfrac{\partial F}{\partial \alpha_i}=2\alpha_i\sigma_i^2+\lambda=0,i=1,2,\cdots,n,\\[2mm]\dfrac{\partial F}{\partial \lambda}=\sum_{i=1}^{n}\alpha_i-1=0,\end{cases}$$

解得 $\alpha_i=-\dfrac{\lambda}{2\sigma_i^2}$,$\sum_{i=1}^{n}\alpha_i=-\dfrac{\lambda}{2}\sum_{i=1}^{n}\dfrac{1}{\sigma_i^2}=1$.

从而 $\lambda=-\dfrac{1}{\sum_{i=1}^{n}\dfrac{1}{2\sigma_i^2}}$,所以当 $\alpha_i=\dfrac{1}{\sigma_i^2\sum_{i=1}^{n}\dfrac{1}{\sigma_i^2}}$ 时方差最小,这时方差为 $D\left(\sum_{i=1}^{n}\alpha_i X_i\right)=$

$\sum_{i=1}^{n}\alpha_i^2\sigma_i^2=\dfrac{1}{\sum_{i=1}^{n}\dfrac{1}{\sigma_i^2}}$.

十八、提示:令 $Y_i=\dfrac{X_i-E(X_i)}{D(X_i)}$,$i=1,2,\cdots,n$,求出 $Y_1,Y_2,\cdots,Y_n$ 的协方差矩阵 A 是解

本题的关键.而且还会得到 A 为非负定矩阵的结论.

第5章 大数定律及中心极限定理

5.1 知识结构图

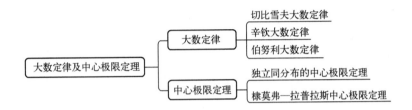

5.2 教学基本要求

（1）了解切比雪夫大数定律、辛钦大数定律和伯努利大数定律，了解伯努利大数定律与概率的统计定义之间的关系．

（2）了解独立同分布的中心极限定理和棣莫弗—拉普拉斯中心极限定理．

（3）掌握独立同分布的中心极限定理和棣莫弗—拉普拉斯中心极限定理在实际问题中的应用．

（4）了解切比雪夫不等式，掌握切比雪夫不等式的应用．

5.3 本章导学

本章主要讨论大数定律和中心极限定理．它们是概率论的基础理论之一，是概率论中的古典极限定理．通常，在概率论中用来阐明大量随机现象平均结果稳定性的一系列定理统称为大数定律；而在概率论中有关论证随机变量的和的极限分布是正态分布的定理通常称为中心极限定理．

要深刻理解大数定律和中心极限定理的概率意义，从而进一步理解概率的稳定性及随机事件的概率意义；要正确理解和熟练掌握独立同分布情形和伯努利随机变量情形的中心极限定理的结论和应用条件，会使用中心极限定理估算有关事件的概率．

极限定理是概率论中基础研究深入的结果，是前几章知识的综合运用，因此，学好前几章的知识内容是学好本章的基础．

5.4　主要概念、重要定理与公式

一、基本概念

1. 依概率收敛

设 $Y_1, Y_2, \cdots, Y_n \cdots$ 是一个随机变量序列，a 为常数，若对于任意 $\varepsilon > 0$，有

$$\lim_{n \to \infty} P\{ | Y_n - a | < \varepsilon \} = 1,$$

则称序列 $Y_1, Y_2, \cdots, Y_n \cdots$ 依概率收敛于 a. 记为 $Y_n \xrightarrow{P} a$.

依概率收敛与微积分中的收敛不同在于：微积分中的收敛是确定的，即对于任给的 $\varepsilon > 0$，存在 $N > 0$，当 $n > N$ 时，必有 $| X_n - a | < \varepsilon$ 成立；而依概率收敛是对于任给的 $\varepsilon > 0$，当 n 很大时，事件"$| x_n - a | < \varepsilon$"发生的概率为 1，但不排除偶然事件"$| x_n - a | \geqslant \varepsilon$"的发生.

2. 切比雪夫不等式

设随机变量 X 具有数学期望 $E(X) = \mu$ 和方差 $D(X) = \sigma^2$，则对于任意的正数 $\varepsilon > 0$，有不等式

$$P\{ | X - \mu | \geqslant \varepsilon \} \leqslant \frac{\sigma^2}{\varepsilon^2}, \text{或} P\{ | X - \mu | < \varepsilon \} \geqslant 1 - \frac{\sigma^2}{\varepsilon^2}.$$

该不等式称为切比雪夫不等式.

二、大数定律

1. 切比雪夫大数定律

设随机变量 $X_1, X_2, \cdots, X_n, \cdots$ 相互独立，均具有有限方差，且对同一常数 C 有界，即 $D(X_i) < C(i = 1, 2, \cdots)$，则对于任意的正数 ε，有

$$\lim_{n \to \infty} P\left\{ \left| \frac{1}{n} \sum_{k=1}^{n} X_k - \frac{1}{n} \sum_{k=1}^{n} E(X_k) \right| < \varepsilon \right\} = 1.$$

2. 辛钦大数定律（弱大数定律）

设 $X_1, X_2, \cdots X_n, \cdots$ 是相互独立，服从同一分布的随机变量序列，且具有数学期望 $E(X_k) = \mu(k = 1, 2, \cdots)$. 作前 n 个变量的算术平均 $\frac{1}{n} \sum_{k=1}^{n} X_k$，则对于任意 $\varepsilon > 0$，有

$$\lim_{n \to \infty} P\left\{ \left| \frac{1}{n} \sum_{k=1}^{n} X_k - \mu \right| < \varepsilon \right\} = 1.$$

弱大数定律又可叙述为：

设 $X_1, X_2, \cdots X_n, \cdots$ 是相互独立、服从同一分布的随机变量序列，且具有数学期望 $E(X_k) = \mu(k = 1, 2, \cdots)$，则序列 $\overline{X} = \frac{1}{n} \sum_{k=1}^{n} X_k$ 依概率收敛于 μ，即

$$\overline{X} \xrightarrow{P} \mu.$$

3. 伯努利大数定律

设 f_A 是 n 次独立重复试验中事件 A 发生的次数，p 是事件 A 在每次试验中发生的概率，则对于任意正数 $\varepsilon > 0$，有

$$\lim_{n \to \infty} P\left\{ \left| \frac{f_A}{n} - p \right| < \varepsilon \right\} = 1$$

或

$$\lim_{n \to \infty} P\left\{ \left| \frac{f_A}{n} - p \right| \geqslant \varepsilon \right\} = 0.$$

注意:伯努利大数定律是辛钦大数定律的特殊情况.

三、中心极限定理

1. 独立同分布的中心极限定理

设随机变量 $X_1, X_2, \cdots X_n, \cdots$ 相互独立,服从同一分布,且具有数学期望和方差 $E(X_k) = \mu, D(X_k) = \sigma^2 > 0 (k = 1, 2, \cdots)$,则随机变量之和 $\sum\limits_{k=1}^{n} X_k$ 的标准化变量

$$Y_n = \frac{\sum\limits_{k=1}^{n} X_k - E\left(\sum\limits_{k=1}^{n} X_k \right)}{\sqrt{D\left(\sum\limits_{k=1}^{n} X_k \right)}} = \frac{\sum\limits_{k=1}^{n} X_k - n\mu}{\sqrt{n}\,\sigma}$$

的分布函数 $F_n(x)$ 对任意 x 满足

$$\lim_{n \to \infty} F_n(x) = \lim_{n \to \infty} P\left\{ \frac{\sum\limits_{k=1}^{n} X_k - n\mu}{\sqrt{n}\,\sigma} \leqslant x \right\}$$

$$= \int_{-\infty}^{x} \frac{1}{\sqrt{2\pi}} e^{-\frac{t^2}{2}} dt = \Phi(x).$$

注意:由独立同分布的中心极限定理,对于独立同分布的随机变量 $X_1, X_2, \cdots X_n, \cdots$, $E(X_k) = \mu, D(X_k) = \sigma^2 > 0, k = 1, 2, \cdots, n$,当 n 充分大时,对于 $a < b$ 有近似公式

$$P\left\{ a \leqslant \sum\limits_{k=1}^{n} X_k \leqslant b \right\} \approx \Phi\left(\frac{b - n\mu}{\sqrt{n}\,\sigma} \right) - \Phi\left(\frac{a - n\mu}{\sqrt{n}\,\sigma} \right).$$

2. 棣莫弗—拉普拉斯定理

设随机变量 $\eta_n (n = 1, 2, \cdots)$ 服从参数为 $n, p (0 < p < 1)$ 的二项分布,则对于任意 x,有

$$\lim_{n \to \infty} P\left\{ \frac{\eta_n - np}{\sqrt{np(1-p)}} \leqslant x \right\} = \int_{-\infty}^{x} \frac{1}{\sqrt{2\pi}} e^{-\frac{t^2}{2}} dt = \Phi(x).$$

注意:棣莫弗—拉普拉斯定理是独立同分布的中心极限定理的特殊情况. 由棣莫弗—拉普拉斯定理,对于二项分布变量 $X \sim b(n, p)$,当 n 充分大时,对于 $a < b$ 有近似公式

$$P\{ a \leqslant X \leqslant b \} \approx \Phi\left(\frac{b - np}{\sqrt{np(1-p)}} \right) - \Phi\left(\frac{a - np}{\sqrt{np(1-p)}} \right).$$

5.5　典型例题解析

【例1】　一食品店有三种蛋糕出售,由于售出哪一种蛋糕是随机的,因而售出一只蛋糕的价格是一个随机变量,它取 1(元)、1.2(元)、1.5(元)各个值的概率分别为 0.3、0.2、

0.5. 某天售出 300 只蛋糕.

(1) 求这天的收入至少为 400(元)的概率;

(2) 求这天售出价格为 1.2(元)的蛋糕多于 60 只的概率.

分析:(1) 这天的收入是售出 300 只蛋糕价格之和,是对 300 个相互独立同分布、方差存在的随机变量做近似计算,因此用独立同分布的中心极限定理;

(2) 这天售出价格为 1.2(元)的蛋糕服从 $b(300,0.2)$,因此用棣莫弗—拉普拉斯中心极限定理.

解:设随机变量 $X_k(k=1,2,\cdots,300)$ 表示售出的第 k 只蛋糕的价格,则 $X_1,X_2,\cdots,X_{300}$ 相互独立,且服从同一分布,其分布律为

X_k	1	1.2	1.5
p_k	0.3	0.2	0.5

故

$$E(X_k)=1\times0.3+1.2\times0.2+1.5\times0.5=1.29,$$

$$D(X_k)=(1-1.29)^2\times0.3+(1.2-1.29)^2\times0.2+(1.5-1.29)^2\times0.5=0.0489, k=1,2,\cdots,300.$$

(1) $X=\sum_{k=1}^{300}X_k$ 为这天的收入,由独立同分布的中心极限定理知

$$P\{X\geqslant 400\}=1-P\{X<400\}=1-P\left\{\sum_{k=1}^{300}X_k<400\right\}$$

$$=1-P\left\{\frac{\sum_{k=1}^{300}X_k-300\times1.29}{\sqrt{300\times0.0489}}<\frac{400-300\times1.29}{\sqrt{300\times0.0489}}\right\}$$

$$=1-P\left\{\frac{\sum_{k=1}^{300}X_k-387}{\sqrt{14.67}}<\frac{13}{\sqrt{14.67}}\right\}$$

$$\approx 1-\Phi(3.394)\approx 0.$$

(2) 设 Y 表示当天售出价格为 1.2(元)的蛋糕数,则 $Y\sim b(300,0.2)$. 由棣莫弗—拉普拉斯中心极限定理知

$$P\{Y>60\}=P\left\{\frac{Y-300\times0.2}{\sqrt{300\times0.2\times0.8}}>\frac{60-300\times0.2}{\sqrt{300\times0.2\times0.8}}\right\}$$

$$=P\left\{\frac{Y-60}{4\sqrt{3}}>0\right\}=1-P\left\{\frac{Y-60}{4\sqrt{3}}\leqslant 0\right\}$$

$$\approx 1-\Phi(0)\approx 0.5.$$

注意:第二问也可设 $Y_k=1$ 表示这天售出的第 k 只蛋糕的价格为 1.2 元,$Y_k=0$ 表示这天售出的第 k 只蛋糕的价格不是 1.2 元. 则 $Y=\sum_{k=1}^{300}Y_k$ 为这天售出的 300 只蛋糕中价格为 1.2(元)的蛋糕数,显然有 $Y_k\sim b(1,0.2)$,$E(Y_k)=0.2$,$D(Y_k)=0.2\times0.8=0.4^2$,由独立同分布的中心极限定理知

$$P\{Y > 60\} = P\left\{\sum_{k=1}^{300} Y_k > 60\right\} = P\left\{\frac{\sum\limits_{k=1}^{300} Y_k - 300 \times 0.2}{0.4 \times \sqrt{300}} > \frac{60 - 60}{0.4 \times \sqrt{300}}\right\}$$

$$= P\left\{\frac{\sum\limits_{k=1}^{300} Y_k - 60}{4\sqrt{3}} > 0\right\} = 1 - P\left\{\frac{\sum\limits_{k=1}^{300} Y_k - 60}{4\sqrt{3}} \leqslant 0\right\}$$

$$\approx 1 - \Phi(0) \approx 0.5.$$

【例2】 计算器在进行加法运算时,将每个加数舍入最靠近它的整数,设所有舍入误差相互独立且在 $(-0.5, 0.5)$ 上服从均匀分布.(1)将1500个数相加,问误差总和的绝对值超过15的概率是多少?(2)最多有几个数相加能使得误差总和的绝对值小于10的概率不小于0.90?

分析:(1)计算随机变量落在某一区间内的概率.

(2)已知概率求样本数.

解:设第 k 个加数的舍入误差为 X_k,$k = 1, 2, \cdots, 1500$,X_k 在 $(-0.5, 0.5)$ 上服从均匀分布,故 $E(X_k) = 0, D(X_k) = \dfrac{1}{12}$.

(1) $X_1, X_2, \cdots, X_{1500}$ 相互独立同分布,令 $X = \sum\limits_{k=1}^{1500} X_k$,由独立同分布的中心极限定理知 $\dfrac{\sum\limits_{k=1}^{1500} X_k - 1500 \times 0}{\sqrt{1500}\sqrt{1/12}}$ 近似服从 $N(0,1)$,于是

$$P\{|X| > 15\} = 1 - P\{|X| \leqslant 15\}$$

$$= 1 - P\{-15 \leqslant X \leqslant 15\}$$

$$= 1 - P\left\{\frac{-15 - 0}{\sqrt{1500}\sqrt{1/12}} \leqslant \frac{X - 0}{\sqrt{1500}\sqrt{1/12}} \leqslant \frac{15 - 0}{\sqrt{1500}\sqrt{1/12}}\right\}$$

$$\approx 1 - \left[\Phi\left(\frac{15}{\sqrt{1500}\sqrt{1/12}}\right) - \Phi\left(\frac{-15}{\sqrt{1500}\sqrt{1/12}}\right)\right]$$

$$= 1 - \left[2\Phi\left(\frac{15}{\sqrt{1500}\sqrt{1/12}}\right) - 1\right]$$

$$= 1 - [2\Phi(1.342) - 1] = 0.1802.$$

即误差总和的绝对值超过15的概率是0.1802.

(2)设最多有 n 个数相加,使误差总和 $Y = \sum\limits_{k=1}^{n} X_k$ 符合要求,即要确定 n 使

$$P\{|Y| < 10\} \geqslant 0.90.$$

由独立同分布的中心极限定理知 $\dfrac{Y - 0}{\sqrt{n}\sqrt{1/12}}$ 近似服从 $N(0,1)$,于是

$$P\{|Y| < 10\} = P\{-10 < Y < 10\}$$

$$= P\left\{\frac{-10}{\sqrt{n}\sqrt{1/12}} < \frac{Y}{\sqrt{n}\sqrt{1/12}} < \frac{10}{\sqrt{n}\sqrt{1/12}}\right\}$$

$$\approx \Phi\left(\frac{10}{\sqrt{n/12}}\right) - \Phi\left(\frac{-10}{\sqrt{n/12}}\right)$$

$$= 2\Phi\left(\frac{10}{\sqrt{n/12}}\right) - 1$$

因此 n 需满足

$$2\Phi\left(\frac{10}{\sqrt{n/12}}\right) - 1 \geqslant 0.90.$$

即

$$\Phi\left(\frac{10}{\sqrt{n/12}}\right) \geqslant 0.95 = \Phi(1.645),$$

$$\frac{10}{\sqrt{n/12}} \geqslant 1.645,$$

由此得

$$n \leqslant 443.45,$$

因为 n 为正整数,因此 n 取 443.

【例 3】 某医院一个月接收破伤风患者的人数是一个随机变量,它服从参数 $\lambda = 5$ 的泊松分布,各月接收破伤风患者的人数相互独立. 求一年中前 9 个月内接收的患者为 40 ~50 人的概率.

分析:设第 k 个月接收的破伤风患者的人数为 X_k,则本题可以使用独立同分布的中心极限定理.

解:设第 k 个月接收的破伤风患者的人数为 $X_k, k = 1, 2, \cdots, 9, X_k$ 服从参数 $\lambda = 5$ 的泊松分布,令 $X = \sum_{k=1}^{1500} X_k$,由独立同分布的中心极限定理知

$$P\{40 \leqslant X \leqslant 50\}$$

$$= P\left\{\frac{40-9\times5}{\sqrt{9\times5}} \leqslant \frac{X-9\times5}{\sqrt{9\times5}} \leqslant \frac{50-9\times5}{\sqrt{9\times5}}\right\}$$

$$\approx \Phi\left(\frac{50-9\times5}{\sqrt{9\times5}}\right) - \Phi\left(\frac{40-9\times5}{\sqrt{9\times5}}\right)$$

$$= \Phi(0.745) - \Phi(-0.745)$$

$$= 2\Phi(0.745) - 1$$

$$= 0.5436.$$

【例 4】 随机地选取两组学生,每组 80 人,分别在两个实验室里测量某种化合物的 pH 值. 各人测量的结果是随机变量,它们相互独立,服从同一分布,数学期望为 5,方差为 0.3,以 $\bar{X}, \bar{Y}$ 分别表示第一组和第二组所得结果的算术平均数.

(1) 求 $P\{4.9 < \bar{X} < 5.1\}$;(2) 求 $P\{-0.1 < \bar{X} - \bar{Y} < 0.1\}$.

分析:独立同分布的随机变量 $X_1, X_2, \cdots, X_n, E(X_k) = \mu, D(X_k) = \sigma^2 > 0 (k = 1, 2, \cdots, n)$,随机变量 $X_1, X_2, \cdots, X_n$ 的算术平均 $\bar{X}$ 近似服从 $N(\mu, \sigma^2/n)$,这是独立同分布的中心极限定理结果的另一个形式.

解:(1) 由独立同分布的中心极限定理知,$\bar{X}$ 近似服从 $N(5, 0.3/80)$.

$$P\{4.9<\overline{X}<5.1\}$$

$$=P\left\{\frac{4.9-5}{\sqrt{0.3/80}}\leqslant\frac{\overline{X}-5}{\sqrt{0.3/80}}\leqslant\frac{5.1-5}{\sqrt{0.3/80}}\right\}$$

$$\approx\Phi\left(\frac{5.1-5}{\sqrt{0.3/80}}\right)-\Phi\left(\frac{4.9-5}{\sqrt{0.3/80}}\right)$$

$$=2\Phi(1.63)-1$$

$$=0.8968.$$

(2) 因 $E(\overline{X}-\overline{Y})=E(\overline{X})-E(\overline{Y})=0,D(\overline{X}-\overline{Y})=D(\overline{X})+D(\overline{Y})=0.3/40$,因此,由独立同分布的中心极限定理知

$$P\{-0.1<\overline{X}-\overline{Y}<0.1\}$$

$$=P\left\{\frac{-0.1-0}{\sqrt{0.3/40}}\leqslant\frac{(\overline{X}-\overline{Y})-0}{\sqrt{0.3/40}}\leqslant\frac{0.1-0}{\sqrt{0.3/40}}\right\}$$

$$\approx\Phi\left(\frac{0.1-0}{\sqrt{0.3/40}}\right)-\Phi\left(\frac{-0.1-0}{\sqrt{0.3/40}}\right)$$

$$=2\Phi(1.15)-1$$

$$=0.7498.$$

【例5】 设备零件的质量都是随机变量,它们相互独立,且服从相同的分布,其数学期望为 0.5kg,均方差为 0.1kg,问 5000 只零件的总质量超过 2510kg 的概率是多少?

分析:设第 k 个零件的质量为 $X_k,k=1,2,\cdots,5000$,则 $X=\sum_{k=1}^{5000}X_k$ 近似服从正态分布.

解:设第 k 个零件的质量为 $X_k,k=1,2,\cdots,5000$,则

$$E(X_k)=0.5,D(X_k)=0.01.$$

$X_1,X_2,\cdots,X_{5000}$ 相互独立同分布,令 $X=\sum_{k=1}^{5000}X_k$,由独立同分布的中心极限定理知

$$P\{X>2510\}=P\left\{\frac{X-0.5\times5000}{\sqrt{5000}\times0.1}>\frac{2510-0.5\times5000}{\sqrt{5000}\times0.1}\right\}$$

$$=1-P\left\{\frac{X-0.5\times5000}{\sqrt{5000}\times0.1}\leqslant\frac{2510-0.5\times5000}{\sqrt{5000}\times0.1}\right\}$$

$$\approx1-\Phi\left(\frac{2510-0.5\times5000}{\sqrt{5000}\times0.1}\right)$$

$$=1-\Phi(\sqrt{2})$$

$$=0.0793.$$

【例6】 对敌人阵地进行 100 次炮击,每次击中,炮弹命中颗数的数学期望为 4,方差为 2.25,求在 100 次炮击中,有 380~420 颗炮弹击中目标的概率.

分析:设第 k 次炮击中炮弹命中颗数为 X_k,则 $X=\sum_{k=1}^{100}X_k$ 近似服从正态分布.

解:设第 k 次炮击中炮弹命中颗数为 $X_k,k=1,2,\cdots,100$,则

$$E(X_k)=4,D(X_k)=2.25.$$

$X_1, X_2, \cdots, X_{100}$ 相互独立同分布，令 $X = \sum\limits_{k=1}^{100} X_k$ ，由独立同分布的中心极限定理知

$$P\{380 \leqslant X \leqslant 420\} = P\left\{\frac{380 - 100 \times 4}{\sqrt{100} \times \sqrt{2.25}} \leqslant \frac{X - 100 \times 4}{\sqrt{100} \times \sqrt{2.25}} \leqslant \frac{420 - 100 \times 4}{\sqrt{100} \times \sqrt{2.25}}\right\}$$

$$\approx \Phi\left(\frac{420 - 100 \times 4}{\sqrt{100} \times \sqrt{2.25}}\right) - \Phi\left(\frac{380 - 100 \times 4}{\sqrt{100} \times \sqrt{2.25}}\right)$$

$$\approx 2\Phi\left(\frac{20}{15}\right) - 1$$

$$= 9.8164.$$

【例 7】 某地进行的抽样调查结果显示，考生外语成绩（百分制）近似服从正态分布，平均成绩为 72 分，96 分以上的占考生总数的 2.3%，试求考生的外语成绩为 60~84 分的概率.

分析：以 X 记考生的外语成绩，则 $X \sim N(72, \sigma^2)$ ，本题应先求出方差，再计算随机变量在某一区间的概率.

解：由题意可知

$$P\{96 \leqslant X\} = P\left\{\frac{96 - 72}{\sigma} \leqslant \frac{X - 72}{\sigma}\right\}$$

$$= 1 - \Phi\left(\frac{24}{\sigma}\right) = 0.023,$$

即 $\Phi\left(\frac{24}{\sigma}\right) = 0.977$ ，查正态分布表，得 $\frac{24}{\sigma} = 2$ ，解得 $\sigma = 12$ ，所以 $X \sim N(72, 12^2)$ ，于是

$$P\{60 \leqslant X \leqslant 84\} = P\left\{\frac{60 - 72}{12} \leqslant \frac{X - 72}{12} \leqslant \frac{84 - 72}{12}\right\}$$

$$= \Phi(1) - \Phi(-1) = 2\Phi(1) - 1 = 0.682.$$

【例 8】 检验员逐个检查某产品，每查一个需用 10s. 但有的产品需重复检查一次，再用去 10s. 若产品需重复检查的概率为 0.5，求检验员在 8h 内检查的产品多于 1900 个的概率.

分析：若在 8h 内检查的产品多于 1900 个，即检查 1900 个产品所用的时间小于 8h，因此本题转化为求检查 1900 个产品所用的时间小于 8h 的概率.

解：设 X_k 为检查第 k 个产品所用的时间（单位：s），$k = 1, 2, \cdots, 1900$，$E(X_k) = 15$，$D(X_k) = 25$，$X_1, X_2, \cdots, X_{1900}$ 相互独立同分布，设 $X(\mathrm{s})$ 为检查 1900 个产品所用的时间，$X = \sum\limits_{k=1}^{1900} X_k$ ，则

$$E(X) = 1900 \times 15 = 28500,$$

$$D(X) = 1900 \times 25 = 47500,$$

从而

$$X \sim N(28500, 47500),$$

故有

$$P\{10 \times 1900 \leqslant X \leqslant 3600 \times 8\} = P\{19000 \leqslant X \leqslant 28800\}$$

$$\approx \varPhi\left(\frac{28800-28500}{\sqrt{47500}}\right) - \varPhi\left(\frac{19000-28500}{\sqrt{47500}}\right)$$

$$= \varPhi(1.376) - \varPhi(-43.589) \approx 0.9162.$$

【例9】 设 $a_n = \sum_{m=0}^{n} \frac{n^m}{m!} e^{-n}$，求证：$\lim\limits_{n\to+\infty} a_n = 0.5$.

分析：本题的关键是根据等式设计随机变量及概率，然后再利用独立同分布的中心极限定理证明.

解：设 $X_1, X_2, \cdots, X_n$ 为相互独立都服从参数为 1 的泊松分布，记 $X = X_1 + X_2 + \cdots + X_n$，则 X 服从参数为 n 的泊松分布并且

$$P\{X \leqslant n\} = \sum_{m=0}^{n} P\{X = m\} = \sum_{m=0}^{n} \frac{n^m}{m!} e^{-n} = a_n.$$

由于 $E(X) = D(X) = n$，所以根据独立同分布的中心极限定理有

$$\lim_{n\to+\infty} a_n = \lim_{n\to+\infty} P\{X \leqslant n\}$$

$$= \lim_{n\to+\infty} P\left\{\frac{X-n}{\sqrt{n}} \leqslant 0\right\} = \varPhi(0) = 0.5.$$

【例10】 设 $X_1, X_2, \cdots, X_n, \cdots$ 相互独立，$E(X_i) = \mu, D(X_i) = \sigma^2 > 0$. 证明：当 $n \to \infty$ 时，$X = \sum_{i=1}^{n} X_i \sim N(n\mu, n\sigma^2)$.

分析：由独立同分布的中心极限定理，知 $T_n = \dfrac{\sum\limits_{i=1}^{n} X_i - n\mu}{\sqrt{n}\,\sigma} \sim N(0,1)$ （$n \to \infty$）.

解：$X = \sum\limits_{i=1}^{n} X_i = n\mu + \sqrt{n}\,\sigma T_n$，

故

$$E(X) = E\sum_{i=1}^{n} X_i = \sum_{i=1}^{n} E(X_i) = \sum_{i=1}^{n} \mu = n\mu,$$

$$D(X) = D\sum_{i=1}^{n} X_i = \sum_{i=1}^{n} D(X_i) = \sum_{i=1}^{n} \sigma^2 = n\sigma^2.$$

从而由正态分布的性质可得

$$X = \sum_{i=1}^{n} X_i \sim N(n\mu, n\sigma^2).$$

【例11】 现有一大批种子，其中良种占 $\dfrac{1}{6}$，现从中任取 6000 粒种子，试分别用切比雪夫不等式估计和用中心极限定理计算这 6000 粒种子中良种所占的比例与 $\dfrac{1}{6}$ 之差的绝对值不超过 0.01 的概率.

分析：本题关键是先设随机变量，并且求出随机变量的数学期望和方差，然后利用切比雪夫不等式估计，用中心极限定理计算.

解：设随机变量 X 表示所取 6000 粒种子中良种的粒数，由题意可知 $X \sim b\left(6000, \dfrac{1}{6}\right)$.

于是

$$E(X)=np=6000\times\frac{1}{6}=1000,$$

$$D(X)=np(1-p)=6000\times\frac{1}{6}\times\left(1-\frac{1}{6}\right)=\frac{5}{6}\times1000.$$

（1）要估计的概率为 $P\left\{\left|\dfrac{X}{6000}-\dfrac{1}{6}\right|<\dfrac{1}{100}\right\}=P\{|X-1000|<60\}$ ，相当于在切比雪夫不等式中取 $\varepsilon=60$ ，于是由切比雪夫不等式可得

$$P\left\{\left|\frac{X}{6000}-\frac{1}{6}\right|<\frac{1}{100}\right\}=P\{|X-1000|<60\}\geqslant1-\frac{D(X)}{60^2}.$$

由题意得

$$1-\frac{D(X)}{60^2}=1-\frac{5}{6}\times1000\times\frac{1}{3600}$$

$$=1-0.2315=0.7685.$$

即用切比雪夫不等式估计此概率不小于 0.7685 。

（2）由棣莫弗—拉普拉斯中心极限定理，二项分布 $b\left(6000,\dfrac{1}{6}\right)$ 可用正态分布 $N\left(1000,\dfrac{5}{6}\times1000\right)$ 近似，于是所求概率为

$$P\left\{\left|\frac{X}{6000}-\frac{1}{6}\right|<\frac{1}{100}\right\}=P\{|X-1000|<60\}$$

$$=P\left\{\left|\frac{X-1000}{\sqrt{\frac{5}{6}\times1000}}\right|<\frac{60}{\sqrt{\frac{5}{6}\times1000}}\right\}$$

$$\approx2\Phi(2.0785)-1=2\times0.98124-1\approx0.9625.$$

注意：从本题看出，由切比雪夫不等式只能得出要求的概率不小于 0.7685，而由中心极限定理可得到要求的概率约等于 0.9625。

因此，不难看出由切比雪夫不等式得到的下界是十分粗糙的。但由于它的要求比较低，只要知道 X 的期望和方差即可，因此在理论上有许多运用。

当 X_i 独立同分布（可以是任何分布），计算 $P\{a<X_1+X_2+\cdots+X_n\leqslant b\}$ 的概率时，利用中心极限定理往往能得到相当精确的近似概率，在实际问题上有着广泛运用。

【例 12】 每箱产品有 10 件，其次品数从 0 到 2 是等可能的，开箱检验时，从中任取一件，如果检验为次品，则认为该箱产品不合格而拒收，由于检验误差，假设一件正品被误判为次品的概率是 2%，一件次品被漏查误判为正品的概率是 10%。

试求：

（1）检验一箱产品能通过验收的概率；

（2）检验 100 箱产品，通过率不低于 90% 的概率。

分析：本题关键是先设出随机事件，然后根据随机事件间的关系应用全概率公式和中心极限定理求解。

解:(1) 设事件

B:一箱产品通过验收,

B_1:抽到一件正品,

A_i:箱内有 i 件次品,$i=0,1,2,A_0,A_1,A_2$ 是一完备事件组.

依题意,有

$$P(A_i)=\frac{1}{3}, \qquad P(B|A_i)=\frac{10-i}{10},i=0,1,2,$$

$$P(B|B_1)=0.98, \qquad P(B|\overline{B_1})=0.10.$$

应用全概率公式,得

$$P(B_1)=\sum_{i=0}^{2}P(A_i)P(B|A_i)=\frac{1}{3}\sum_{i=0}^{2}\frac{10-i}{10}=0.9.$$

由于 B_1 与 $\overline{B_1}$ 为对立事件,再次应用全概率公式,得

$$P(B)=P(B_1)P(B|B_1)+P(\overline{B_1})P(B|\overline{B_1})$$

$$=0.9\times0.98+0.1\times0.1=0.892.$$

(2) 由于各箱产品是否通过验收互不影响,且每箱产品通过验收的概率都是 0.892,则 100 箱产品通过验收的箱数 X 服从二项分布,参数 $n=100,p=0.892$ 可以应用棣莫弗—拉普拉斯中心极限定理近似计算所求概率,其中

$$E(X)=np=89.2,D(X)=np(1-p)=3.1\times3.1.$$

$$P\left\{\frac{X}{100}\geqslant0.90\right\}=P\{X\geqslant90\}$$

$$=1-P\{0\leqslant X<90\}=1-P\left\{\frac{0-89.2}{3.1}\leqslant\frac{X-89.2}{3.1}<\frac{90-89.2}{3.1}\right\}$$

$$\approx1-\left[\Phi\left(\frac{90-89.2}{3.1}\right)-\Phi\left(\frac{0-89.2}{3.1}\right)\right]=1-\Phi(0.26)=0.3974.$$

【例 13】 (1) 设某系统由 100 个部件组成,运行期间每个部件是否损坏是相互独立的,损坏的概率是 0.1. 如果至少有 85% 的部件完好无损时系统才能正常工作,求系统可以正常工作的概率.

(2) 若上述系统由 n 个部件组成,至少有 85% 的部件完好无损时系统才能正常工作,求 n 至少为多大时,系统可以不小于 0.975 的概率正常工作.

分析:本题第一问直接考查中心极限定理,第二问考查利用中心极限定理确定样本数 n.

解:(1) 令 X 表示运行期间由 100 个部件组成的系统中完好无损的部件个数,则 $X\sim b(100,0.9)$.

由棣莫弗—拉普拉斯中心极限定理,知系统正常工作的概率为

$$P\{X\geqslant85\}=P\left\{\frac{X-100\times0.9}{\sqrt{100\times0.1\times0.9}}\geqslant\frac{85-100\times0.9}{\sqrt{100\times0.1\times0.9}}\right\}$$

$$\approx1-\Phi\left(-\frac{5}{3}\right)=1+\Phi\left(\frac{5}{3}\right)-1$$

$$=\Phi(1.67)=0.953.$$

（2）令 Y_n 表示运行期间由 n 个部件组成的系统中完好无损的部件个数,则 $Y_n \sim b(n, 0.9)$.

由棣莫弗—拉普拉斯中心极限定理,知系统正常工作的概率为

$$P\{Y_n \geq 0.85n\} = P\left\{\frac{Y_n - 0.9n}{\sqrt{n \times 0.1 \times 0.9}} \geq \frac{0.85n - 0.9n}{\sqrt{n \times 0.1 \times 0.9}}\right\}$$

$$\approx 1 - \Phi\left(-\frac{\sqrt{n}}{6}\right) = 1 + \Phi\left(\frac{\sqrt{n}}{6}\right) - 1$$

$$= \Phi\left(\frac{\sqrt{n}}{6}\right) \geq 0.975 = \Phi(1.96).$$

即 $\frac{\sqrt{n}}{6} \geq 1.96$,可得 $n \geq 138.3$.

由于是实际问题,故当 $n \geq 139$ 时,才能使由 n 个部件组成的系统以不小于 0.975 的概率正常工作.

注意:虽然作为服从二项分布的随机变量 X,有事件 $\{X \geq 85\} = \{85 \leq X \leq n\}$,但在用中心极限定理做近似计算时,不能将 $P\{X \geq 85\}$ 写成 $P\{85 \leq X \leq n\}$,以免产生更大的误差.

【例 14】 某保险公司多年的统计表明,在索赔户中,被盗索赔占 20%,以 X 表示在随意抽查 100 个索赔户中的被盗索赔户数量.

（1）写出 X 的概率分布;

（2）求被盗索赔户为 14~30 的概率.

分析:本题第二问可以分别用两种中心极限定理求解,并且比较两个中心极限定理.

解:（1）由已知可知 X 满足二项分布,即 $X \sim b(100, 0.2)$,其分布律为

$$P\{X = k\} = C_{100}^k (0.2)^k (0.8)^{100-k}, k = 0, 1, \cdots, 100.$$

（2）分别用两个中心极限定理求解.

方法一 利用棣莫弗—拉普拉斯中心极限定理,所求概率为

$$P\{14 \leq X \leq 30\} = P\left\{\frac{14 - 100 \times 0.2}{\sqrt{100 \times 0.2 \times 0.8}} \leq \frac{X - 100 \times 0.2}{\sqrt{100 \times 0.2 \times 0.8}} \leq \frac{30 - 100 \times 0.2}{\sqrt{100 \times 0.2 \times 0.8}}\right\}$$

$$\approx \Phi(2.5) - \Phi(-1.5) = \Phi(2.5) + \Phi(1.5) - 1 = 0.927.$$

方法二 利用独立同分布的中心极限定理. 若第 n 名索赔户是被盗户,令 $X_n = 1$;否则第 n 名索赔户不是被盗户,令 $X_n = 0 (n = 1, 2, \cdots, 100)$. 可知 $X_1, X_2, \cdots, X_n$ 为独立同分布的随机变量,且服从 $p = 0.2$ 的 0—1 分布,有

$$E(X_n) = 0.2, D(X_n) = 0.16, n = 1, 2, \cdots, 100.$$

令 $Y = \sum_{k=1}^{100} X_k$ 表示 100 名索赔户中的被盗索赔户数量,则

$$E(Y) = E\left(\sum_{k=1}^{100} X_k\right) = 20, D(Y) = D\left(\sum_{k=1}^{100} X_k\right) = 16.$$

由独立同分布的中心极限定理,所求概率为

$$P\{14 \leq Y \leq 30\} = P\left\{\frac{14 - 20}{\sqrt{16}} \leq \frac{Y - 20}{\sqrt{16}} \leq \frac{30 - 20}{\sqrt{16}}\right\}$$

$$\approx \Phi(2.5)-\Phi(-1.5)=\Phi(2.5)+\Phi(1.5)-1=0.927.$$

注意:棣莫弗—拉普拉斯中心极限定理所涉及的仅仅是一个服从二项分布的随机变量,而独立同分布的中心极限定理涉及的是大量相互独立同分布且期望、方差都存在的随机变量 $X_1,X_2,\cdots,X_n$,讨论与其和有关的概率问题.

【例 15】 设电站供电网内有 10000 盏灯,夜间每一盏灯开着的概率为 0.7. 假设各灯的开关彼此独立,试估计夜晚同时开着的灯数为 6800~7200 的概率.

分析:令 X 表示夜晚同时开着的灯数,则 $X\sim b(10000,0.7)$.

解:由棣莫弗—拉普拉斯中心极限定理,知夜晚同时开着的灯数在 6800 与 7200 之间的概率为

$$P\{6800\leqslant X\leqslant 7200\}=P\left\{\frac{6800-10000\times 0.7}{\sqrt{10000\times 0.7\times 0.3}}\leqslant \frac{X-10000\times 0.7}{\sqrt{10000\times 0.7\times 0.3}}\leqslant \frac{7200-10000\times 0.7}{\sqrt{10000\times 0.7\times 0.3}}\right\}$$

$$\approx \Phi\left(\frac{7200-7000}{\sqrt{2100}}\right)-\Phi\left(\frac{6800-7000}{\sqrt{2100}}\right)$$

$$=2\Phi(4.36)-1=1.$$

【例 16】 在人寿保险公司里有 3000 个同一年龄的人参加人寿保险. 在一年里,这些人的死亡率为 0.1%,参加保险的人在一年的头一天交付保费 10 元,死亡时,家属可以从保险公司领取 2000 元. 求保险公司一年中获利不少于 10000 元的概率.

分析:令 X 表示一年中死亡的人数,保险公司一年中获利不少于 10000 元,即 $30000-2000X\geqslant 10000$.

解:令 X 表示一年中死亡的人数,死亡概率 $p=0.001$,把考虑 3000 人在一年中是否死亡看成 3000 重伯努利试验,则 $X\sim b(3000,0.001)$. 保险公司一年中获利不少于 10000 元,即 $30000-2000X\geqslant 10000$.

由棣莫弗—拉普拉斯中心极限定理,知保险公司一年中获利不少于 10000 元的概率为

$$P\{30000-2000X\geqslant 10000\}=P\{0\leqslant X\leqslant 10\}$$

$$=P\left\{\frac{0-10000\times 0.7}{\sqrt{10000\times 0.7\times 0.3}}\leqslant \frac{X-3000\times 0.001}{\sqrt{3000\times 0.001\times 0.999}}\leqslant \frac{10-3000\times 0.001}{\sqrt{3000\times 0.001\times 0.999}}\right\}$$

$$\approx \Phi\left(\frac{10-3000\times 0.001}{\sqrt{3000\times 0.001\times 0.999}}\right)-\Phi\left(\frac{0-3000\times 0.001}{\sqrt{3000\times 0.001\times 0.999}}\right)$$

$$=\Phi(4.04)-\Phi(-1.73)$$

$$=1-[1-\Phi(1.73)]$$

$$=0.9582.$$

【例 17】 一生产线生产的产品成箱包装,每箱的质量是随机的,假设每箱平均重 50kg,标准差为 5kg. 若用最大载重为 5t 的汽车承运,试利用中心极限定理说明每辆车最多可以装多少箱才能保障不超载的概率大于 0.977.

分析:本题先设随机变量,计算数字特征,然后根据随机变量落在某一区间内的概率

$$P\left\{a \leqslant \sum_{k=1}^{n} X_k \leqslant b\right\} = P\left\{\frac{a-n\mu}{\sqrt{n}\,\sigma} \leqslant \frac{\sum_{k=1}^{n} X_k - n\mu}{\sqrt{n}\,\sigma} \leqslant \frac{b-n\mu}{\sqrt{n}\,\sigma}\right\},$$

查正态分布表,解不等式,得出 n 值.

解:设 $X_i(i=1,2,\cdots,n)$ 是装运的第 i 箱的质量(单位:kg),n 是所求箱数. 由条件可以把 $X_1,X_2,\cdots,X_n$ 视为独立同分布随机变量,而 n 箱总质量 $X = X_1 + X_2 + \cdots + X_n$ 是独立同分布随机变量之和,依题意有

$$E(X_i) = 50, \quad \sqrt{D(X_i)} = 5.$$

根据独立同分布的中心极限定理,X 近似服从正态分布 $N(50n, 25n)$.

箱数 n 应满足条件

$$P\{X \leqslant 5000\} = P\left\{\frac{X-50n}{5\sqrt{n}} \leqslant \frac{5000-50n}{5\sqrt{n}}\right\}$$

$$\approx \Phi\left(\frac{1000-10n}{\sqrt{n}}\right) > 0.977 = \Phi(2),$$

所以 $\dfrac{1000-10n}{\sqrt{n}} > 2$.

从而 $n < 98.0199$,即最多可以装 98 箱.

【例 18】 快递装运设备,若每台设备的质量 X 服从 $N(50, 2.5^2)$(单位:kg),问最多装多少台设备能使总质量超过 2000 的概率不大于 0.05.

分析:本题也是利用独立同分布的中心极限定理确定样本数 n 的类型题.

解:设最多装 n 台设备,由于 $X \sim N(50, 2.5^2)$,若 $P\{nX > 2000\} \leqslant 0.05$,

则

$$P\left\{X > \frac{2000}{n}\right\} \leqslant 0.05, P\left\{X \leqslant \frac{2000}{n}\right\} > 0.95,$$

即

$$P\left\{\frac{X-50}{2.5} \leqslant \frac{\frac{2000}{n}-50}{2.5}\right\} > 0.95,$$

故

$$\Phi\left\{\frac{\frac{2000}{n}-50}{2.5}\right\} > 0.95,$$

查表得 $\Phi(1.65) = 0.95$,从而 $\dfrac{\frac{2000}{n}-50}{2.5} > 1.65$,$n < 36.95$,故取 $n = 37$.

【例 19】 一小区有 200 户,每一户拥有的汽车数量是随机变量,它们是相互独立的,其数学期望为 1.2,方差为 0.36,问至少要设置多少个车位才能使每辆车有一个车位的概率至少为 0.95.

分析:本题也是利用独立同分布的中心极限定理确定样本数 n 的类型题.

解:设第 k 户拥有汽车数量为 X_k,$k=1,2,\cdots,200$,且

$$E(X_k)=1.2,D(X_k)=0.36.$$

$X_1,X_2,\cdots,X_{200}$ 相互独立同分布,令 $X=\sum_{k=1}^{200}X_k$,由独立同分布的中心极限定理知

$\dfrac{X-200\times1.2}{\sqrt{200\times0.36}}$ 近似服从 $N(0,1)$,于是 n 应满足

$$P\{X\leqslant n\}\geqslant0.95.$$

即

$$P\left\{\frac{X-200\times1.2}{\sqrt{200\times0.36}}\leqslant\frac{n-200\times1.2}{\sqrt{200\times0.36}}\right\}$$

$$\approx\Phi\left(\frac{n-200\times1.2}{\sqrt{200\times0.36}}\right)\geqslant0.95,$$

解得 $n\leqslant253.96$,故取 $n=254$.

【例20】 在抽样检查某种产品质量时,如果发现次品多于 10 个,则拒绝接收这批产品. 设产品的次品率为 10%,问:至少要抽取多少个产品进行检查,才能保证拒绝接收这批产品的概率达到 0.9?

分析:本题用棣莫弗—拉普拉斯定理在概率确定的条件下,求样本数 n.

解:设 n 为应该抽取的产品数,Y 为其中的次品数,记

$$X_i=\begin{cases}0,\text{第 }i\text{ 次检查时为次品,}\\1,\text{第 }i\text{ 次检查时为正品,}\end{cases}$$

则

$$Y=\sum_{i=1}^{n}X_i,E(X_i)=0.1,D(X_i)=0.1\times(1-0.1)=0.09.$$

根据棣莫弗—拉普拉斯定理,得

$$P\{10<Y\leqslant n\}=\left\{\frac{10-n\times0.1}{\sqrt{n\times0.1\times0.9}}<\frac{Y-n\times0.1}{\sqrt{n\times0.1\times0.9}}\leqslant\frac{n-n\times0.1}{\sqrt{n\times0.1\times0.9}}\right\}$$

$$\approx\Phi(3\sqrt{n})-\Phi\left(\frac{10-0.1n}{0.3\sqrt{n}}\right)=1-\Phi\left(\frac{10-0.1n}{0.3\sqrt{n}}\right).$$

因为 $1-\Phi\left(\dfrac{10-0.1n}{0.3\sqrt{n}}\right)=0.9$,所以 $-\dfrac{10-0.1n}{0.3\sqrt{n}}=1.28$,从而取 $n=147$,即至少应该抽取 147 个产品进行检查才能达到目的.

注意:本题的解题方法是确定随机变量序列,建立标准化随机变量,建立已知概率与标准正态分布的关系式,寻找 n 的表达式,通过正态分布表得出 n 的关系式即可求出 n.

【例21】 随机变量序列 $X_1,X_2,\cdots,X_n\cdots$ 相互独立且满足大数定律,则 X_i 的分布可以是

(A) $P\{X_i=m\}=\dfrac{c}{m^3}$, $m=1,2,\cdots$

(B) X_i 服从参数为 $\dfrac{1}{i}$ 的指数分布

（C）X_i 服从参数为 i 的泊松分布

（D）X_i 的概率密度函数为 $f(x) = \dfrac{1}{\pi(1+x^2)}$

分析：只要判断此序列相互独立同分布，且数学期望存在；或者独立但分布不同，而数学期望、方差都存在，且方差有界即可.

解：相互独立的随机变量 $X_1, X_2, \cdots, X_n, \cdots$，如果 $X_1, X_2, \cdots, X_n, \cdots$ 同分布，只要 $E(X_i)$ 存在，则 $X_1, X_2, \cdots, X_n, \cdots$ 服从辛钦大数定律；若 $X_1, X_2, \cdots, X_n, \cdots$ 不同分布，但 X_i 的期望、方差都存在，且方差要有界，则 $X_1, X_2, \cdots, X_n, \cdots$ 满足切比雪夫大数定律. 因此，在 A 中，X_i 同分布，$E(X_i) = \sum\limits_{m=1}^{\infty} m \cdot \dfrac{c}{m^3} = \sum\limits_{m=1}^{\infty} \dfrac{c}{m^2}$，由于级数 $\sum\limits_{m=1}^{\infty} \dfrac{1}{m^2}$ 是收敛的，

因此 $X_2, \cdots, X_n, \cdots$ 满足辛钦大数定律，应选 A.

在 B 中，$D(X_i) = \left(\dfrac{1}{i}\right)^{-2} = i^2$；在 C 中，$D(X_i) = i$，它们均不能对 i 有界，因此不满足切比雪夫大数定律.

在 D 中，由于 $\displaystyle\int_0^{+\infty} \dfrac{x}{1+x^2} \mathrm{d}x = +\infty$，因此 $\displaystyle\int_{-\infty}^{+\infty} \dfrac{|x|}{1+x^2} \mathrm{d}x = +\infty$，故 $E(X_i)$ 不存在，所以不能满足辛钦大数定律.

【例 22】 设随机变量 $X_1, X_2, \cdots, X_n, \cdots$ 相互独立同服从参数为 2 的指数分布，则当 $n \to \infty$ 时，$Y_n = \dfrac{1}{n} \sum\limits_{i=1}^{n} X_i^2$ 依概率收敛于_____.

分析：由辛钦大数定律可知相互独立同分布，且数学期望存在的随机变量序列的平均值依概率收敛于其数学期望. 因此 $Y_n = \dfrac{1}{n} \sum\limits_{i=1}^{n} X_i^2$ 的数学期望即为所求.

解：因为随机变量 $X_1, X_2, \cdots, X_n, \cdots$ 相互独立同分布，所以 $X_1^2, X_2^2, \cdots, X_n^2, \cdots$ 相互独立同分布.

$$E(X_i) = \dfrac{1}{2}, \qquad D(X_i) = \dfrac{1}{4},$$

$$E(X_i^2) = D(X_i) + [E(X_i)]^2 = \dfrac{1}{2},$$

$$E(Y_n) = E\left(\dfrac{1}{n} \sum\limits_{i=1}^{n} X_i^2\right) = \dfrac{1}{n} E\left(\sum\limits_{i=1}^{n} X_i^2\right) = \dfrac{1}{2}.$$

于是由辛钦大数定律知当 $n \to \infty$ 时，$Y_n = \dfrac{1}{n} \sum\limits_{i=1}^{n} X_i^2$ 依概率收敛于其数学期望 $\dfrac{1}{2}$，因此答案为 $\dfrac{1}{2}$.

【例 23】 设随机变量 $X_1, X_2, \cdots, X_n, \cdots$ 独立同分布，其分布函数为 $F(x) = a + \dfrac{1}{\pi} \arctan \dfrac{x}{b}$，$b \neq 0$，则辛钦大数定律对此序列（　　）.

（A）适用　　　　　　　　　　　　（B）当常数 a, b 取适当的数值时适用

（C）不适用   （D）无法判别

分析:辛钦大数定律成立的条件是随机变量 X 的数学期望存在,即 $\int_{-\infty}^{+\infty}|xf(x)|\mathrm{d}x$ 收敛.

解:辛钦大数定律成立的条件是随机变量 X 的数学期望存在,即 $\int_{-\infty}^{+\infty}|xf(x)|\mathrm{d}x$ 收敛,且

$$f(x)=\frac{\mathrm{d}F(x)}{\mathrm{d}x}=\frac{b}{\pi(b^2+x^2)},$$

所以

$$\int_{-\infty}^{+\infty}|xf(x)|\mathrm{d}x=\int_{-\infty}^{+\infty}\frac{|b||x|}{\pi(b^2+x^2)}\mathrm{d}x=\frac{2|b|}{\pi}\int_0^{+\infty}\frac{x}{(b^2+x^2)}\mathrm{d}x$$

$$=\frac{|b|}{\pi}\int_0^{+\infty}\frac{\mathrm{d}(b^2+x^2)}{(b^2+x^2)}=\frac{|b|}{\pi}\ln|b^2+x^2||_0^{+\infty}=+\infty$$

故辛钦大数定律不适用,即选 C.

注意:本题先由分布函数求出概率密度函数 $f(x)$,再计算 $\int_{-\infty}^{+\infty}|xf(x)|\mathrm{d}x$ 的敛散性,根据辛钦大数定律成立的条件判断.

【例 24】 设随机变量 $X_1,X_2,\cdots,X_n,\cdots$ 相互独立同分布,且 $E(X_n)=0$,则 $\lim\limits_{n\to+\infty}P\left\{\sum\limits_{i=1}^n X_i<n\right\}=$ _____ .

分析:求随机事件概率的极限,可用大数定律,或者先求概率再求极限.这里 $\lim\limits_{n\to\infty}P\left\{\sum\limits_{i=1}^n X_i<n\right\}$ 不好计算,而随机变量序列相互独立同分布,且具有相同的数学期望 0,满足辛钦大数定律的条件,所以可用辛钦大数定律.

解: $\lim\limits_{n\to+\infty}P\left\{\sum\limits_{i=1}^n X_i<n\right\}=\lim\limits_{n\to+\infty}P\left\{\frac{1}{n}\sum\limits_{i=1}^n X_i<1\right\}$,因为随机变量 $X_1,X_2,\cdots,X_n,\cdots$ 相互独立同分布,且 $E(X_n)=0$,于是由辛钦大数定律有

$$\lim\limits_{n\to+\infty}P\left\{\left|\frac{1}{n}\sum\limits_{i=1}^n X_i-0\right|<1\right\}=\lim\limits_{n\to+\infty}P\left\{\left|\frac{1}{n}\sum\limits_{i=1}^n X_i\right|<1\right\}=1,$$

又如果 $\left|\frac{1}{n}\sum\limits_{i=1}^n X_i\right|<1$,则必有 $\frac{1}{n}\sum\limits_{i=1}^n X_i<1$,因此

$$1=\lim\limits_{n\to+\infty}P\left\{\left|\frac{1}{n}\sum\limits_{i=1}^n X_i\right|<1\right\}\leqslant\lim\limits_{n\to+\infty}P\left\{\frac{1}{n}\sum\limits_{i=1}^n X_i<1\right\}\leqslant 1,$$

所以

$$\lim\limits_{n\to+\infty}P\left\{\sum\limits_{i=1}^n X_i<n\right\}=\lim\limits_{n\to+\infty}P\left\{\frac{1}{n}\sum\limits_{i=1}^n X_i<1\right\}=1.$$

注意:本题的关键是将"如果 $\left|\frac{1}{n}\sum\limits_{i=1}^n X_i\right|<1$,则必有 $\frac{1}{n}\sum\limits_{i=1}^n X_i<1$"的结论代入随机事件概率的极限.

【例25】 设 $X_1, X_2, \cdots, X_n, \cdots$ 为相互独立同分布的随机变量序列,且概率密度为

$$f(x) = \begin{cases} \left| \dfrac{1}{x} \right|^3, & |x| \geqslant 1, \\ 0, & |x| < 1. \end{cases}$$

判断 X_n 是否满足切比雪夫大数定律与辛钦大数定律的条件.

分析:本题应先求出随机变量的数学期望和方差,再验证是否满足切比雪夫大数定律与辛钦大数定律的条件.

解:

$$E(X_n) = \int_{-\infty}^{+\infty} xf(x)\,\mathrm{d}x = \int_{-\infty}^{-1} x\left(-\frac{1}{x^3}\right)\mathrm{d}x + \int_{1}^{+\infty} x\left(\frac{1}{x^3}\right)\mathrm{d}x = 0,$$

$$D(X_n) = E(X_n^2) - [E(X_n)]^2 = E(X_n^2)$$

$$= \int_{-\infty}^{+\infty} x^2 f(x)\,\mathrm{d}x = \int_{-\infty}^{-1} x^2\left(-\frac{1}{x^3}\right)\mathrm{d}x + \int_{1}^{+\infty} x^2\left(\frac{1}{x^3}\right)\mathrm{d}x = +\infty.$$

X_n 的数学期望存在,方差不存在,所以 X_n 满足辛钦大数定律,不满足切比雪夫大数定律.

【例26】 设随机变量 X, Y 分别服从正态分布 $N(1,1)$ 与 $N(0,1)$, $E(XY) = -0.1$,根据切比雪夫不等式估计 $P\{-4 < X + 2Y < 6\}$.

分析:这里要估计的是 $X + 2Y$ 的概率,因此首先由已知条件计算随机变量函数 $X + 2Y$ 的数学期望和方差,然后由切比雪夫不等式估计概率.

解:因为 $X \sim N(1,1)$, $Y \sim N(0,1)$,于是 $E(X) = 1, D(X) = 1, E(Y) = 0, D(Y) = 1$.
所以

$$E(X+2Y) = E(X) + 2E(Y) = 1,$$
$$\mathrm{cov}(X, Y) = E(XY) - E(X)E(Y) = -0.1,$$
$$D(X+2Y) = D(X) + 4\mathrm{cov}(X, Y) + 4D(Y) = 4.6,$$

于是

$$P\{-4 < X+2Y < 6\} = P\{|X+2Y-1| < 5\} \geqslant 1 - \frac{D(X+2Y)}{5^2} = 0.816.$$

注意:用切比雪夫不等式估计概率,关键是求出相应随机变量的数学期望、方差,然后将要估计的概率转化为以数学期望为中心的对称区间上的概率.

【例27】 设随机变量 $X_1, X_2, \cdots, X_n$ 是 n 个相互独立同分布的随机变量, $E(X_i) = \mu$, $D(X_i) = 8$, $(i = 1, 2, \cdots, n)$,对于 $\overline{X} = \sum\limits_{i=1}^{n} \dfrac{X_i}{n}$,写出所满足的切比雪夫不等式_____,并估计 $P\{|\overline{X} - \mu| < 4\} \geqslant$ _____.

分析:切比雪夫不等式主要用来粗略估计方差存在的随机变量在以数学期望为中心的对称区间上的概率,因此必须先把要估计的概率转化为 $P\{|X - E(X)| < \varepsilon\}$ 或 $P(|X - E(X)| \geqslant \varepsilon)$ 的形式,然后由切比雪夫不等式得出估计值.

解: $E(\overline{X}) = E\left(\dfrac{1}{n}\sum\limits_{i=1}^{n} X_i\right) = \dfrac{1}{n}E\left(\sum\limits_{i=1}^{n} X_i\right) = \dfrac{1}{n} \cdot n\mu = \mu,$

$$D(\overline{X}) = D\left(\frac{1}{n}\sum_{i=1}^{n} X_i\right) = \frac{1}{n^2}D\left(\sum_{i=1}^{n} X_i\right) = \frac{1}{n^2} \cdot nD(X_i) = \frac{8}{n},$$

于是, $\bar{X} = \sum_{i=1}^{n} \dfrac{X_i}{n}$ 所满足的切比雪夫不等式为

$$P\{|\bar{X}-\mu| \geqslant \varepsilon\} \leqslant \frac{D(\bar{X})}{\varepsilon^2} = \frac{8}{n\varepsilon^2}, \text{即} P\{|\bar{X}-\mu| \geqslant \varepsilon\} \leqslant \frac{8}{n\varepsilon^2},$$

$$P\{|\bar{X}-\mu| < 4\} \geqslant 1 - \frac{D(\bar{X})}{4^2} = 1 - \frac{1}{4^2} \cdot \frac{8}{n} = 1 - \frac{1}{2n}, \text{即} P\{|\bar{X}-\mu| < 4\} \geqslant 1 - \frac{1}{2n}.$$

【例 28】 设随机变量 $X \sim b(n,p)$,试用切比雪夫不等式证明: $P\{|X-np| \geqslant \sqrt{n}\} \leqslant \dfrac{1}{4}$.

分析:根据不等式的特点,本题应使用切比雪夫不等式证明.

解:因为 X 服从二项分布,故 $E(X) = np$, $D(X) = np(1-p)$.

$$P\{|X-np| \geqslant \sqrt{n}\} = P\{|\bar{X}-E(X)| \geqslant \sqrt{n}\} \leqslant \frac{D(X)}{n} = p(1-p),$$

$$p(1-p) = -(p^2-p) = -\left(p-\frac{1}{2}\right)^2 + \frac{1}{4} \leqslant \frac{1}{4},$$

即

$$P\{|X-np| \geqslant \sqrt{n}\} \leqslant \frac{1}{4}.$$

【例 29】 设 $X_1, X_2, \cdots, X_n, \cdots$ 为相互独立同分布的随机变量序列, $E(X_n) = \mu$, $D(X_n) = \sigma^2$,证明 $\dfrac{2}{n(n+1)} \sum_{k=1}^{n} kX_k \xrightarrow{P} \mu \ (n \to \infty)$.

分析:本题根据依概率收敛的定义来证明.

解:令 $Y_n = \dfrac{2}{n(n+1)} \sum_{k=1}^{n} kX_k$,则

$$E(Y_n) = \frac{2}{n(n+1)} \sum_{k=1}^{n} kE(X_k) = \mu,$$

$$D(Y_n) = \frac{4}{n^2(n+1)^2} \sum_{k=1}^{n} k^2 D(X_k)$$

$$= \frac{4}{n^2(n+1)^2} \sum_{k=1}^{n} k^2 \sigma^2 = \frac{4\sigma^2}{(n+1)^2} \sum_{k=1}^{n} \left(\frac{k}{n}\right)^2 \leqslant \frac{4\sigma^2}{n+1} \to 0,$$

对于任意给定的 $\varepsilon > 0$,有

$$P\{|Y_n-\mu| < \varepsilon\} \geqslant 1 - \frac{D(Y_n)}{\varepsilon^2} \longrightarrow 1,$$

因此 $Y_n \xrightarrow{P} \mu$.

5.6 疑难问题及常见错误例析

(1) 大数定律的意义是什么?

答:大数定律深刻地揭示了随机事件的概率与频率之间的关系,因此是概率论的重要

理论基础．大数定律从大量测量值的平均值出发,讨论并反映了算术平均值及频率的稳定性．

本书讲述的大数定律都是弱大数定律,它们的条件各不相同,但结论是一致,从理论上肯定了用算术平均值代替均值、以频率代替概率的合理性,既验证了概率论中一些假设的合理性,又为数理统计中用样本推断总体提供了理论依据．辛钦大数定律为寻找随机变量的期望值提供了一条实际可行的途径,伯努利大数定律是辛钦大数定律的特殊情况、辛钦大数定律具有广泛的适用性．

（2）依概率收敛的意义是什么?

答:依概率收敛即依概率 1 收敛．其定义是:设 $Y_1, Y_2, \cdots, Y_n, \cdots$ 是一个随机变量序列,对于任意 $\varepsilon > 0$,有 $\lim\limits_{n \to \infty} P\{|Y_n - a| < \varepsilon\} = 1$（$a$ 为常数）,则称序列 $Y_1, Y_2, \cdots, Y_n, \cdots$ 依概率收敛于 a．记为 $Y_n \xrightarrow{p} a$．

依概率收敛与积分中的收敛的不同在于:微分中的收敛是确定的,即对于任给的 $\varepsilon > 0$,当 $n > N$ 时,必有 $|X_n - a| < \varepsilon$ 成立．而依概率收敛是对于任给的 $\varepsilon > 0$,当 n 很大时,事件"$|x_n - a| < \varepsilon$"发生的概率为 1,但不排除偶然事件"$|x_n - a| \geq \varepsilon$"的发生．

（3）中心极限定理有什么实际意义?

答:正态分布是概率论中的三个重要分布之一,它是现实生活和科学技术中使用最多的一种分布,也是数理统计的重要假设．许多随机变量本身并不属于正态分布,但在它们的共同作用下形成的随机变量和的极限分布是正态分布,如何计算它们的概率是一个很重要的问题．中心极限定理阐明了在什么条件下,原本不属于正态分布的一些随机变量其总和分布近似地服从正态分布．

（4）大数定律与中心极限定理有什么异同?

答:大数定律与中心极限定理都是通过极限理论来研究概率问题,研究对象都是随机变量序列,解决的都是概率论中的基本问题,因而大数定律与中心极限定理在概率论中的意义均十分重要．

它们的不同在于:大数定律给出的是当 $n \to \infty$ 时,随机变量序列的函数的极限;而中心极限定理则告诉我们,随机变量序列总和的分布近似正态分布,总和的标准化随机变量近似标准正态分布,而不论随机变量序列服从何种分布．在概率论中,习惯把和的分布收敛于正态分布的定理称为中心极限定理．

应用中心极限定理的关键是,由所给的条件构造一个独立同分布的随机变量序列,使其具有有限的数学期望与方差,然后建立一个标准化随机变量,即可应用中心极限定理．

5.7　同步习题及解答

5.7.1　同步习题

一、填空题:

1. 设 $X_1, X_2, \cdots, X_n, \cdots$ 是独立同分布的随机变量序列,且均值为 μ,方差为 σ^2,那么当

n 充分大时,近似有 $\overline{X}$~_____或 $\dfrac{\overline{X}-\mu}{\dfrac{\sigma}{\sqrt{n}}}$~_____. 特别地,当同为正态分布时,对于任

意的n,都精确有 $\overline{X}$~_____或 $\dfrac{\overline{X}-\mu}{\dfrac{\sigma}{\sqrt{n}}}$~_____.

2. 设 $X_1, X_2, \cdots, X_n, \cdots$ 是独立同分布的随机变量序列,且均值为 μ,方差为 σ^2,那么 $\dfrac{1}{n}\displaystyle\sum_{i=1}^{n} X_i^2$ 依概率收敛于_____.

3. 设随机变量 X 和 Y 的数学期望分别是 -2 和 2,方差分别为 1 和 4,而相关系数为 -0.5,则根据切比雪夫不等式估计 $P\{|X+Y| \geqslant 6\} \leqslant$ _____.

4. 设随机变量 $X_1, X_2, \cdots, X_n$ 相互独立同分布,且 $E(X_i)=\mu D(X_i)=8(i=1,2,\cdots,n)$. 则概率 $P\{\mu-4 < \overline{X} < \mu+5\} \geqslant$ _____,其中 $\overline{X}=\dfrac{1}{n}\displaystyle\sum_{k=1}^{n} X_k$.

二、选择题:

1. 设随机变量 $X \sim b(n,p)$,对任意 $0<p<1$,利用切比雪夫不等式估计有 $P\{|X-np| \geqslant \sqrt{2n}\} \leqslant$ ( ).

(A) $\dfrac{1}{2}$ (B) $\dfrac{1}{4}$ (C) $\dfrac{1}{8}$ (D) $\dfrac{1}{16}$

2. 设随机变量 $X \sim N(\mu, \sigma^2)$,则随 σ 的增大,概率 $P\{|X-\mu| < \sigma\}$ ( ).

(A) 单调增加   (B) 单调减小

(C) 保持不变   (D) 增减不变

3. 设随机变量 $X_1, X_2, \cdots$ 相互独立且服从参数为 λ 的指数分布. 则下式正确的是 ( )(其中 $\Phi(x)=\displaystyle\int_{-\infty}^{x} \dfrac{1}{\sqrt{2\pi}} e^{-\frac{1}{2}x^2} dx$).

(A) $\lim\limits_{n\to\infty} P\left\{ \dfrac{\lambda \sum\limits_{i=1}^{n} X_i - n}{\sqrt{n}} \leqslant x \right\} = \Phi(x)$ (B) $\lim\limits_{n\to\infty} P\left\{ \dfrac{\sum\limits_{i=1}^{n} X_i - n}{\sqrt{n}} \leqslant x \right\} = \Phi(x)$

(C) $\lim\limits_{n\to\infty} P\left\{ \dfrac{\sum\limits_{i=1}^{n} X_i - \lambda}{\sqrt{n}\lambda} \leqslant x \right\} = \Phi(x)$ (D) $\lim\limits_{n\to\infty} P\left\{ \dfrac{\sum\limits_{i=1}^{n} X_i - \lambda}{n\lambda} \leqslant x \right\} = \Phi(x)$

4. 设随机变量 $X_1, X_2, \cdots$ 相互独立且服从参数为 λ 的泊松分布. 则下面随机变量序列中不满足切比雪夫大数定律的是( ).

(A) $X_1, X_2, \cdots, X_n, \cdots$ (B) $X_1+1, X_2+2, \cdots, X_n+n, \cdots$

(C) $X_1, 2X_2, \cdots, nX_n, \cdots$ (D) $X_1, \dfrac{1}{2}X_2, \cdots, \dfrac{1}{n}X_n, \cdots$

三、一个复杂系统由 100 个相互独立的元件组成,在系统运行期间,每个元件损坏的概率为 0.10,为了使系统正常运行,必须至少有 80 元件工作,求系统的可靠度(即正常运行的概率).

四、设供电网有 10000 盏电灯,夜晚每盏电灯开灯的概率均为 0.7,并且彼此开闭与否相互独立,试用切比雪夫不等式估算夜晚同时打开的灯数为 6800~7200 的概率.

五、一系统由 n 个相互独立起作用的部件组成,每个部件正常工作的概率为 0.9,且必须至少由 80% 的部件正常工作,系统才能正常工作,问 n 至少为多大时才能使系统正常工作的概率不低于 0.95.

六、甲、乙两电影院在竞争 1000 名观众,假设每位观众在选择时是随机的,且彼此相互独立,问甲至少应设多少个座位才能使观众因无座位而离去的概率小于 1%.

七、设在某种重复独立试验中,每次试验事件 A 发生的概率为 $\dfrac{1}{4}$,问能以 0.9997 的概率保证在 1000 次试验中 A 发生的频率与 $\dfrac{1}{4}$ 相差多少,并求此时 A 发生的次数范围.

八、设掷一枚骰子,为了至少有 95% 的把握使点向上的频率与概率之差在 $(-0.01,0.01)$ 的范围内,问需要掷多少次?

九、设 $X_1,X_2,\cdots,X_n$ 相互独立同服从 $[0,\theta]$ 上的均匀分布,令 $Y_n=\max(X_1,X_2,\cdots,X_n)$,试求 $n(\theta-Y_n)$ 的极限分布.

5.7.2 同步习题解答

一、填空题:

1. $N\left(\mu,\dfrac{\sigma^2}{n}\right),N(0,1),N\left(\mu,.\dfrac{\sigma^2}{n}\right);N(0,1)$.

分析:根据独立同分布的中心极限定理可得.

2. $\mu^2+\sigma^2$.

分析:根据独立同分布的中心极限定理可得.

3. $\dfrac{1}{12}$.

分析:根据切比雪夫不等式估计

$$P\{|(X+Y)-E(X+Y)|\geqslant 6\}\leqslant\dfrac{D(X+Y)}{6^2},$$

$$E(X+Y)=E(X)+E(Y)=0,\rho_{XY}=\dfrac{\text{Cov}(X,Y)}{\sqrt{D(X)}\sqrt{D(Y)}}=-0.5,$$

$$\text{Cov}(X,Y)=-0.5\times 1\times 2=-1,D(X+Y)=D(X)+D(Y)+2\text{Cov}(X,Y)=3,$$

所以

$$P\{|X+Y|\geqslant 6\}\leqslant\dfrac{3}{6^2}=\dfrac{1}{12}.$$

4. $1-\dfrac{1}{2n}$.

分析:$P\{\mu-4<\overline{X}<\mu+5\}\geqslant P\{-4<\overline{X}-\mu<4\}$,

由切比雪夫不等式

$$P\{-4<\overline{X}-\mu<4\}=P\{|\overline{X}-\mu|<4\}\geqslant 1-\dfrac{1}{2n},$$

得
$$P\{\mu-4<\bar{X}<\mu+5\}\geqslant1-\frac{1}{2n}.$$

二、选择题:

1. C.

分析:由切比雪夫不等式 $P\{|X-np|\geqslant\sqrt{2n}\}\leqslant\dfrac{np(1-p)}{2n}$,而 $p(1-p)$ 的最大值为 $\dfrac{1}{4}$,所以
$$P\{|X-np|\geqslant\sqrt{2n}\}\leqslant\frac{1}{8}.$$

2. C.

分析: $P\{|X-\mu|<\sigma\}=P\{-\sigma<X-\mu<\sigma\}=P\left\{-1<\dfrac{X-\mu}{\sigma}<1\right\}=\Phi(1)-\Phi(-1).$

3. A.

分析:由独立同分布的中心极限定理 $\displaystyle\sum_{i=1}^{n}X_i\sim N\left(\dfrac{n}{\lambda},\dfrac{n}{\lambda^2}\right)$,故
$$\frac{\displaystyle\sum_{i=1}^{n}X_i-\dfrac{n}{\lambda}}{\dfrac{\sqrt{n}}{\lambda}}\sim N(0,1),$$
所以
$$\lim_{n\to\infty}P\left\{\frac{\lambda\displaystyle\sum_{i=1}^{n}X_i-n}{\sqrt{n}}\leqslant x\right\}=\Phi(x).$$

4. C.

分析:只有 C 序列的方差无界,即 $D(nX_n)=\dfrac{n^2}{n}=n\to\infty$.

三、分析:以 X 表示 100 个元件中正常工作的元件个数,$X\sim b(100,0.9)$,由棣莫弗—拉普拉斯中心极限定理,得
$$P\{X\geqslant80\}=1-P\{X<80\}$$
$$=1-P\left\{\frac{X-90}{3}\leqslant\frac{80-90}{3}\right\}$$
$$=1-\Phi\left(-\frac{10}{3}\right)$$
$$=0.9995.$$

四、分析:令 X 表示在夜晚同时开着的灯数目,则 X 服从 $n=10000,p=0.7$ 的二项分布,这时 $E(X)=np=7000$,$D(X)=np(1-p)=2100$,由切比雪夫不等式可得
$$P\{6800<X<7200\}=P\{|X-7000|<200\}\geqslant1-\frac{2100}{200^2}\approx0.95.$$

五、分析:以 X 表示 n 个部件中正常工作的部件个数,$X \sim b(n, 0.9)$,$np = 0.9n$,$\sqrt{npq} = 0.3\sqrt{n}$,故 $\dfrac{X - 0.9n}{0.3\sqrt{n}} \sim N(0, 1)$,得

$$P\{0.8n \leqslant X \leqslant n\} = P\left\{\frac{0.8n - 0.9n}{0.3\sqrt{n}} \leqslant \frac{X - 0.9n}{0.3\sqrt{n}} \leqslant \frac{n - 0.9n}{0.3\sqrt{n}}\right\}$$

$$= P\left\{-\frac{\sqrt{n}}{3} \leqslant \frac{X - 0.9n}{0.3\sqrt{n}} \leqslant \frac{\sqrt{n}}{3}\right\}$$

$$= 2\Phi\left(\frac{\sqrt{n}}{3}\right) - 1.$$

要使 $2\Phi\left(\dfrac{\sqrt{n}}{3}\right) - 1 > 0.95$,应使 $\dfrac{\sqrt{n}}{3} \geqslant 1.96$,故取 $n = 35$.

六、分析:讨论甲电影院的情况(乙与甲对称),设

$$X_k = \begin{cases} 1, & \text{第 } k \text{ 个观众选择甲电影院,} \\ 0, & \text{其他}. \end{cases}$$

于是甲电影院观众总人数为 $X = \displaystyle\sum_{k=1}^{1000} X_k$,而 $E(X_k) = \mu = \dfrac{1}{2}$,$D(X_k) = \sigma^2 = \dfrac{1}{4}$,又 $n = 1000$,$n\mu = 500$,$\sqrt{n}\sigma = 5\sqrt{10}$,由独立同分布的中心极限定理知

$$\frac{X - 500}{5\sqrt{10}} \sim N(0, 1),$$

故

$$P\{X \leqslant M\} = P\left\{\frac{X - 500}{5\sqrt{10}} \leqslant \frac{M - 500}{5\sqrt{10}}\right\} = \Phi\left\{\frac{M - 500}{5\sqrt{10}}\right\} \geqslant 0.99.$$

即 $\dfrac{X - 500}{5\sqrt{10}} \geqslant 2.33$,从而,$M \geqslant 500 + 2.33 \times 5\sqrt{10} = 536.84$,所以甲电影院至少应有 537 个座位,才能符合要求.

七、分析:设 n_A 为 n 重伯努力试验中事件 A 发生的次数,当 n 很大时,由棣莫佛—拉普拉斯中心极限定理,n_A 近似服从 $N(np, np(1-p))$,从而 $\beta = p\left\{\left|\dfrac{n_A}{n} - p\right| \leqslant \varepsilon\right\}$,计算并查表得

$$\varepsilon = 3.62 \times \sqrt{\frac{n}{p(1-p)}} = 3.62 \times \sqrt{\frac{0.25 \times 0.75}{1000}} = 0.0496,$$

即在 1000 次试验中,能以 0.9997 的概率保证 A 发生的频率与 $\dfrac{1}{4}$ 相差约 0.0496,此时 n_A 满足 $\left|\dfrac{n_A}{n} - \dfrac{1}{4}\right| \leqslant 0.0496$,故 $200.4 \leqslant n_A \leqslant 299.6$.

八、分析:根据第七题,已知 $p = \dfrac{1}{6}$,$\varepsilon = 0.01$,$\beta = 0.95$,求 n,应使 $p\left\{\left|\dfrac{n_A}{n} - \dfrac{1}{6}\right| \leqslant 0.01\right\}$

$\geqslant 0.95$, 查表得 $0.06\sqrt{\dfrac{n}{5}} \geqslant 1.96$, 解得 $n \geqslant 5336$, 故至少要掷 5336 次.

九、分析: X_i 服从 $[0,\theta]$ 上均匀分布的密度函数为

$$\varphi(x) = \begin{cases} \dfrac{1}{\theta}, & x \in (0,\theta), \\ 0, & \text{其他}, \end{cases}$$

分布函数为

$$F(x) = \begin{cases} 0, & x < 0, \\ \dfrac{x}{\theta}, & x \in [0,\theta), \\ 1, & x \geqslant \theta, \end{cases}$$

Y_n 的分布函数

$$F_{Y_n}(y) = \left[F(y) \right]^n = \begin{cases} 0, & y < 0, \\ \left(\dfrac{y}{\theta} \right)^n, & y \in [0,\theta), \\ 1, & y \geqslant \theta. \end{cases}$$

令 $Z_n = n(\theta - Y_n)$, 则 Z_n 的分布函数为

$$\begin{aligned} F_{Z_n}(z) &= P(Z_n \leqslant z) = P(n(\theta - Y_n) \leqslant z) \\ &= P\left(\dfrac{n\theta - z}{n} \leqslant Y_n \right) = 1 - P\left(\dfrac{n\theta - z}{n} > Y_n \right) \end{aligned}$$

$$= \begin{cases} 1, & \dfrac{n\theta - z}{n} < 0, \\ 1 - \left(\dfrac{n\theta - z}{n\theta} \right)^n, & 0 \leqslant \dfrac{n\theta - z}{n\theta} < \theta, \\ 0, & \dfrac{n\theta - z}{n\theta} \geqslant \theta, \end{cases}$$

即

$$F_{Z_n}(z) = \begin{cases} 1, & z > n\theta, \\ 1 - \left(\dfrac{n\theta - z}{n\theta} \right)^n, & 0 < z \leqslant n\theta, \\ 0, & z \leqslant 0. \end{cases}$$

从而 Z_n 的极限分布为

$$\lim_{n \to \infty} F_{Z_n}(z) = \begin{cases} 0, & z < 0 \\ 1 - \lim\limits_{n \to \infty} \left(1 - \dfrac{z}{n\theta} \right)^n = 1 - \mathrm{e}^{-\frac{z}{\theta}}, & z \geqslant 0 \end{cases}$$

故此极限分布为(负)指数分布.

第 6 章　样本及抽样分布

6.1　知识结构图

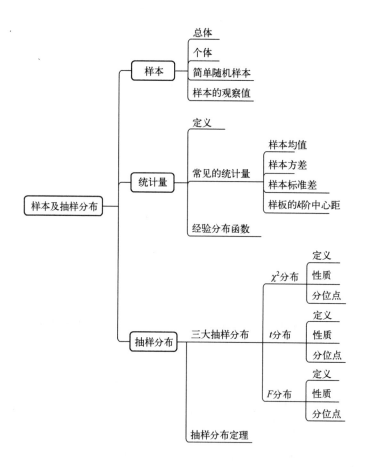

6.2　教学基本要求

（1）理解总体、个体、样本、样本的观察值和统计量的概念，了解经验分布函数．

（2）理解样本均指、样本方差的概念，掌握样本均指、样本方差的计算．

（3）掌握 χ^2 分布、F 分布、t 分布的定义及性质．

（4）理解上 α 分位点的概念并会查表计算．

（5）掌握正态总体的某些常用统计量的分布．

6.3 本章导学

概率统计是以概率论为理论基础,根据试验或观察得到的数据来研究随机现象,并对其客观规律性作出种种合理估计和判断的一个数学分支.要进行数理统计,首先必须得到数据,而取得数据的过程就是抽样.如何取样? 取出的样本有何特点? 取出的样本数据怎样进行处理才能运用概率论方面的知识进行研究? 这些是本章要讨论的问题.因此,本章既是数理统计的基础,是以后分析问题和解决问题的出发点和理论根据,又是联系概率论与数理统计的纽带.

本章的主要内容是数理统计的基本概念,如总体、样本、统计量、抽样分布等,是后面学习参数估计和假设检验等内容的基础.在学习中要注意各个基本概念与概率论基本概念的区别与联系,并通过后面内容的学习,理解这些基本概念的应用.

6.4 主要概念、重要定理与公式

一、总体及样本

1. 总体与个体

在数理统计中将研究对象的全体称为总体(也称为母体),总体通常是某个随机变量取值的全体,总体中的每一个可能的观察值称为个体,总体中所包含的个体的个数称为总体容量,总体按照所含个体的多少分为有限总体和无限总体.

2. 样本

设 X 是具有分布函数 F 的随机变量,若 $X_1,X_2,\cdots,X_n$ 是具有同一分布函数 F 的、相互独立的随机变量,则称 $X_1,X_2,\cdots,X_n$ 为从分布函数 F(或总体 F、或总体 X)得到的容量为 n 的简单随机样本,简称样本,它们的观察值 $x_1,x_2,\cdots,x_n$ 称为样本值,又称为 X 的个 n 个独立的观察值.

3. 样本的分布

设总体 X 的分布函数为 $F,X_1,X_2,\cdots,X_n$ 为总体 X 的一个样本,则 $X_1,X_2,\cdots,X_n$ 的联合分布函数

$$F^*(x_1,x_2,\cdots,x_n) = \prod_{i=1}^{n} F(x_i)$$

称为样本的分布函数.

(1) X 为离散型随机变量,设 $P(x) = P\{X=x\}$ 是总体 X 取值 x 的分布律,则 $X_1,X_2,\cdots,X_n$ 的联合分布律为

$$P\{X_i = x_1, X_2 = x_2, \cdots, X_n = x_n\} = \prod_{i=1}^{n} P(x_i).$$

(2) X 为连续型随机变量,设 $f(x)$ 是总体 X 的概率密,则 $X_1,X_2,\cdots,X_n$ 的联合概率密度为

$$f(x_1,x_2,\cdots,x_n) = \prod_{i=1}^{n} f(x_i).$$

4. 经验分布函数

设 $X_1, X_2, \cdots, X_n$ 是总体 F 的一个样本，用 $S(x)$，$-\infty < x < \infty$ 表示 $X_1, X_2, \cdots, X_n$ 中不大于 x 的随机变量的个数，定义经验分布函数 $F_n(x)$ 为 $F_n(x) = \dfrac{1}{n} S(x)$，$-\infty < x < \infty$.

5. 格里汶科定理

对于任一实数 x，当 $n \to \infty$ 时，$F_n(x)$ 以概率 1 一致收敛于分布函数 $F(x)$，即

$$P\left\{ \lim_{n \to \infty} \sup_{-\infty < x < \infty} |F_n(x) - F(x)| = 0 \right\} = 1.$$

二、统计量

1. 统计量

设 $X_1, X_2, \cdots, X_n$ 是来自总体 X 的一个样本，$g(X_1, X_2, \cdots, X_n)$ 是其中一个不含任何未知参数的连续样本，则称 $g(X_1, X_2, \cdots, X_n)$ 是一个统计量，统计量也是一个随机变量.

2. 常见的统计量及其观察值

（1）样本均值：$\overline{X} = \dfrac{1}{n} \sum\limits_{i=1}^{n} X_i$.

样本均值的观察值：$\overline{x} = \dfrac{1}{n} \sum\limits_{i=1}^{n} x_i$.

（2）样本方差：$S^2 = \dfrac{1}{n-1} \sum\limits_{i=1}^{n} (X_i - \overline{X})^2 = \dfrac{1}{n-1} \left(\sum\limits_{i=1}^{n} X_i^2 - n \overline{X}^2 \right)$.

样本方差的观察值：$s^2 = \dfrac{1}{n-1} \sum\limits_{i=1}^{n} (x_i - \overline{x})^2 = \dfrac{1}{n-1} \left(\sum\limits_{i=1}^{n} x_i^2 - n \overline{x}^2 \right)$.

（3）样本标准差：$S = \sqrt{S^2} = \sqrt{\dfrac{1}{n-1} \sum\limits_{i=1}^{n} (X_i - \overline{X})^2}$.

样本标准差的观察值：$s = \sqrt{s^2} = \sqrt{\dfrac{1}{n-1} \sum\limits_{i=1}^{n} (x_i - \overline{x})^2}$.

（4）样本 k 阶（原点）矩：$A_k = \dfrac{1}{n} \sum\limits_{i=1}^{n} X_i^k$，$k = 1, 2, \cdots$.

样本 k 阶（原点）矩的观察值：$a_k = \dfrac{1}{n} \sum\limits_{i=1}^{n} x_i^k$，$k = 1, 2, \cdots$.

（5）样本 k 阶中心矩：$B_k = \dfrac{1}{n} \sum\limits_{i=1}^{n} (X_i - \overline{X})^k$，$k = 2, 3, \cdots$.

样本 k 阶中心矩的观察值：$b_k = \dfrac{1}{n} \sum\limits_{i=1}^{n} (x_i - \overline{x})^k$，$k = 2, 3, \cdots$.

三、抽样分布

1. 统计推断中常用的三大抽样分布——χ^2 分布，t 分布，F 分布.

（1）χ^2 分布.

① 定义.

设 $X_1, X_2, \cdots, X_n$ 是来自总体 $N(0,1)$ 的样本，则称统计量

$$\chi^2 = X_1^2 + X_2^2 + \cdots + X_n^2$$

服从自由度为 n 的 χ^2 分布,记作 $\chi^2 \sim \chi^2(n)$.

② 性质.

(i) 设 $\chi_1^2 \sim \chi^2(n_1), \chi_2^2 \sim \chi^2(n_2)$,且 χ_1^2, χ_2^2 独立,则有

$$\chi_1^2 + \chi_2^2 \sim \chi^2(n_1 + n_2).$$

(ii) 若 $\chi^2 \sim \chi^2(n)$,则

$$E(\chi^2) = n, D(\chi^2) = 2n.$$

(iii) $\chi_\alpha^2(n) \approx \frac{1}{2}(z_\alpha + \sqrt{2n-1})^2$,其中 χ_α^2 表示 χ^2 分布的上 α 分位点,z_α 表示标准正态分布的上 α 分位点. 利用该性质可求当 $n > 45$ 时,$\chi^2(n)$ 分布的上 α 分位点的近似值.

(2) t 分布(或学生氏分布).

① 定义.

设 $X \sim N(0,1), Y \sim \chi^2(n)$,且 X, Y 独立,则称随机变量 $t = \dfrac{X}{\sqrt{Y/n}}$ 服从自由度为 n 的 t 分布,记作 $t \sim t(n)$.

② 性质.

(i) $\lim\limits_{n \to \infty} h(t) = \dfrac{1}{\sqrt{2\pi}} e^{-\frac{t^2}{2}}$,即 n 充分大时,t 近似标准正态分布.

(ii) $t_{1-\alpha}(n) = -t_\alpha(n)$.

(iii) 当 $n > 45$ 时,$t_\alpha(n) \approx z_\alpha$.

(3) F 分布.

① 定义.

设 $U \sim \chi^2(n_1), V \sim \chi^2(n_2)$,且 U, V 独立,则称随机变量 $F = \dfrac{U/n_1}{V/n_2}$ 服从自由度为 (n_1, n_2) 的 F 分布,记作 $F \sim F(n_1, n_2)$

② 性质.

(i) $F \sim F(n_1, n_2)$,则 $\dfrac{1}{F} \sim F(n_2, n_1)$.

(ii) 定义的特殊情况:若 $T \sim t(n)$,则 $T^2 \sim F(1, n)$.

(iii) $F_{1-\alpha} \sim \dfrac{1}{F_\alpha(n_2, n_1)}$.

2. 正态总体的抽样分布定理

(1) 单个总体样本均值和样本方差的分布. 设 $X \sim N(\mu, \sigma^2), X_1, X_2, \cdots, X_n$ 是来自总体 X 的简单随机样本,$\bar{X}, S^2$ 分别是样本均值与样本方差,则

① $\bar{X} \sim N(\mu, \sigma^2/n)$,$\dfrac{\bar{X}-\mu}{\sigma/\sqrt{n}} \sim N(0,1)$.

② $\dfrac{(n-1)S^2}{\sigma^2} \sim \chi^2(n-1)$.

③ $\bar{X}$ 与 S^2 独立.

④ $\dfrac{\overline{X}-\mu}{S/\sqrt{n}} \sim t(0,1)$.

（2）两个正态总体均值差和样本方差比的分布．设 $X \sim N(\mu_1,\sigma_1^2)$，$Y \sim N(\mu_2,\sigma_2^2)$，且独立，$X_1,X_2,\cdots,X_{n_1}$ 与 $Y_1,Y_2,\cdots,Y_{n_2}$ 分别为取自 X,Y 的简单随机样本，设 $\overline{X}=\dfrac{1}{n_1}\sum\limits_{i=1}^{n_1}X_i$，$\overline{Y}=\dfrac{1}{n_1}\sum\limits_{i=1}^{n_2}Y_i$ 分别是这两个样本的均值，$S_1^2=\dfrac{1}{n_1-1}\sum\limits_{i=1}^{n_1}(X_i-\overline{X})^2$，$S_2^2=\dfrac{1}{n_2-1}\sum\limits_{i=1}^{n_2}(Y_i-\overline{Y})^2$ 分别是这两个样本的方差，记

$$S_w^2 = \frac{(n_1-1)S_1^2+(n_2-1)S_2^2}{n_1+n_2-2},$$

则

① $\overline{X}-\overline{Y} \sim N\left(\mu_1-\mu_2,\dfrac{\sigma_1^2}{n_1}+\dfrac{\sigma_2^2}{n_2}\right)$.

② $F=\dfrac{S_1^2/S_2^2}{\sigma_1^2/\sigma_2^2} \sim F(n_1-1,n_2-1)$.

③ 当 $\sigma_1^2=\sigma_2^2$ 时，有

$$T=\frac{(\overline{X}-\overline{Y})-(\mu_1-\mu_2)}{S_w\sqrt{\dfrac{1}{n_1}+\dfrac{1}{n_2}}} \sim t(n_1+n_2-2),$$

$$W=\frac{(n_1+n_2-2)S_w^2}{\sigma^2} \sim \chi^2(n_1+n_2-2).$$

6.5　典型例题解析

【例1】　设 $X_1,X_2,\cdots,X_n$ 是来自正态总体 $N(\mu,\delta^2)$ 的简单随机样本，其中 μ,δ^2 未知，则下面不是统计量的是(　　)．

（A）$\hat{\mu}=X_i$　　　　　　　　　　　（B）$\overline{X}=\dfrac{1}{n}\sum\limits_{i=1}^{n}X_i$

（C）$S^2=\dfrac{1}{n-1}\sum\limits_{i=1}^{n}(X_i-\overline{X})^2$　　　（D）$\hat{\mu}=\dfrac{1}{n}\sum\limits_{i=1}^{n}(X_i-\mu)^2$

分析：此题考查对统计量这一概念的理解．要注意哪些参数是已知的，哪些参数是未知的．

解：选 D.

因为 $X_1,X_2,\cdots,X_n$ 正态总体 $N(\mu,\delta^2)$ 的简单随机样本，故 $X_1,X_2,\cdots,X_n$ 是已知的，而题中给出了 μ,δ^2 均是未知的，因此选项 A，B，C 均是已知的，而选项 D 含有未知参数 μ，显然不是统计量．

【例2】　设 $X_1,X_2,\cdots,X_n$ 是来自总体 $N(\mu,\sigma^2)$ 的简单随机样本，μ 未知，σ^2 已知，$\overline{X}$ 代表样本均值，则下面不是统计量的是(　　)．

(A) X

(B) $\max(X_1, X_2, \cdots, X_n)$

(C) $X_1 - E(X_1)$

(D) $X_n - \overline{X}$

分析:此题同上题,也是考查对统计量这一概念的理解.

解:选 C.

因为统计量中不能含有未知参数,而 $E(X_1) = E(X) = \mu$ 未知,所以应选 C.

【例3】 设 $X_1, X_2, \cdots, X_n$ 是来自两点分布总体 X 的简单随机样本,求样本的分布列.

分析:总体为离散型随机变量,先求总体分布率,再带入联合分布率公式

$$P\{X_1 = x_1, X_2 = x_2, \cdots, X_n = x_n\} = \prod_{i=1}^{n} P(x_i).$$

解:X 的分布列为 $P\{X = x\} = P^x q^{1-x}$(其中,$x = 0$ 或 $1, p+q = 1, 0<p<1$),因此,样本 $X_1,$ $X_2, \cdots, X_{n_1}$ 的联合分布为

$$P\{X_1 = x_1, X_2 = x_2, \cdots, X_n = x_n\} = \prod_{i=1}^{n} P(x_i) = \prod_{i=1}^{n} p^{x_i} q^{1-x_i} = p^{\sum_{i=1}^{n} x_i} q^{n-\sum_{i=1}^{n} x_i}.$$

这里,$\sum_{i=1}^{n} x_i$ 是 $X_1, X_2, \cdots, X_n$ 取"1"的个数,$n - \sum_{i=1}^{n} x_i$ 是 $X_1, X_2, \cdots, X_n$ 取"0"的个数.

【例4】 设 $X_1, X_2, \cdots, X_n$ 是来自均匀分布总体 $U[0, C]$ 的样本,求样本的联合概率密度.

分析:这是连续分布总体情形,先求出总体分布密度,再由公式

$$f(x_1, x_2, \cdots, x_n) = \prod_{i=1}^{n} f(x_i)$$

求出.

解:由总体 $X \sim U[0, C]$,有

$$f_X(x_1, x_2, \cdots, x_n) = \begin{cases} \dfrac{1}{C}, & 0<x<C, \\ 0, & 其他. \end{cases}$$

于是,有

$$f^*(x_1, x_2, \cdots, x_n) = \begin{cases} \dfrac{1}{C^n}, & 0<X_1, X_2, \cdots X_n<C, \\ 0, & 其他. \end{cases}$$

【例5】 设总体 $X \sim N(21, 2^2)$,$X_1, X_2, \cdots, X_{25}$ 为 X 的一个样本,求:

(1) 样本均值 $\overline{X}$ 的数学期望和方差;

(2) $P\{|\overline{X} - 21| \leqslant 0.24\}$.

分析:此题考查抽样分布定理 $X \sim N(\mu, \sigma^2)$,则 $\overline{X} \sim N\left(\mu, \dfrac{\sigma^2}{n}\right)$.

解:(1) 由题意知 $X \sim N(21, 2^2)$,且 $n = 25$,则 $\overline{X} \sim N\left(21, \dfrac{2^2}{25}\right)$,即 $E\overline{X} = 21, D\overline{X} = \dfrac{4}{25}$.

(2) 由于 $\overline{X} \sim N\left(21, \dfrac{2^2}{25}\right)$,则 $\dfrac{\overline{X} - 21}{2/5} \sim N(0,1)$,所以

$$P\{|\overline{X} - 21| \leqslant 0.24\} = P\left\{\frac{|\overline{X} - 21|}{2/5} \leqslant \frac{0.24}{0.4}\right\} = P\left\{\frac{|\overline{X} - 21|}{2/5} \leqslant 0.6\right\} = \Phi(0.6).$$

查标准正态分布的分布律表得 $\Phi(0.6) = 0.7257$.

【例6】 设 $X_1, X_2, \cdots, X_{10}$ 取自正态总体 $N(0, 0.3^2)$,试求:

(1) $\overline{X}$ 落在 $(-1.2, 1.5)$ 之间的概率;

(2) $P\left\{\sum\limits_{i=1}^{10} X_i^2 > 1.44\right\}$;

(3) $P\left\{\dfrac{1}{2} 0.3^2 \leqslant \dfrac{1}{10} \sum\limits_{i=1}^{10} (X_i - \overline{X})^2 \leqslant 2 \times 0.3^2\right\}$.

分析:此题考查正态分布几个抽样分布定理的应用.

解:(1) $\overline{X} \sim N\left(\mu, \dfrac{\sigma^2}{n}\right)$,依题意 $n = 10, \mu = 0, \sigma^2 = 0.3^2$,因此

$$P\{-1.2 < \overline{X} < 1.5\} = P\left\{\frac{-1.2}{0.3/\sqrt{10}} < \frac{\overline{X} - 0}{0.3/\sqrt{10}} < \frac{1.5}{0.3/\sqrt{10}}\right\}$$

$$= \Phi(5\sqrt{10}) - \Phi(-4\sqrt{10}) \approx 1.$$

(2) 由 $\sum\limits_{i=1}^{n} (X_i - \mu)^2 / \sigma^2 \sim \chi^2(n)$,题中 $\mu = 0$,因此

$$P\left\{\sum_{i=1}^{10} X_i^2 > 1.44\right\} = P\left\{\frac{\sum\limits_{i=1}^{10} X_i^2}{0.3^2} > \frac{1.44}{0.3^2}\right\} = P\{\chi^2(10) > 16\} = 0.1.$$

(3) 由 $\dfrac{(n-1)S^2}{\sigma^2} = \dfrac{\sum\limits_{i=1}^{n} (X_i - \overline{X})^2}{\sigma^2} \sim \chi^2(n-1)$,得

$$P\left\{\frac{1}{2} 0.3^2 \leqslant \frac{1}{10} \sum_{i=1}^{10} (X_i - \overline{X})^2 \leqslant 2 \times 0.3^2\right\}$$

$$= P\left\{5 \leqslant \frac{\sum\limits_{i=1}^{10} (X_i - \overline{X})^2}{0.3^2} \leqslant 20\right\}$$

$$= P\{\chi^2(9) \leqslant 20\} - P\{\chi^2(9) \leqslant 5\}$$

$$= 0.975 - 0.25 = 0.725.$$

【例7】 设总体 $X \sim N(40, 5^2)$.

(1) 抽取容量为 64 的样本,求 $P\{|\overline{X} - 40| < 1\}$;

(2) 抽取样本容量 n 为多少时,才能使 $P\{|\overline{X} - 40| < 1\} = 0.95$?

分析:本题要用到结论"若总体 $X \sim N(\mu, \sigma^2)$,则样本均值 $\overline{X} \sim N\left(\mu, \dfrac{\sigma^2}{n}\right)$".

解:(1) $P\{|\overline{X} - 40| < 1\} = P\{39 \leqslant \overline{X} \leqslant 41\}$,因为 $n = 64$,所以 $\overline{X} \sim N\left(40, \left(\dfrac{5}{8}\right)^2\right)$,

故有

$$P\{|\overline{X} - 40| < 1\} = \Phi\left(\frac{41 - 40}{5/8}\right) - \Phi\left(\frac{39 - 40}{5/8}\right)$$

$$= \Phi\left(\frac{5}{8}\right) - \Phi\left(-\frac{5}{8}\right) = \Phi(1.6) - \Phi(-1.6)$$

$$= 2\Phi(1.6) - 1 = 2 \times 0.9425 - 1 = 0.8904.$$

（2）$\overline{X} \sim N(40, 5^2/n)$，故

$$P\{|\overline{X} - 40| < 1\} = \Phi\left(\frac{41 - 40}{5/\sqrt{n}}\right) - \Phi\left(\frac{39 - 40}{5/\sqrt{n}}\right)$$

$$= 2\Phi\left(\frac{\sqrt{n}}{5}\right) - 1 = 0.95.$$

查正态分布表可知，当 $\frac{\sqrt{n}}{5} = 1.96$ 时，$\Phi\left(\frac{\sqrt{n}}{5}\right) = 0.975$，$P\{|\overline{X} - 40| < 1\} = 0.95$，于是

$n \approx 96$.

【例 8】 设总体 $X \sim N(\mu, \sigma^2)$，已知样本容量 $n = 16$，样本均值 $\overline{X} = 12.5$，样本方差 $S^2 = 5.3333$.

（1）已知 $\sigma = 2$，求 $P\{|\overline{X} - \mu| < 0.5\}$；

（2）若 σ 未知，求 $P\{|\overline{X} - \mu| < 0.4\}$.

分析：本题要用到结论"若总体 $X \sim N(\mu, \sigma^2)$，则样本均值 $\overline{X} \sim N\left(\mu, \frac{\sigma^2}{n}\right)$，并有 $\frac{\overline{X} - \mu}{S/\sqrt{n}} \sim t(n-1)$".

解：（1）对于 $n = 16$，有 $\overline{X} \sim N\left(\mu, \left(\frac{\sigma}{4}\right)^2\right) = N\left(\mu, \left(\frac{1}{2}\right)^2\right)$，因此

$$P\{|\overline{X} - \mu| < 0.5\} = P\left\{\frac{|\overline{X} - \mu|}{1/2} < 1\right\} = \Phi(1) - \Phi(-1) = 2\Phi(1) - 1 \approx 2 \times 0.8413 - 1 = 0.6826.$$

（2）由于 σ 未知，故采用 t 统计量：

$$t = \frac{\overline{X} - \mu}{S/\sqrt{n}} \sim t(n-1),$$

这里 $n = 16$，则有

$$t = \frac{\overline{X} - \mu}{0.5773} \sim t(15).$$

【例 9】 设总体服从参数为 λ 的指数分布，分布密度为

$$f(x, \lambda) = \begin{cases} \lambda e^{-\lambda x}, & x > 0, \\ 0, & x \leq 0. \end{cases}$$

求 $E\overline{X}, D\overline{X}, ES^2$.

分析：此题考查根据随机变量的概率密度函数计算出样本的数学期望和方差，随机变量均值的数学期望和方差，还有样本方差的期望，观察样本方差的数学期望和总体方差是相等的.

解：$E X_i = \int_0^{+\infty} \lambda x e^{-\lambda x} dx = \frac{1}{\lambda}$,

$$D X_i = \int_0^{+\infty} \left(x - \frac{1}{\lambda}\right)^2 \lambda e^{-\lambda x} dx = \frac{1}{\lambda^2},$$

$$E\overline{X} = E\left(\frac{1}{n} \sum_{i=1}^{n} X_i\right) = \frac{1}{n} \sum_{i=1}^{n} E X_i = \frac{1}{n} \frac{n}{\lambda} = \frac{1}{\lambda},$$

$$D\overline{X} = D\left(\frac{1}{n}\sum_{i=1}^{n}X_i\right) = \frac{1}{n^2}\sum_{i=1}^{n}DX_i = \frac{1}{n^2}n\frac{1}{\lambda^2} = \frac{1}{n\lambda^2},$$

$$ES^2 = E\left(\frac{1}{n-1}\sum_{i=1}^{n}(X_i - \overline{X})^2\right) = \frac{1}{n-1}E\left(\sum_{i=1}^{n}X_i^2 - n\overline{X}^2\right)$$

$$= \frac{1}{n-1}\left[\sum_{i=1}^{n}EX_i^2 - nE\overline{X}^2\right]$$

$$= \frac{1}{n-1}\left\{\sum_{i=1}^{n}\left[DX_i + (EX)^2\right] - n\left[D\overline{X} + (E\overline{X})^2\right]\right\}$$

$$= \frac{1}{n-1}\left\{n\left(\frac{1}{\lambda^2} + \frac{1}{\lambda^2}\right) - n\left(\frac{1}{n\lambda^2} + \frac{1}{\lambda^2}\right)\right\} = \frac{1}{\lambda^2}.$$

【例10】 在总体 $N(12,4)$ 中随机抽取一容量为 5 的样本,X_1,X_2,X_3,X_4,X_5.

(1) 求样本均值和总体均值之差的绝对值大于 1 的概率;

(2) 求概率 $P\{\max(X_1,X_2,X_3,X_4,X_5) > 15\}$;

(3) 求概率 $P\{\min(X_1,X_2,X_3,X_4,X_5) < 10\}$.

分析:此题考查的是正态分布标准化的问题,以及随机变量的最大值和最小值的分布.

解:(1) 因为 $\overline{X} \sim N\left(12, \frac{4}{5}\right)$,所以

$$P\{|\overline{X} - 12| > 1\} = P\left\{\left|\frac{\overline{X} - 12}{\sqrt{4/5}}\right| > \frac{\sqrt{5}}{2}\right\} = 2 - 2\Phi\left(\frac{\sqrt{5}}{2}\right)$$

$$= 2 \times [1 - \Phi(1.12)] = 2 \times [1 - 0.8686] = 0.2628.$$

(2) $P\{\max(X_1,X_2,X_3,X_4,X_5) > 15\} = 1 - P\{\max(X_1,X_2,X_3,X_4,X_5) \leq 15\}$

$= 1 - P\{X_1 \leq 15, X_2 \leq 15, X_3 \leq 15, X_4 \leq 15, X_5 \leq 15\}$

$$= 1 - \prod_{i=1}^{15}P\{X_i \leq 15\} = 1 - \prod_{i=1}^{15}P\left\{\frac{X_i - 12}{2} \leq \frac{15 - 12}{2}\right\}$$

$= 1 - [\Phi(1.5)]^5 = 1 - 0.9332^5 = 0.2932.$

(3) $P\{\min(X_1,X_2,X_3,X_4,X_5) < 10\} = 1 - P\{\min(X_1,X_2,X_3,X_4,X_5) \geq 10\}$

$= 1 - P\{X_1 \geq 10, X_2 \geq 10, X_3 \geq 10, X_4 \geq 10, X_5 \geq 10\}$

$$= 1 - \prod_{i=1}^{5}P\{X_i \geq 10\} = 1 - \prod_{i=1}^{5}P\left\{\frac{X_i - 12}{2} \geq \frac{10 - 12}{2}\right\}$$

$= 1 - [1 - \Phi(-1)]^5 = 1 - [\Phi(1)]^2$

$= 1 - 0.8413^5 = 0.5785.$

【例11】 设总体 $X \sim N(\mu, 2^2)$,从总体 X 中抽取容量为 16 的样本 $X_1,X_2,\cdots,X_{16}$.

(1) 已知 $\mu = 0$,求 $P\left\{\sum_{i=1}^{16}X_i^2 \leq 128\right\}$;

(2) μ 未知,求 $P\left\{\sum_{i=1}^{16}(X_i - \overline{X})^2 \leq 100\right\}$.

分析:此题考查 χ^2 分布的定义 χ^2 是由标准正态分布的平方和构成的,并且由抽样分布定理,当 $X \sim N(\mu, \sigma^2)$ 时, $\frac{(n-1)S^2}{\sigma^2} = \frac{1}{\sigma^2}\sum_{i=1}^{n}(X_i - \overline{X})^2 \sim \chi^2(n-1)$.

解：(1) 已知 $\mu=0$，则 $X_i \sim N(0,2^2)$，$\dfrac{X_i}{2} \sim N(0,1)$ $(i=1,2,\cdots16)$，由 χ^2 分布的定义知，统计量

$$\chi_1^2 = \sum_{i=1}^{16} \left(\frac{X_i}{2}\right)^2 = \frac{1}{2^2} \sum_{i=1}^{16} X_i^2 \sim \chi^2(16)，$$

$$P\left\{\sum_{i=1}^{16} X_i^2 \leqslant 128\right\} = P\left\{\frac{1}{2^2}\sum_{i=1}^{16} X_i^2 \leqslant \frac{128}{2^2}\right\} = P\{\chi_1^2 \leqslant 32\} = 1 - P\{\chi_1^2 > 32\}.$$

对于 $n=16$，$\chi_\alpha^2(16)=32$，查 χ^2 分布表，得 $\alpha=0.01$，即 $P\{\chi_1^2>32\}=0.01$.

故

$$P\left\{\sum_{i=1}^{16} X_i^2 \leqslant 128\right\} = 1 - 0.01 = 0.99.$$

(2) μ 未知，由定理知，统计量

$$\chi_2^2 = \frac{(16-1)S^2}{2^2} = \frac{1}{2^2} \sum_{i=1}^{16} (X_i - \bar{X})^2 \sim \chi^2(15)，$$

$$P\left\{\sum_{i=1}^{16} (X_i - \bar{X})^2 \leqslant 100\right\} = P\left\{\frac{1}{2^2} \sum_{i=1}^{16} (X_i - \bar{X})^2 \leqslant \frac{100}{4}\right\} = P\{\chi_2^2 \leqslant 25\} = 1 - P\{\chi_2^2 > 25\}.$$

查表，得 $n=15$，$P\{\chi_2^2>25\}=0.05$.

【例 12】 设 $X_1,X_2,\cdots,X_9$ 是来自正态总体 X 的简单随机样本，且

$$Y_1 = \frac{1}{6} \sum_{i=1}^{6} X_i，Y_2 = \frac{1}{3}(X_7 + X_8 + X_9)，$$

$$S^2 = \frac{1}{2} \sum_{i=7}^{9} (X_i - Y_2)^2，Z = \frac{\sqrt{2}(Y_1 - Y_2)}{S}.$$

证明：统计量 Z 服从 $t(2)$ 分布.

分析：此题考查利用抽样分布定理的运用，应从结论入手，考虑 t 分布由标准正态分布和 χ^2 分布共同构造而成.

证明：设

$$X \sim N(\mu,\sigma^2)，EY_1 = EY_2 = \mu，DY_1 = \frac{\sigma^2}{6}，DY_2 = \frac{\sigma^2}{3}，Y_1 - Y_2 \sim N\left(0,\frac{\sigma^2}{2}\right)，$$

于是

$$U = \frac{Y_1 - Y_2}{\sigma/\sqrt{2}} \sim N(0,1).$$

由正态总体样本方差的性质，知

$$\chi^2 = \frac{2S^2}{\sigma^2} \sim \chi^2(2).$$

由于 Y_1 与 Y_2，Y_1 与 S^2 独立可知 $Y_1 - Y_2$ 与 S^2 独立，由 t 分布的定义知

$$Z = \frac{\sqrt{2}(Y_1 - Y_2)}{S} = \frac{U}{\sqrt{\chi^2/2}} \sim t(2).$$

【例 13】 设 $X_1,X_2,\cdots,X_{16}$ 是来自正态总体 $X \sim N(\mu,\sigma^2)$ 的一个样本，令

$$\overline{X} = \frac{1}{16}\sum_{i=1}^{16} X_i, S^2 = \frac{1}{15}\sum_{i=1}^{16}(X_i - \overline{X})^2, U = \sum_{i=1}^{16}|X_i - \mu|.$$

求:(1) $P\left\{\dfrac{S^2}{\sigma^2} \leqslant 2.041\right\}$;(2) EU, DU, DS^2.

分析:此题考查应用本章学过的抽样分布定理求给出的统计量在某个区间内的概率,以及统计量的数学期望和方差.

解:(1) 因为

$$\frac{(n-1)S^2}{\sigma^2} \sim \chi^2(n-1),$$

所以

$$P\left\{\frac{S^2}{\sigma^2} \leqslant 2.041\right\} = P\left\{\frac{15S^2}{\sigma^2} \leqslant 15 \times 2.04\right\}$$
$$= P\{\chi^2 \leqslant 30.615\} = 1 - P\{\chi^2 > 30.615\}$$
$$\approx 1 - 0.01 = 0.99.$$

(2) 因为

$$X_i - \mu \sim N(0, \sigma^2), i = 1, 2, \cdots, 16,$$

$$E(|X_i - \mu|) = \frac{1}{\sqrt{2\pi}\sigma}\int_{-\infty}^{+\infty}|y|\mathrm{e}^{-\frac{y^2}{2\sigma^2}}\mathrm{d}y = \sqrt{\frac{2}{\pi}}\sigma,$$

$$D(|X_i - \mu|) = E[(X_i - \mu)^2] - [E(X_i - \mu)]^2 = \sigma^2 - \frac{2}{\pi}\sigma^2$$
$$= \left(1 - \frac{2}{\pi}\right)\sigma^2,$$

所以

$$EU = E\left(\frac{1}{16}\sum_{i=1}^{16}|X_i - \mu|\right) = \sqrt{\frac{2}{\pi}}\sigma,$$

$$DU = D\left(\frac{1}{16}\sum_{i=1}^{16}|X_i - \mu|\right) = \left(1 - \frac{2}{\pi}\right)\frac{\sigma^2}{16}.$$

$$\frac{(n-1)S^2}{\sigma^2} \sim \chi^2(n-1), n = 16, 即\frac{(n-1)S^2}{\sigma^2} \sim \chi^2(15),$$

所以

$$D\left(\frac{15S^2}{\sigma^2}\right) = 2 \times 15 = 30,$$

$$D(S^2) = \frac{30\sigma^4}{15^2} = \frac{2\sigma^4}{15}.$$

【例14】 已知 T 服从自由度为 n 的 t 分布,证明:$T^2 \sim F(1, n)$.

分析:此题考查 F 分布的构造,F 分布是由两个 χ^2 分布构造而成的.

证明:已知 $T \sim t(n)$,令 $X \sim N(0, 1)$,$Y \sim \chi^2(n)$,$T = \dfrac{X}{\sqrt{Y/n}}$,$T^2 = \dfrac{X^2}{Y/n}$,而 $X^2 \sim \chi^2(1)$,故

$T^2 \sim F(1, n)$.

138

【例15】 设总体 $X \sim b(1,p)$，$X_1,X_2,\cdots,X_n$ 是来自总体的样本.

（1）求 $(X_1,X_2,\cdots X_n)$ 的分布律；

（2）求 $\sum\limits_{i=1}^{n} X_i$ 的分布律；

（3）求 $E(\overline{X})$，$D(\overline{X})$，$E(S^2)$.

分析：对于问题（1）和（2）样本与总体同分布，且彼此相互独立，因此联合分布律应为边缘分布律之乘积，$X \sim b(1,p)$，其实 X 服从的是两点分布，$\sum\limits_{i=1}^{n} X_i$ 表示 n 个两点分布的和，应该服从二项分布. 问题（3）考查的是函数期望的计算问题.

解：（1）$X \sim b(1,p)$，

$$P\{X_1=x_1,X_2=x_2,\cdots,X_n=x_n\} = \prod_{i=1}^{n} P\{X_i=x_i\}$$
$$= \prod_{i=1}^{n} p^{x_i}(1-p)^{1-x_i} = p^{\sum\limits_{i=1}^{n}x_i}(1-p)^{n-\sum\limits_{i=1}^{n}x_i}.$$

（2）
$$P\left\{\sum_{i=1}^{n} X_i = k\right\} = \binom{n}{k} p^k (1-p)^{n-k}.$$

（3）
$$E\,\overline{X} = E\left(\frac{1}{n}\sum_{i=1}^{n} X_i\right) = EX_i = p,$$

$$D\,\overline{X} = D\left(\frac{1}{n}\sum_{i=1}^{n} X_i\right) = \frac{1}{n^2}\sum_{i=1}^{n} DX_i = \frac{1}{n}p(1-p),$$

$$ES^2 = E\left[\frac{1}{n-1}\left(\sum_{i=1}^{n} X_i^2 - n\overline{X}^2\right)\right] = \frac{1}{n-1}\left(\sum_{i=1}^{n} EX_i^2 - nE\overline{X}^2\right)$$

$$= \frac{1}{n-1}\left\{n\left[DX_i+(EX_i)^2\right]-n\left[D\overline{X}+(E\overline{X}_i)^2\right]\right\}$$

$$= \frac{1}{n-1}\left\{n\left[p(1-p)+p^2\right]-n\left[\frac{1}{n}p(1-p)+p^2\right]\right\} = p(1-p).$$

【例16】 设 $\overline{X}$ 和 S^2 分别来自正态总体 $N(0,\sigma^2)$ 的样本均值和样本方差，样本容量为 n，则 $\dfrac{n(\overline{X})^2}{S^2}$ 服从什么分布？

分析：此题考查 χ^2 分布及 F 分布的构造.

解：由已知，$\overline{X}$ 来自正态总体 $N(0,\sigma^2)$，则有

$$\overline{X} \sim N\left(0,\frac{\sigma^2}{n}\right),\quad \frac{\overline{X}}{\sigma/\sqrt{n}} \sim N(0,1),$$

$$\left(\frac{\overline{X}}{\sigma/\sqrt{n}}\right)^2 = \frac{n(\overline{X})^2}{\sigma^2} \sim \chi^2(1),\quad \frac{(n-1)S^2}{\sigma^2} \sim \chi^2(n-1).$$

故

$$\frac{n(\overline{X})^2}{\sigma^2}\bigg/\frac{(n-1)S^2}{(n-1)\sigma^2} = \frac{n\overline{X}^2}{S^2} \sim F(1,n-1).$$

【例17】 $X_1,X_2,\cdots,X_8$ 和 $Y_1,Y_2,\cdots,Y_{10}$ 是分别来自于两个正态总体 $N(-1,4)$ 和

$N(2,5)$的样本,且相互独立,S_1^2和S_2^2分别为两个样本的样本方差,则$F=\dfrac{5S_1^2}{4S_2^2}$服从什么分布?

分析:此题考查当总体服从正态分布时,$\dfrac{(n-1)S^2}{\sigma^2}$服从自由度为$n-1$的$\chi^2$分布,两个$\chi^2$分布分别除以它的自由度再做商就构成了$F$分布.

解:因为$X_1,X_2,\cdots,X_8$来自于正态总体$N(-1,4)$,所以$\dfrac{7S_1^2}{4}\sim\chi^2(7)$,同理有$\dfrac{9S_2^2}{5}\sim\chi^2(9)$,故

$$\dfrac{7S_1^2}{7\times4}\bigg/\dfrac{9S_2^2}{9\times5}=\dfrac{5S_1^2}{4S_2^2}\sim F(7,9).$$

【例18】 设$X_1,X_2,\cdots,X_{n+1}$是来自正态总体$X\sim N(\mu,\sigma^2)$的样本,记

$$\overline{X}_n=\dfrac{1}{n}\sum_{i=1}^{n}X_i,S_n^2=\dfrac{1}{n}\sum_{i=1}^{n}(X_i-\overline{X}_n)^2,$$

求统计量$U=\sqrt{\dfrac{n-1}{n+1}}\dfrac{X_{n+1}-\overline{X}_n}{S_n}$所服从的分布.

分析:此题考查的F分布的构造方式,需要思考的是如何将所求统计量向已知分布靠拢.

解:
$$X_{n+1}\sim N(\mu,\sigma^2),\overline{X}_n\sim N(\mu,\sigma^2),$$
$$X_{n+1}-\overline{X}_n\sim N\left(0,\left(1+\dfrac{1}{n}\right)\sigma^2\right),\dfrac{X_{n+1}-\overline{X}_n}{\sqrt{\dfrac{n+1}{n}}\sigma}\sim N(0,1),$$
$$S_n^2=\dfrac{1}{n}\sum_{i=1}^{n}(X_i-\overline{X}_n)^2,\dfrac{nS_n^2}{\sigma^2}=\sum_{i=1}^{n}\dfrac{(X_i-\overline{X}_n)^2}{\sigma^2}\sim\chi^2(n-1),$$

所以

$$\dfrac{X_{n+1}-\overline{X}_n}{\sqrt{\dfrac{n+1}{n}}\sigma}\bigg/\sqrt{\dfrac{nS_n^2}{(n-1)\sigma^2}}=\sqrt{\dfrac{n-1}{n+1}}\dfrac{X_{n+1}-\overline{X}_n}{S_n}\sim t(n-1).$$

即$U\sim t(n-1)$.

【例19】 设$X_1,X_2,\cdots,X_n$是来自正态总体$N(\mu,\sigma^2)$的一个样本,S^2是样本方差,试确定n为多大时,有$P\{S^2/\sigma^2\leqslant1.5\}\geqslant0.95$.

分析:根据抽样分布定理$\dfrac{(n-1)S^2}{\sigma^2}\sim\chi^2(n-1)$及$\chi^2$分布的上$\alpha$分位点的定义即可求解.

解:因为

$$\dfrac{(n-1)S^2}{\sigma^2}\sim\chi^2(n-1),$$

要使

$$P\{S^2/\sigma^2 \leqslant 1.5\} = P\{(n-1)S^2/\sigma^2 \leqslant 1.5(n-1)\} \geqslant 0.95,$$

即

$$P\{(n-1)S^2/\sigma^2 > 1.5(n-1)\} < 0.05,$$

查表得

$1.5 \times (27-1) = 39 > 38.885 = \chi^2_{0.05}(26)$, $1.5 \times (26-1) = 37.5 < 37.625 = \chi^2_{0.05}(25)$, 故 $n = 27$.

【例20】 设 $X \sim N(\mu_1, \sigma_1^2)$, $Y \sim N(\mu_2, \sigma_2^2)$, 且 X, Y 独立, $X_1, X_2, \cdots, X_{n_1}$ 与 $Y_1, Y_2, \cdots, Y_{n_2}$ 分别为取自 X, Y 的简单随机样本, 设 $\overline{X} = \dfrac{1}{n_1} \sum_{i=1}^{n_1} X_i$, $\overline{Y} = \dfrac{1}{n_2} \sum_{i=1}^{n_2} Y_i$ 分别是这两个样本的均值, 记 $S^2 = \dfrac{1}{n_1 - 1} \sum_{i=1}^{n_1} (X_i - \overline{X})^2$, 证明统计量 $\dfrac{(\overline{X} - \overline{Y}) - (\mu_1 - \mu_2)}{S\sqrt{\dfrac{1}{n_1} + \dfrac{1}{n_2}}} \sim t(n_1 - 1)$.

分析: 此题要求证明复杂统计量的分布, 要由求证的结论入手, 结合 t 分布定义去考虑.

证明: 因为 $X \sim N(\mu_1, \sigma_1^2)$, $Y \sim N(\mu_2, \sigma_2^2)$, $\overline{X} \sim N\left(\mu_1, \dfrac{\sigma^2}{n_1}\right)$, $\overline{Y} \sim N\left(\mu_2, \dfrac{\sigma^2}{n_2}\right)$, 从而 $\overline{X} - \overline{Y} \sim N\left(\mu_1 - \mu_2, \left(\dfrac{1}{n_1} + \dfrac{1}{n_2}\right)\sigma^2\right)$, 标准化有 $\dfrac{(\overline{X} - \overline{Y}) - (\mu_1 - \mu_2)}{\sigma\sqrt{\dfrac{1}{n_1} + \dfrac{1}{n_2}}} \sim N(0, 1)$, 又因为 $\dfrac{(n_1 - 1)S^2}{\sigma^2} \sim \chi^2(n_1 - 1)$, 于是由 t 分布定义, 得

$$\dfrac{\left[(\overline{X} - \overline{Y}) - (\mu_1 - \mu_2)\right] \Big/ \left(\sigma\sqrt{\dfrac{1}{n_1} + \dfrac{1}{n_2}}\right)}{\sqrt{\dfrac{(n_1 - 1)S^2}{\sigma^2} \Big/ (n_1 - 1)}} = \dfrac{(\overline{X} - \overline{Y}) - (\mu_1 - \mu_2)}{S\sqrt{\dfrac{1}{n_1} + \dfrac{1}{n_2}}} \sim t(n_1 - 1).$$

【例21】 (1) 设样本 $X_1, X_2, \cdots, X_6$ 来自总体 $N(0, 1)$, $Y = (X_1 + X_2 + X_3)^2 + (X_4 + X_5 + X_6)^2$, 试确定常数 C 使 CY 服从 χ^2 分布.

(2) 设样本 $X_1, X_2, \cdots, X_5$ 来自总体 $N(0, 1)$, $Y = \dfrac{C(X_1 + X_2)}{(X_3^2 + X_4^2 + X_5^2)^{1/2}}$, 试确定常数 C 使 Y 服从 t 分布.

分析: 此题考查抽样分布 χ^2 分布和 t 分布的定义.

解: (1) $X_1, X_2, \cdots, X_6$ 与总体同分布, 都服从 $N(0, 1)$, 则

$$X_1 + X_2 + X_3 \sim N(0, 3), \quad X_4 + X_5 + X_6 \sim N(0, 3), \quad \dfrac{X_1 + X_2 + X_3}{\sqrt{3}} \sim N(0, 1),$$

$$\dfrac{X_4 + X_5 + X_6}{\sqrt{3}} \sim N(0, 1),$$

由 χ^2 分布的定义得

$$\left(\dfrac{X_1 + X_2 + X_3}{\sqrt{3}}\right)^2 + \left(\dfrac{X_4 + X_5 + X_6}{\sqrt{3}}\right)^2 \sim \chi^2(2),$$

141

$$\left(\frac{X_1+X_2+X_3}{\sqrt{3}}\right)^2+\left(\frac{X_4+X_5+X_6}{\sqrt{3}}\right)^2=\frac{1}{3}\left[(X_1+X_2+X_3)^2+(X_4+X_5+X_6)^2\right]=\frac{1}{3}Y,$$

因此 $C=\frac{1}{3}$.

(2) $X_1+X_2\sim N(0,2)$，$\frac{X_1+X_2}{\sqrt{2}}\sim N(0,1)$，$(X_3^2+X_4^2+X_5^2)\sim\chi^2(3)$，

由 t 分布的定义，得

$$\frac{(X_1+X_2)/\sqrt{2}}{\sqrt{(X_3^2+X_4^2+X_5^2)/3}}=\frac{\sqrt{\frac{3}{2}}(X_1+X_2)}{(X_3^2+X_4^2+X_5^2)^{1/2}}\sim t(3),$$

故 $C=\sqrt{\frac{3}{2}}$.

【例 22】 设 $X_1,X_2,\cdots,X_8$ 和 $Y_1,Y_2,\cdots,Y_{10}$ 是分别来自于两个正态总体 $N(-1,4)$ 和 $N(2,5)$ 的样本，且相互独立，S_1^2 和 S_2^2 分别为两个样本的样本方差，则 $F=\frac{5S_1^2}{4S_2^2}$ 服从什么分布？

分析：对于相互独立的双正态总体的抽样分布，由抽样分布定理 $\frac{S_1^2/S_2^2}{\sigma_1^2/\sigma_2^2}\sim F(n_1-1,n_2-1)$ 可解此题.

解：由题意，有 $n_1=8$，$\sigma_1^2=4$ 及 $n_1=10$，$\sigma_1^2=5$，且两总体相互独立，故

$$\frac{S_1^2/S_2^2}{\sigma_1^2/\sigma_2^2}=\frac{7S_1^2/4\times7}{9S_2^2/5\times9}=\frac{5S_1^2}{4S_2^2}\sim F(7,9).$$

6.6 疑难问题及常见错误例析

1. 什么是简单随机抽样？怎样抽才能得到简单随机样本？

答：设 $(X_1,X_2,\cdots,X_n)$ 是总体 X 的个样本，如果它满足以下两个条件，则称为简单随机样本：

(1) $X_1,X_2,\cdots,X_n$ 与 X 同分布.

(2) $X_1,X_2,\cdots,X_n$ 彼此独立.

简单随机抽样的特点：每个样本单位被抽中的概率相等，样本的每个单位完全独立，彼此间无一定的关联性和排斥性. 所以简单随机抽样要满足下面几个要求：

(1) 被抽取的样本的总体个数 N 是有限的.

(2) 简单随机样本数 n 小于或等于样本总体的个数 N.

(3) 简单随机样本是从总体中逐个抽取的.

(4) 简单随机抽样是一种不放回的抽样，对于固定的样本容量，当总体所含个体的数目趋于无穷大时，有放回抽取和无放回抽取所得到的样本的分布趋于一致.

（5）简单随机抽样的每个个体入样的可能性均为 n/N.

2. 什么是统计量？统计量的引进有何意义？为什么统计量中不含有未知参数？统计量的分布是否也不含未知参数？含有未知参数的样本函数其分布是否一定也含有未知参数？

答：统计量 $g(X_1, X_2, \cdots, X_n)$ 是一个不含任何未知参数的连续样本 $(X_1, X_2, \cdots, X_n)$ 的函数，统计量也是一个随机变量.

样本是总体的反映，又是进行统计推断的依据，但样本反映的信息是零乱的、无序的、分散的，所以要针对不同的问题构造样本的不同函数，将信息集中起来，便于进行统计推断和研究分析，使之更易于揭示问题的本质，进而得到解决问题的方法.

引进统计量是为了对所研究的问题进行统计推断和分析. 若不含未知参数，则统计量只与样本有关，而与总体无关. 若含有未知参数，则无法依靠样本观察值来求未知参数的估计值，因而失去了利用统计量估计未知参数的作用，这违背了引进统计量的初衷.

统计量的分布不一定不含有未知参数. 统计量本身不含有未知参数，不代表它的分布也不含有未知参数. 例如，对正态分布 $N(\mu, \sigma^2)$，其中 μ, σ^2 是未知参数，统计量 $\overline{X}$ 中不含有任何的未知参数，而 $\overline{X}$ 服从 $N(\mu, \sigma^2/n)$，可见分布中是含有未知参数的.

含有未知参数的样本函数其分布不一定含有未知参数，如对正态总体 $N(\mu, \sigma^2)$，在 μ, σ^2 是未知的情况下，统计量 $\overline{X} \sim N(\mu, \sigma^2/n)$ 中含有未知参数 μ, σ^2，而样本函数 $\dfrac{\overline{X}-\mu}{\sigma^2/n} \sim N(0,1)$，不含有任何未知参数.

6.7 同步习题及解答

6.7.1 同步习题

一、填空题：

1. 在总体 $X \sim N(52, 6.3^2)$ 中随机抽取一容量为 36 的样本，则 $P\{50.8 \leqslant \overline{X} \leqslant 53.8\} = $ _____（$\Phi(1.1429) \approx 0.8729$，$\Phi(1.7143) \approx 0.9564$）.

2. 来自同一总体 $N(20,3)$ 的容量分别 10,15 的两独立样本均值差的绝对值大于 0.3 的概率为 _____（$\Phi(0.4242) \approx 0.6628$）.

3. 设随机变量 $X \sim F(m,m)$，则 $P\{X \leqslant 1\} = $ _____.

4. 设 $X_1, X_2, \cdots, X_n$ 是来自正态总体 $N(0,4)$ 的简单随机样本，若统计量 $X = a(X_1-2X_2)^2 + b(3X_3-4X_4)^2 \sim \chi^2(n)$，则 $a = $ _____，$b = $ _____，自由度 $n = $ _____.

5. 设 $X_1, X_2, \cdots, X_n$ 是 $N(\mu, \sigma^2)$ 的样本，$S^2 = \dfrac{1}{n-1}\sum_{i=1}^{n}(X_i - \overline{X})^2$，则 $D(S^2) = $ _____.

二、单项选择题：

1. 设 $X_1, X_2, \cdots, X_n$ 是来自正态 X 的简单随机样本，则它们必满足（ ）.

（A）独立但分布可能不同   （B）分布相同但不一定相互独立

（C）独立且与总体同分布　　　　　　　　（D）不能确定

2. 设总体 X 在区间 (a,b) 上服从均匀分布，其中 a 已知，b 未知，$X_1,X_2,\cdots,X_n$ 是来自 X 的一个样本，则下面不是统计量的是（　　　）.

（A）X_i+a　　　　　　　　　　　　　　　　（B）$\dfrac{1}{n}\displaystyle\sum_{i=1}^{n} X_i$

（C）$\dfrac{1}{n-1}\displaystyle\sum_{i=1}^{n}(X_i-a)^2$　　　　（D）$\dfrac{1}{n}\displaystyle\sum_{i=1}^{n}(X_i-b)^2$

3. 设 $X_1,X_2,\cdots,X_n$ 是来自正态总体 $N(\mu,\sigma^2)$ 的一个样本，$\overline{X},S^2$ 分别是样本均值与样本方差，若 $n=16$，则当 $P\{\overline{X}\geqslant\mu+KS\}=0.95$ 时，k 应为（　　　）.

（A）$-\dfrac{t_{0.05}(15)}{4}$　　　　　　　　　　（B）$\dfrac{t_{0.05}(15)}{4}$

（C）$-\dfrac{t_{0.05}(16)}{4}$　　　　　　　　　　（D）$\dfrac{t_{0.05}(16)}{4}$

4. 设 $X\sim N(\mu_1,\sigma_1^2)$，$Y\sim N(\mu_2,\sigma_2^2)$，且 X,Y 相互独立，$X_1,X_2,\cdots,X_{n1},Y_1,Y_2,\cdots,Y_{n2}$ 分别为取自 X 和 Y 的简单随机样本，$\overline{X}=\dfrac{1}{n_1}\displaystyle\sum_{i=1}^{n_1} X_i$，$\overline{Y}=\dfrac{1}{n_2}\displaystyle\sum_{i=1}^{n_2} Y_i$，则 $\overline{X}-\overline{Y}$ 服从的分布是（　　　）.

（A）$N\left(\mu_1+\mu_2,\dfrac{\sigma_1^2}{n_1}+\dfrac{\sigma_2^2}{n_2}\right)$　　　　　　（B）$N\left(\mu_1-\mu_2,\dfrac{\sigma_1^2}{n_1}+\dfrac{\sigma_2^2}{n_2}\right)$

（C）$N(\mu_1+\mu_2,\sigma_1^2+\sigma_2^2)$　　　　　　（D）$N\left(\mu_1-\mu_2,\dfrac{\sigma_1^2}{n_1}-\dfrac{\sigma_2^2}{n_2}\right)$

5. 设 $X_1,X_2,\cdots,X_n$ 是来自标准正态总体 $N(0,1)$ 的一个样本，$\overline{X},S^2$ 分别是样本均值与样本方差，则下列结论成立的是（　　　）.

（A）$\overline{X}\sim N(0,1)$　　　　　　　　　　（B）$(n\overline{X})^2\sim\chi^2(1)$

（C）$\displaystyle\sum_{i=1}^{n} X_i^2\sim t(n)$　　　　　　　　　（D）$\overline{X}/S\sim t(n-1)$

三、设 $X_1,X_2,\cdots,X_{10}$ 是来自正态总体 $N(0,1)$ 的一个样本，$\overline{X}$ 和 S^2 分别是样本均值和样本方差，令 $Y=10\,\overline{X}^2/S^2$，若有 $P\{Y>\lambda\}=0.01$，则 λ 应为多少？

四、设总体 $X\sim N(20,5^2)$，总体 $Y\sim N(10,2^2)$，从总体 X 与 Y 中分别抽取容量为 $n_1=10$ 与 $n_2=8$ 的样本，求：（1）$P\{X-Y>6\}$；（2）$P\left\{\dfrac{S_1^2}{S_2^2}<23\right\}$.

五、设 $F\sim F(n_1,n_2)$，求证：$F_{1-\alpha}(n_1,n_2)=\dfrac{1}{F_\alpha(n_2,n_1)}$.

6.7.2 同步习题解答

一、填空题：

1. 0.8293.

分析：$\overline{X}\sim N\left(52,\dfrac{6.3^2}{36}\right)$，

$$P\{50.8<\overline{X}<53.8\}=P\left\{\frac{50.8-52}{\frac{6.3}{6}}<\frac{\overline{X}-52}{\frac{6.3}{6}}<\frac{53.8-52}{\frac{6.3}{6}}\right\}$$

$$=P\left\{0.1947<\frac{\overline{X}-52}{6.3}<0.2856\right\}=P\left\{-\frac{8}{7}<\frac{\overline{X}-52}{6.3}<\frac{12}{7}\right\}$$

$$=\Phi\left(\frac{12}{7}\right)-\Phi\left(-\frac{8}{7}\right)=\Phi\left(\frac{12}{7}\right)+\Phi\left(\frac{8}{7}\right)-1\approx0.9564+0.8729-1=0.8293.$$

2. 0.6744.

分析：$\overline{X}\sim N\left(20,\frac{3}{10}\right)$，$\overline{Y}\sim N\left(20,\frac{3}{15}\right)$，$\overline{X}-\overline{Y}\sim N\left(0,\frac{1}{2}\right)$，

$$P\{|\overline{X}-\overline{Y}|>0.3\}=P\{\overline{X}-\overline{Y}>0.3\}+P\{\overline{X}-\overline{Y}<-0.3\}$$

$$=P\left\{\frac{\overline{X}-\overline{Y}}{\frac{1}{\sqrt{2}}}>0.4243\right\}+P\left\{\frac{\overline{X}-\overline{Y}}{\frac{1}{\sqrt{2}}}<-0.4242\right\}$$

$$=1-\Phi(0.4243)+\Phi(-0.4242)=2[1-\Phi(0.4242)]=0.6744.$$

3. 0.5.

分析：若 $X\sim F(m,n)$，则 $1/X\sim F(n,m)$，若 $m=n$，故 X 与 $1/X$ 服从同一分布，于是 $P\{X\leqslant1\}=P\left\{\frac{1}{X}\leqslant1\right\}=P\{X\geqslant1\}=0.5.$

4. $a=\frac{1}{20}$，$b=\frac{1}{100}$，$n=2$.

分析：由 χ^2 分布的定义知，只有当 $\sqrt{a}(X_1-2X_2)^2$ 与 $\sqrt{b}(X_3-2X_4)^2$ 都服从标准正态分布时，X 才服从 χ^2 分布.

因为 $X_i\sim N(0,4)$，所以

$$EX_i=0,D(X_i)=4.\ i=1,2,3,4,$$

$$E[\sqrt{a}(X_1-2X_2)]=0,D[\sqrt{a}(X_1-2X_2)]=a[DX_1+4DX_2]=20a=1,$$

故

$$a=\frac{1}{20}.$$

而

$$D[\sqrt{b}(3X_3-4X_4)]=b[9DX_3+16DX_4]=25bDX_4=100b=1,$$

所以

$$b=\frac{1}{100}.$$

故

$$X=\frac{1}{20}(X_1-2X_2)^2+\frac{1}{100}(3X_3-4X_4)^2\sim\chi^2(2).$$

显然，自由度为 $n=2$.

5. $\frac{2\sigma^4}{n-1}$.

分析:$X \sim N(\mu, \sigma^2)$, $\dfrac{(n-1)S^2}{\sigma^2} \sim \chi^2(n-1)$, $\chi^2(n-1)$ 的方差为 $2(n-1)$, 则有

$$D\left(\frac{(n-1)S^2}{\sigma^2}\right) = \frac{(n-1)^2}{\sigma^4} D(S^2) = 2(n-1),$$

所以

$$D(S^2) = \frac{2\sigma^4}{n-1}.$$

二、选择题:

1. C.

分析:由简单随机样本的定义,简单随机样本来自总体,与总体同分布,且相互独立.

2. D.

分析:有统计量的定义,统计量中不能含有未知参数,只有 D 中含有未知参数 b.

3. A.

分析:$\dfrac{\overline{X}-\mu}{S/\sqrt{n}} \sim t(n-1)$, 所以 $P\left\{\overline{X} \geqslant \mu+ks\right\} = P\left\{\dfrac{\overline{X}-\mu}{S/\sqrt{n}} \geqslant \sqrt{n}k\right\} = 0.95$, 应取 $k = -\dfrac{t_{0.05}(n-1)}{\sqrt{n}}$, 将 $n=16$ 带入, 有 $-\dfrac{t_{0.05}(15)}{4}$.

4. B.

分析:根据数学期望和方差的性质,$E(\overline{X} \pm \overline{Y}) = E\overline{X} \pm E\overline{Y}$, 如果 X,Y 独立, 则 $D(\overline{X} \pm \overline{Y}) = D\overline{X} + D\overline{Y}$.

5. B.

分析:显然 $\overline{X} \sim N\left(0, \dfrac{1}{n}\right)$, 故 A 不正确;而 $\sqrt{n}\,\overline{X} \sim N(0,1)$, 故 $(\sqrt{n}\,\overline{X})^2 \sim \chi^2(1)$, 故 B 正确;而 $\displaystyle\sum_{i=1}^{n} X_i^2 \sim \chi^2(n)$, 故 C 不正确;当 $\mu=0$ 时, $\dfrac{\overline{X}-\mu}{S/\sqrt{n}} = \dfrac{\overline{X}}{S/\sqrt{n}} \sim t(n-1)$, 但 $n \neq 1$ 时, $\dfrac{\overline{X}}{S/\sqrt{n}} \neq \dfrac{\overline{X}}{S}$, 故 D 不正确.

三、分析:此题考查 F 分布上 α 分位点的定义.

解:由 t 分布的定义知 $\overline{X} \sim N\left(0, \dfrac{1}{10}\right)$, 而

$$\overline{X}/\frac{S}{\sqrt{10}} \sim t(9), \quad Y = 10\overline{X}^2/S^2 \sim F(1,9),$$

故查 F 分布的表,可得 $\lambda = F_{0.01}(1,9) = 10.56$.

四、分析:此题考查的是关于两个正态分布的抽样分布定理,两个正态分布的样本均值之差仍然服从正态分布,并且 $\dfrac{S_1^2/S_2^2}{\sigma_1^2/\sigma_2^2}$ 服从 F 分布.

解:(1) $U = \dfrac{(\overline{X}-\overline{Y})-10}{\sqrt{3}} \sim N(0,1)$,

故

$$P\{\overline{X}-\overline{Y}>6\} = P\left\{\frac{\overline{X}-\overline{Y}-10}{\sqrt{6}}>\frac{6-10}{\sqrt{10}}\right\} = P\{U>-2.31\} = 1-P\{U\leqslant 2.31\}$$

$$= 1-\Phi(-2.31) = \Phi(2.31) = 0.9896.$$

（2）由抽样分布定理,统计量 $F=\dfrac{S_1^2/S_2^2}{5^2/2^2}\sim F(9,7)$,故

$$P\left\{\frac{S_1^2}{S_2^2}<23\right\} = P\left\{\frac{S_1^2}{S_2^2}<\frac{23}{5^2/2^2}\right\} = P\{F<3.68\} = 1-P\{F\geqslant 3.68\},$$

由 F 分布表得 $F_{0.05}(9,7)=3.68$,所以

$$P\{F>3.68\} = 0.05,$$

故

$$P\left\{\frac{S_1^2}{S_2^2}<23\right\} = 1-0.05 = 0.95.$$

五、证明:因为 $F\sim F(n_1,n_2)$,所以按定义有

$$1-\alpha = P\{F>F_{1-\alpha}(n_1,n_2)\} = P\left\{\frac{1}{F}<\frac{1}{F_{1-\alpha}(n_1,n_2)}\right\} = 1-P\left\{\frac{1}{F}\geqslant\frac{1}{F_{1-\alpha}(n_1,n_2)}\right\}$$

$$= 1-P\left\{\frac{1}{F}\geqslant\frac{1}{F(n_1,n_2)}\right\},$$

于是

$$P\left\{\frac{1}{F}\geqslant\frac{1}{F(n_1,n_2)}\right\} = \alpha,$$

再有

$$\frac{1}{F}\sim F(n_1,n_2) = F_\alpha(n_2,n_1),$$

即

$$F_{1-\alpha}(n_1,n_2) = \frac{1}{F_\alpha(n_2,n_1)}.$$

第 7 章　参 数 估 计

7.1　知识结构图

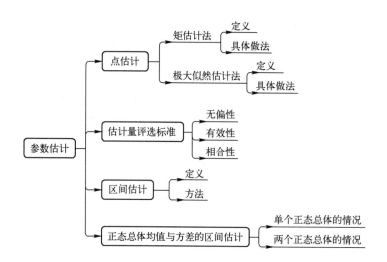

7.2　教学基本要求

（1）理解参数的点估计、矩估计量与估计值的概念．

（2）掌握矩估计法（一阶、二阶矩）和最大似然估计法．

（3）了解估计量的无偏性、有效性（最小方差性）和一致性（相合性）的概念，并会验证估计量的无偏性．

（4）了解区间估计的概念，会求单个正态总体的均值和方差的置信区间，会求两个正态总体均值差和方差比的置信区间．

7.3　本章导学

参数估计问题分为点估计和区间估计．

求点估计的常用方法是矩估计法和极大似然估计法．应用这两种方法求未知参数的点估计量是本章的重点，要熟练掌握．矩估计法直观、简单，但由于样本矩的表达式与总体的分布无关，没有充分利用总体分布对参数所提供的信息，所以矩估计法主要适用于样本容量充分大，且涉及的总体矩在一阶或二阶的情形．求极大似然估计可归结为求似然函数的最大值问题．最大似然估计法依赖于总体 X 的分布，还具有极大似然不变性，要会用此性质求未知参数的函数 $\mu(\theta)$ 的极大似然估计．

对于同一个未知参数，可以得到多个估计量．本章介绍评选点估计量的三个常用标准：无偏性、有效性和相合性（一致性）．要了解估计量的无偏性、有效性和相合性的概念，并会验证估计量的无偏性．

对于区间估计，本章主要介绍正态总体参数的区间估计．要理解区间估计的概念，了解区间估计的步骤，会求单个正态总体的均值和方差的置信区间，会求两个正态总体的均值差和方差比的置信区间．

本章对各种情形下的正态总体参数的置信区间做了讨论，并给出了相应的置信区间形式．建议大家记住这些公式，在具体问题计算时，可以直接利用这些置信区间公式进行计算，而不需要再按区间估计的一般步骤进行推导．

7.4 主要概念、重要定理与公式

一、参数的点估计

1. 估计量和估计值

设总体 X 的分布函数为 $F(x;\theta)$，其中 θ（也可能有多个参数）未知，$X_1, X_2, \cdots, X_n$ 是 X 的一个样本，$x_1, x_2, \cdots, x_n$ 是相应的一个样本值．点估计问题就是要构造一个适当的统计量 $\hat{\theta}(X_1, X_2, \cdots, X_n)$，用其观察值 $\hat{\theta}(x_1, x_2, \cdots, x_n)$ 来估计未知参数 θ，称 $\hat{\theta}(X_1, X_2, \cdots, X_n)$ 为 θ 的估计量，$\hat{\theta}(x_1, x_2, \cdots, x_n)$ 为 θ 的估计值．

2. 矩估计法

设 X 为连续型随机变量，其概率密度为 $f(x;\theta_1, \theta_2, \cdots, \theta_k)$，或 X 为离散型随机变量，其分布律为 $P\{X=x\} = p(x;\theta_1, \theta_2, \cdots, \theta_k)$，其中 $\theta_1, \theta_2, \cdots, \theta_k$ 为待估参数．设 $X_1, X_2, \cdots, X_n$ 是来自 X 的样本．假设总体 X 的前 k 阶矩

$$\mu_l = E(X^l) = \int_{-\infty}^{\infty} x^l f(x;\theta_1, \theta_2, \cdots, \theta_k) \mathrm{d}x \qquad (X \text{ 为连续型})$$

或

$$\mu_l = E(X^l) = \sum_{x \in R_X} x^l p(x;\theta_1, \theta_2, \cdots, \theta_k), \quad l = 1, 2, \cdots, k \qquad (X \text{ 为离散型})$$

（其中 R_X 是 X 可能取值的范围）存在，则以样本矩

$$A_l = \frac{1}{n} \sum_{i=1}^{n} X_i^l$$

作为相应的总体矩的估计量，而以样本矩的连续函数作为相应的总体矩的连续函数的估计量．这种估计方法称为矩估计法，具体做法如下：设

$$\begin{cases} \mu_1 = \mu_1(\theta_1, \theta_2, \cdots, \theta_k), \\ \mu_2 = \mu_2(\theta_1, \theta_2, \cdots, \theta_k), \\ \qquad\qquad \vdots \\ \mu_k = \mu_k(\theta_1, \theta_2, \cdots, \theta_k). \end{cases}$$

这是一个包含 k 个未知参数 $\theta_1,\theta_2,\cdots,\theta_k$ 的联立方程组. 一般来说,可以从中解出 θ_1, $\theta_2,\cdots,\theta_k$,得到

$$
\begin{cases}
\theta_1 = \theta_1(\mu_1,\mu_2,\cdots,\mu_k), \\
\theta_2 = \theta_2(\mu_1,\mu_2,\cdots,\mu_k), \\
\qquad\qquad\vdots \\
\theta_k = \theta_k(\mu_1,\mu_2,\cdots,\mu_k).
\end{cases}
$$

以 A_i 分别代替上式中的 μ_i,$i=1,2,\cdots,k$,有

$$
\hat{\theta}_i(A_1,A_2,\cdots,A_k),\quad i=1,2,\cdots,k,
$$

将其分别作为 $\theta_i,i=1,2,\cdots,k$ 的估计量,这种估计量称为矩估计量. 矩估计量的观测值称为矩估计值.

3. 极大似然估计法

设总体 X 属于连续型,其概率密度 $f(x;\theta)$,$\theta\in\Theta$ 的形式已知,θ 为待估参数,Θ 为 θ 可能取值的范围. 设 $X_1,X_2,\cdots,X_n$ 是来自 X 的样本,则 $X_1,X_2,\cdots,X_n$ 的联合概率密度为

$$
\prod_{i=1}^{n} f(x_i;\theta).
$$

设 $x_1,x_2,\cdots,x_n$ 是相应于样本 $X_1,X_2,\cdots,X_n$ 的一个样本值,则 θ 的函数

$$
L(\theta) = L(x_1,x_2,\cdots,x_n;\theta) = \prod_{i=1}^{n} f(x_i;\theta),\theta\in\Theta
$$

称为样本的似然函数(注意:这里 $x_1,x_2,\cdots,x_n$ 是已知的样本值,它们都是常数). 若

$$
L(x_1,x_2,\cdots,x_n;\hat{\theta}) = \max_{\theta\in\Theta} L(x_1,x_2,\cdots,x_n;\theta),
$$

则称 $\hat{\theta}(x_1,x_2,\cdots,x_n)$ 为 θ 的极大似然估计值,$\hat{\theta}(X_1,X_2,\cdots,X_n)$ 为 θ 的极大似然估计量,这种方法称为极大似然估计法.

在很多情况下,$f(x;\theta)$ 关于 θ 可微,这时 $\hat{\theta}$ 常可通过似然方程

$$
\frac{\mathrm{d}}{\mathrm{d}\theta} L(\theta) = 0
$$

或对数似然方程

$$
\frac{\mathrm{d}}{\mathrm{d}\theta} \ln L(\theta) = 0
$$

求得.

以上方法也适用于概率密度中含多个未知参数 $\theta_1,\theta_2,\cdots,\theta_k$ 的情况. 这时,似然函数 L 是这些未知参数的函数,令

$$
\frac{\partial}{\partial\theta_i} L = 0,\quad i=1,2,\cdots,k,\quad \text{(似然方程组)}
$$

或

$$
\frac{\partial}{\partial\theta_i} \ln L = 0,\quad i=1,2,\cdots,k,\quad \text{(对数似然方程组)}
$$

解上述由 k 个方程组成的方程组,即可得到各未知参数 $\theta_i,i=1,2,\cdots,k$ 的最大似然估计值 $\hat{\theta}_i$.

当总体 X 属于离散型时,用分布律 $P\{X=x\}=p(x;\theta),\theta\in\Theta$ 代表上面的概率密度,则上述定义、定理及计算方法仍然适用.

二、估计量的评选标准

设 $X_1,X_2,\cdots,X_n$ 是来自 X 的一个样本,$\theta\in\Theta$ 是包含在总体 X 分布中的待估参数,这里 Θ 是 θ 的取值范围.

1. 无偏性

若估计量 $\hat{\theta}=\hat{\theta}(X_1,X_2,\cdots,X_n)$ 的数学期望 $E(\hat{\theta})$ 存在,且对于任意 $\theta\in\Theta$,有

$$E(\hat{\theta})=\theta,$$

则称 $\hat{\theta}$ 是 θ 的无偏估计量.

2. 有效性

设 $\hat{\theta}_1=\hat{\theta}_1(X_1,X_2,\cdots,X_n)$ 与 $\hat{\theta}_2=\hat{\theta}_2(X_1,X_2,\cdots,X_n)$ 都是 θ 的无偏估计量,若对于任意 $\theta\in\Theta$,有

$$D(\hat{\theta}_1)\leqslant D(\hat{\theta}_2),$$

且至少对于某一个 $\theta\in\Theta$,上式中的不等号成立,则称 $\hat{\theta}_1$ 较 $\hat{\theta}_2$ 有效.

3. 相合性

设 $\hat{\theta}(X_1,X_2,\cdots,X_n)$ 为参数 θ 的估计量,若对于任意 $\theta\in\Theta$,当 $n\to\infty$ 时 $\hat{\theta}(X_1,X_2,\cdots,X_n)$ 依概率收敛于 θ,则称 $\hat{\theta}$ 为 θ 的相合估计量.

三、区间估计

1. 置信区间和置信水平(置信度)

设总体 X 的分布函数 $F(x;\theta)$ 含有一个未知参数 $\theta,\theta\in\Theta$(Θ 为 θ 可能取值的范围),对于给定值 $\alpha(0<\alpha<1)$,若由来自总体 X 的样本 $X_1,X_2,\cdots,X_n$ 确定的两个统计量 $\underline{\theta}(X_1,X_2,\cdots,X_n)$ 和 $\bar{\theta}(X_1,X_2,\cdots,X_n)(\underline{\theta}<\bar{\theta})$,对于任意 $\theta\in\Theta$ 满足

$$P\{\underline{\theta}(X_1,X_2,\cdots,X_n)<\theta<\bar{\theta}(X_1,X_2,\cdots,X_n)\}\geqslant1-\alpha,$$

则称随机区间 $(\underline{\theta},\bar{\theta})$ 是 θ 的置信水平为 $1-\alpha$ 的置信区间,$\underline{\theta}$ 和 $\bar{\theta}$ 分别称为置信水平为 $1-\alpha$ 的双侧置信区间的置信下限和置信上限,$1-\alpha$ 称为置信水平(或置信度).

2. 单侧置信区间

随机区间 $(\underline{\theta},+\infty)$ 称为 θ 的置信水平为 $1-\alpha$ 的单侧置信区间,若

$$P\{\underline{\theta}(X_1,X_2,\cdots,X_n)<\theta\}\geqslant1-\alpha,$$

则 $\underline{\theta}(X_1,X_2,\cdots,X_n)$ 称为置信水平为 $1-\alpha$ 的置信下限;随机区间 $(-\infty,\bar{\theta})$ 称为 θ 的置信水平为 $1-\alpha$ 的单侧置信区间,若

$$P\{\theta>\bar{\theta}(X_1,X_2,\cdots,X_n)\}\geqslant1-\alpha,$$

则 $\bar{\theta}(X_1,X_2,\cdots,X_n)$ 称为置信水平为 $1-\alpha$ 的置信上限.

四、正态总体参数的区间估计

正态总体均值、方差的置信区间如表 7-1 所示.

表 7-1　正态总体均值、方差的置信区间(置信水平为 1-α)

	待估参数	其他参数	枢轴量 W 的分布	置信区间
一个正态总体 $N(\mu,\sigma^2)$ 的情况	μ	σ^2 已知	$Z=\dfrac{\overline{X}-\mu}{\sigma/\sqrt{n}}\sim N(0,1)$	$\left(\overline{X}\pm\dfrac{\sigma}{\sqrt{n}}z_{\alpha/2}\right)$
	μ	σ^2 未知	$t=\dfrac{\overline{X}-\mu}{S/\sqrt{n}}\sim t(n-1)$	$\left(\overline{X}\pm\dfrac{S}{\sqrt{n}}t_{\alpha/2}(n-1)\right)$
	σ^2	μ 未知	$\chi^2=\dfrac{(n-1)S^2}{\sigma^2}\sim\chi^2(n-1)$	$\left(\dfrac{(n-1)S^2}{\chi^2_{\alpha/2}(n-1)},\dfrac{(n-1)S^2}{\chi^2_{1-\alpha/2}(n-1)}\right)$
两个正态总体 $N(\mu_1,\sigma_1^2)$ 与 $N(\mu_2,\sigma_2^2)$ 的情况	$\mu_1-\mu_2$	σ_1^2,σ_2^2 已知	$Z=\dfrac{\overline{X}-\overline{Y}-(\mu_1-\mu_2)}{\sqrt{\dfrac{\sigma_1^2}{n_1}+\dfrac{\sigma_2^2}{n_2}}}\sim N(0,1)$	$\left(\overline{X}-\overline{Y}\pm z_{\alpha/2}\sqrt{\dfrac{\sigma_1^2}{n_1}+\dfrac{\sigma_2^2}{n_2}}\right)$
	$\mu_1-\mu_2$	$\sigma_1^2=\sigma_2^2=\sigma^2$ 未知	$t=\dfrac{\overline{X}-\overline{Y}-(\mu_1-\mu_2)}{S_\omega\sqrt{\dfrac{1}{n_1}+\dfrac{1}{n_2}}}\sim t(n_1+n_2-2)$ $S_\omega^2=\dfrac{(n_1-1)S_1^2+(n_2-1)S_2^2}{n_1+n_2-2}$	$\left(\overline{X}-\overline{Y}\pm t_{\alpha/2}(n_1+n_2-2)S_\omega\sqrt{\dfrac{1}{n_1}+\dfrac{1}{n_2}}\right)$
	$\dfrac{\sigma_1^2}{\sigma_2^2}$	μ_1,μ_2 未知	$F=\dfrac{S_1^2/S_2^2}{\sigma_1^2/\sigma_2^2}\sim F(n_1-1,n_2-1)$	$\left(\dfrac{S_1^2}{S_2^2}\dfrac{1}{F_{\alpha/2}(n_1-1,n_2-1)},\dfrac{S_1^2}{S_2^2}\dfrac{1}{F_{1-\alpha/2}(n_1-1,n_2-1)}\right)$

五、重要结论

(1) 不论总体服从什么分布,总体均值 μ 与方差 σ^2 的矩估计量都分别是
$$\hat{\mu}=\overline{X}\quad(样本均值),$$
$$\hat{\sigma}^2=\frac{1}{n}\sum_{i=1}^n(X_i-\overline{X})^2\quad(样本二阶中心矩).$$

(2) 不论总体服从什么分布,样本均值 $\overline{X}$ 均是总体均值 μ 的无偏估计,样本方差 $S^2=\dfrac{1}{n-1}\sum_{i=1}^n(X_i-\overline{X})^2$ 均是总体方差 σ^2 的无偏估计.

(3) 不论总体服从什么分布,样本 $k(k\geq1)$ 阶矩 $A_k=\dfrac{1}{n}\sum_{i=1}^n X_i^k$ 均是总体 X 的 k 阶矩 $\mu_k=E(X^k)$ 的相合估计量.

(4) 若 $\hat{\theta}$ 是 θ 的矩估计,$g(\theta)$ 是 θ 的任一函数,则 $g(\hat{\theta})$ 是 $g(\theta)$ 的矩估计.

(5) 若 $\hat{\theta}$ 是 θ 的极大似然估计,$g(\theta)$ 具有单值反函数,则 $g(\hat{\theta})$ 是 $g(\theta)$ 的极大似然估计.

7.5　典型例题解析

【例1】　设总体 X 的概率密度 $f(x)=\begin{cases}\dfrac{6x}{\theta^3}(\theta-x),&0<x<\theta\\0,&其他\end{cases}$,$X_1,X_2,\cdots,X_n$ 是取自总体

X 的简单随机样本,求 θ 的矩估计量 $\hat{\theta}$.

分析:要求 θ 的矩估计量,只需求出样本一阶原点矩和总体一阶原点矩,然后令其相等即可.

解: $A_1 = \dfrac{1}{n}\sum\limits_{i=1}^{n} X_i = \overline{X}$,

$$\mu_1 = E(X) = \int_{-\infty}^{+\infty} xf(x)\,\mathrm{d}x = \int_0^{\theta} x \cdot \dfrac{6x}{\theta^3}(\theta - x)\,\mathrm{d}x = \dfrac{\theta}{2}.$$

令 $A_1 = \mu_1$,即 $\overline{X} = \dfrac{\theta}{2}$,得 θ 的矩估计量 $\hat{\theta} = 2\overline{X}$.

【例 2】 设总体 X 的概率密度 $f(x) = \begin{cases} \sqrt{\theta}\, x^{\sqrt{\theta}-1}, & 0 \leq x \leq 1 \\ 0, & \text{其他} \end{cases}$,其中 $\theta > 0$, θ 为未知参数,

$X_1, X_2, \cdots, X_n$ 是取自总体 X 的简单随机样本, $x_1, x_2, \cdots, x_n$ 为一组相应的样本值.试求:

(1) θ 的矩估计量和估计值;

(2) θ 的极大似然估计量和估计值.

分析:求矩估计量时,只需求出样本一阶原点矩和总体一阶原点矩;求极大似然估计量时,要正确写出样本似然函数,再取对数、求导,令导数为 0,判断方程是否有解,若有解,则其解即为所求最大似然估计,若无解,则最大似然估计常在未知参数的边界点上达到.

解:(1) $A_1 = \dfrac{1}{n}\sum\limits_{i=1}^{n} X_i = \overline{X}$,

$$\mu_1 = E(X) = \int_{-\infty}^{+\infty} xf(x)\,\mathrm{d}x = \int_0^1 x \cdot \sqrt{\theta}\, x^{\sqrt{\theta}-1}\,\mathrm{d}x = \dfrac{\sqrt{\theta}}{\sqrt{\theta}+1}.$$

令 $A_1 = \mu_1$,即 $\overline{X} = \dfrac{\sqrt{\theta}}{\sqrt{\theta}+1}$,得 θ 的矩估计量

$$\hat{\theta} = \left(\dfrac{\overline{X}}{1-\overline{X}}\right)^2,$$

从而 θ 的矩估计值为

$$\hat{\theta} = \left(\dfrac{\overline{x}}{1-\overline{x}}\right)^2 \quad \left(\text{其中} \overline{x} = \dfrac{1}{n}\sum\limits_{i=1}^{n} x_i\right).$$

(2) 样本似然函数为

$$L(\theta) = \prod_{i=1}^{n} f(x_i;\theta) = \begin{cases} \theta^{\frac{n}{2}}\left(\prod\limits_{i=1}^{n} x_i\right)^{\sqrt{\theta}-1}, & 0 \leq x_i \leq 1, i = 1,2,\cdots,n, \\ 0, & \text{其他}. \end{cases}$$

当 $0 \leq x_i \leq 1 (i = 1,2,\cdots,n)$ 时, $L(\theta) > 0$,取对数,得

$$\ln L(\theta) = \dfrac{n}{2}\ln\theta + (\sqrt{\theta} - 1)\sum_{i=1}^{n} \ln x_i.$$

令

$$\frac{\mathrm{d}\ln L(\theta)}{\mathrm{d}\theta} = \frac{n}{2} \cdot \frac{1}{\theta} + \frac{1}{2\sqrt{\theta}} \sum_{i=1}^{n} \ln x_i = 0,$$

得 θ 的极大似然估计值为

$$\hat{\theta} = \frac{n^2}{\left(\sum\limits_{i=1}^{n} \ln x_i\right)^2}.$$

故 θ 的极大似然估计量为

$$\hat{\theta} = \frac{n^2}{\left(\sum\limits_{i=1}^{n} \ln X_i\right)^2}.$$

【例3】 设总体 X 的分布律为 $P\{X=x\} = C_m^x p^x (1-p)^{m-x}, x=0,1,2,\cdots,m$，其中 $0<p<1$，p 为未知参数，$X_1, X_2, \cdots, X_n$ 是取自总体 X 的样本，$x_1, x_2, \cdots, x_n$ 为一组相应的样本值. 试求：

（1）p 的矩估计量；

（2）p 的极大似然估计量.

分析：总体服从二项分布，易求出总体一阶原点矩，再求出样本一阶原点矩后，即可求出矩估计量；总体 X 为离散型随机变量，要求极大似然估计量，应正确写出样本似然函数.

解：（1）由总体 X 的分布律知，X 服从参数为 m,p 的二项分布，故知

$$\mu_1 = E(X) = mp, \quad A_1 = \overline{X},$$

令 $A_1 = \mu_1$，即 $\overline{X} = mp$，得 p 的矩估计量 $\hat{p} = \dfrac{\overline{X}}{m}$.

（2）样本似然函数为

$$L(p) = \prod_{i=1}^{n} P\{X_i = x_i\} = \prod_{i=1}^{n} C_m^{x_i} p^{x_i} (1-p)^{m-x_i} = \left(\prod_{i=1}^{n} C_m^{x_i}\right) p^{\sum\limits_{i=1}^{n} x_i} (1-p)^{\sum\limits_{i=1}^{n}(m-x_i)},$$

$$\ln L(p) = \sum_{i=1}^{n} \ln C_m^{x_i} + \left(\sum_{i=1}^{n} x_i\right) \ln p + \left(\sum_{i=1}^{n}(m - x_i)\right) \ln(1-p),$$

令

$$\frac{\mathrm{d}\ln L(p)}{\mathrm{d}p} = \left(\sum_{i=1}^{n} x_i\right) \frac{1}{p} + \left(nm - \sum_{i=1}^{n} x_i\right)\left(\frac{-1}{1-p}\right) = 0,$$

解得 p 的极大似然估计值为

$$\hat{p} = \frac{1}{m} \cdot \frac{1}{n} \sum_{i=1}^{n} x_i = \frac{\overline{x}}{m},$$

故 p 的极大似然估计量为

$$\hat{p} = \frac{\overline{X}}{m}.$$

【例4】 设总体 X 的分布律为 $P\{X=1\} = \theta^2, P\{X=2\} = 2\theta(1-\theta), P\{X=3\} = (1-\theta)^2$，其中 $\theta(0<\theta<1)$ 为未知参数. 试用总体 X 的样本值 $x_1=1, x_2=2, x_3=1$，求 θ 的矩估计值和极大似然估计值.

分析：根据总体 X 的分布律，可求出总体的一阶原点矩，根据样本值，可求出样本的一阶原点矩，令其相等，即可求出矩估计量；根据样本值，可构造出样本似然函数，然后取

154

对数、求导,令导数为0,即可求出极大似然估计量.

解:(1) 先求矩估计.

$$\mu_1 = E(X) = \sum_{i=1}^{n} k p_k = 1 \cdot \theta^2 + 2 \cdot 2\theta(1-\theta) + 3 \cdot (1-\theta)^2 = 3 - 2\theta,$$

$$A_1 = \frac{1}{n} \sum_{i=1}^{n} X_i = \frac{4}{3}.$$

令 $A_1 = \mu_1$,即 $3 - 2\theta = \frac{4}{3}$,得 θ 的矩估计值 $\hat{\theta} = \frac{5}{6}$.

(2) 当样本值为 $x_1 = 1, x_2 = 2, x_3 = 1$ 时,样本似然函数为

$$\begin{aligned}
L(\theta) &= \prod_{i=1}^{3} P\{X_i = x_i\} \\
&= P\{X = 1\} \cdot P\{X = 2\} \cdot P\{X = 1\} \\
&= \theta^2 \cdot 2\theta(1-\theta) \cdot \theta^2 \\
&= 2\theta^5 \cdot (1-\theta), \\
\ln L(\theta) &= \ln 2 + 5\ln\theta + \ln(1-\theta).
\end{aligned}$$

令

$$\frac{\mathrm{d}\ln L(\theta)}{\mathrm{d}\theta} = \frac{5}{\theta} - \frac{1}{1-\theta} = 0,$$

得 θ 的极大似然估计值为 $\hat{\theta} = \frac{5}{6}$.

【例5】 已知总体 X 的概率密度 $f(x) = \begin{cases} \lambda \mathrm{e}^{-\lambda(x-2)}, & x>2 \\ 0, & x \leq 2 \end{cases} (\lambda > 0), X_1, X_2, \cdots, X_n$ 为来自总体 X 的简单随机样本,$Y = X^2$.

(1) 求 Y 的数学期望 $E(Y)$(记 $E(Y) = b$);

(2) 求 λ 的矩估计量 $\hat{\lambda}_1$ 和极大似然估计量 $\hat{\lambda}_2$;

(3) 利用上述结果求 b 的极大似然估计量.

分析:直接应用公式 $E[g(X)] = \int_{-\infty}^{+\infty} g(x) f(x) \mathrm{d}x$ 计算 $E(Y)$;令 $E(X) = \overline{X}$ 求出 λ 的矩估计量 $\hat{\lambda}_1$,利用似然函数法求出极大似然估计量 $\hat{\lambda}_2$;根据极大似然估计不变原理得 b 的极大似然估计为 $\hat{b}$.

解:(1) $E(Y) = E(X^2) = \int_2^{+\infty} x^2 \lambda \mathrm{e}^{-\lambda(x-2)} \mathrm{d}x \xLeftrightarrow{\text{令} x-2=t} \int_0^{+\infty} (t+2)^2 \lambda \mathrm{e}^{-\lambda t} \mathrm{d}t$

$$= \frac{2}{\lambda^2} + \frac{4}{\lambda} + 4 = 2\left(\frac{1}{\lambda} + 1\right)^2 + 2 = b.$$

(2) 令 $\mu = E(X)$,其中

$$E(X) = \int_2^{+\infty} x \lambda \mathrm{e}^{-\lambda(x-2)} \mathrm{d}x \xLeftrightarrow{\text{令} x-2=t} \int_0^{+\infty} (t+2)^2 \lambda \mathrm{e}^{-\lambda t} \mathrm{d}t = \frac{1}{\lambda} + 2,$$

即 $\mu = \frac{1}{\lambda} + 2$,解得 $\lambda = \frac{1}{\mu - 2}$,于是 λ 的矩估计量为

$$\hat{\lambda}_1 = \frac{1}{\overline{X}-2}.$$

样本 $X_1, X_2, \cdots, X_n$ 的似然函数为

$$L(x_1, x_2, \cdots, x_n; \lambda) = \lambda^n e^{-\lambda\left(\sum\limits_{i=1}^{n} x_i - 2n\right)}, \quad x_i > 2$$

$$\ln L = n\ln\lambda - \lambda\left(\sum\limits_{i=1}^{n} x_i - 2n\right),$$

令

$$\frac{\mathrm{d}\ln L}{\mathrm{d}\lambda} = \frac{n}{\lambda} - \left(\sum\limits_{i=1}^{n} x_i - 2n\right) = 0,$$

解得 $\lambda = \dfrac{1}{\overline{x}-2}$，故 λ 的极大似然估计量为 $\hat{\lambda}_2 = \dfrac{1}{\overline{X}-2}$。

（3）由于 $b = 2\left(\dfrac{1}{\lambda}+1\right)^2 + 2, \lambda > 0$ 是 λ 的单调连续函数，有单值反函数，根据极大似然估计不变原理，得 b 的极大似然估计量为

$$\hat{b} = 2\left(\frac{1}{\hat{\lambda}_2}+1\right)^2 + 2 = 2\left(\overline{X}-1\right)^2 + 2.$$

【例6】（1）设 $X_1, X_2, \cdots, X_n$ 是来自概率密度为

$$f(x;\theta) = \begin{cases} \theta x^{1-\theta}, & 0 < x < 1, \\ 0, & \text{其他}. \end{cases}$$

的总体的样本，θ 未知，求 $U = e^{-1/\theta}$ 的极大似然估计值。

（2）设 $X_1, X_2, \cdots, X_n$ 是来自正态总体 $N(\mu, 1)$ 的样本，μ 未知，求 $\theta = P\{X > 2\}$ 的极大似然估计值。

分析：由总体概率密度，可以构造出样本似然函数，按照求极大似然估计值的步骤，很容易求出未知参数的极大似然估计值；再根据未知参数函数具有单值反函数特点，可求出未知参数函数的极大似然估计值。

解：（1）样本似然函数为

$$L(\theta) = \prod_{i=1}^{n} f(x_i;\theta) = \begin{cases} \prod\limits_{i=1}^{n} \theta x_i^{\theta-1}, & 0 < x_1, x_2, \cdots, x_n < 1, \\ 0, & \text{其他}. \end{cases}$$

当 $0 < x_i < 1 (i = 1, 2, \cdots, n)$ 时，$L(\theta) > 0$，取对数，得

$$\ln L(\theta) = n\ln\theta + (\theta - 1)\ln\left(\prod_{i=1}^{n} x_i\right),$$

令

$$\frac{\mathrm{d}\ln L(\theta)}{\mathrm{d}\theta} = \frac{n}{\theta} + \sum_{i=1}^{n} \ln x_i = 0,$$

得 θ 的极大似然估计值为

$$\hat{\theta} = -\frac{n}{\sum\limits_{i=1}^{n} \ln x_i}.$$

$U = \mathrm{e}^{-1/\theta}$ 具有单值反函数,故由极大似然估计的不变性知 U 的极大似然估计值为 $\hat{U} = \mathrm{e}^{-1/\hat{\theta}}$,其中 $\hat{\theta}$ 为 $-\dfrac{n}{\sum\limits_{i=1}^{n} \ln x_i}$.

(2) 正态总体 $N(\mu, 1)$ 中的均值 μ 的极大似然估计值为 $\hat{\theta} = \bar{x} = \dfrac{1}{n}\sum\limits_{i=1}^{n} x_i$,而 $\theta = P\{X > 2\} = 1 - P\{X \le 2\} = 1 - P\left\{\dfrac{X-\mu}{1} \le \dfrac{2-\mu}{1}\right\} = 1 - \Phi(2-\mu)$ 具有单值反函数. 由极大似然估计不变性得 $\theta = P\{X > 2\}$ 的极大似然估计值为

$$\hat{\theta} = 1 - \Phi(2 - \hat{\mu}) = 1 - \Phi(2 - \bar{X}).$$

【例 7】 设总体 $X \sim N(\mu, \sigma^2)$,μ, σ^2 未知,而 $X_1, X_2, \cdots, X_n$ 是来自总体 X 的样本.

(1) 求使得 $\int_a^{+\infty} f(x; \mu, \sigma^2)\mathrm{d}x = 0.05$ 的点 a 的极大似然估计,其中 $f(x; \mu, \sigma^2)$ 是 X 的概率密度;

(2) 求 $P\{X \ge 2\}$ 的极大似然估计.

分析:要求 a 以及 $P\{X \ge 2\}$ 的极大似然估计值,估计出 μ, σ^2 是解本题的关键.

解:(1) 先求 μ, σ^2 的极大似然估计,再求 a 的极大似然估计值.

样本 $X_1, X_2, \cdots, X_n$ 的似然函数为

$$L(\mu, \sigma^2) = \prod_{i=1}^{n} \frac{1}{\sqrt{2\pi}\,\sigma} \mathrm{e}^{-\frac{(x_i-\mu)^2}{2\sigma^2}} = \left(\frac{1}{2\pi\sigma^2}\right)^{\frac{n}{2}} \mathrm{e}^{-\frac{1}{2\sigma^2}\sum\limits_{i=1}^{n}(x_i-\mu)^2},$$

$$\ln L(\mu, \sigma^2) = -\frac{n}{2}(\ln 2\pi + \ln \sigma^2) - \frac{1}{2\sigma^2}\sum_{i=1}^{n}(x_i - \mu)^2,$$

令

$$\frac{\partial \ln L}{\partial \mu} = \frac{1}{\sigma^2}\sum_{i=1}^{n}(x_i - \mu) = 0, \qquad \frac{\partial \ln L}{\partial \sigma^2} = -\frac{n}{2\sigma^2} + \frac{1}{2\sigma^4}\sum_{i=1}^{n}(x_i - \mu)^2 = 0,$$

解得

$$\mu = \bar{x}, \qquad \sigma^2 = \frac{1}{n}\sum_{i=1}^{n}(x_i - \bar{x})^2,$$

故 μ, σ^2 的极大似然估计值为

$$\hat{\mu} = \bar{x}, \qquad \hat{\sigma}^2 = \frac{1}{n}\sum_{i=1}^{n}(x_i - \bar{x})^2.$$

又

$$\int_a^{+\infty} f(x; \mu, \sigma^2)\mathrm{d}x = 1 - F(a) = 1 - \Phi\left(\frac{a-\mu}{\sigma}\right) = 0.05,$$

即

$$\Phi\left(\frac{a-\mu}{\sigma}\right) = 0.95 = \Phi(1.645),$$

故 $\dfrac{a-\mu}{\sigma} = 1.645$,即 $a = \mu + 1.645\sigma$. 由极大似然估计的不变性,得 a 的极大似然估计为

$$\hat{a}=\hat{\mu}+1.645\hat{\sigma}.$$

（2）$P\{X\geq 2\}=1-\Phi\left(\dfrac{2-\mu}{\sigma}\right)$，由极大似然估计的不变性，知 $P\{X\geq 2\}$ 的极大似然估计为

$$\hat{P}\{X\geq 2\}=1-\Phi\left(\dfrac{2-\hat{\mu}}{\hat{\sigma}}\right).$$

【例8】 设某种电子器件的寿命（以小时计）T 服从双参数的指数分布，其概率密度为

$$f(t)=\begin{cases}\dfrac{1}{\theta}\mathrm{e}^{-\frac{t-c}{\theta}}, & t\geq c,\\[2mm] 0, & t<c.\end{cases}$$

其中 $c,\theta(c,\theta>0)$ 为未知参数，自一批这种器件中随机地取 n 件进行寿命实验．设它们的失效时间依次为 $x_1\leq x_2\leq\cdots\leq x_n$，

（1）求 θ 与 c 的矩估计量；

（2）求 θ 的极大似然估计量．

分析：求矩估计量时，需求出样本一阶、二阶原点矩和总体一阶、二阶原点矩，并令其分别相等，即可求出两个未知参数的矩估计量；根据总体的概率密度，正确写出样本似然函数，再取对数、求偏导，令偏导数为 0，即可求出极大似然估计量．

解：（1）$E(X)=\displaystyle\int_{-\infty}^{\infty}xf(x)\mathrm{d}x=\int_{c}^{\infty}\dfrac{x}{\theta}\mathrm{e}^{-\frac{x-c}{\theta}}\mathrm{d}x=\theta+c,$

$\qquad E(X^2)=\displaystyle\int_{-\infty}^{\infty}x^2f(x)\mathrm{d}x=\int_{c}^{\infty}\dfrac{x^2}{\theta}\mathrm{e}^{-\frac{x-c}{\theta}}\mathrm{d}x=\theta^2+(\theta+c)^2,$

令

$$\begin{cases}\overline{X}=\theta+c,\\[2mm] \dfrac{1}{n}\displaystyle\sum_{i=1}^{n}X_i^2=\theta^2+(\theta+c)^2,\end{cases}$$

解得

$$\theta^2=\dfrac{1}{n}\sum_{i=1}^{n}X_i^2-\overline{X}^2=\dfrac{1}{n}\sum_{i=1}^{n}(X_i-\overline{X})^2,\quad c=\overline{X}-\theta,$$

故 θ 与 c 的矩估计量分别为

$$\hat{\theta}=\sqrt{\dfrac{1}{n}\sum_{i=1}^{n}(X_i-\overline{X})^2},\quad \hat{c}=\overline{X}-\sqrt{\dfrac{1}{n}\sum_{i=1}^{n}(X_i-\overline{X})^2}.$$

（2）样本似然函数为

$$L(\theta,c)=\prod_{i=1}^{n}f(x_i)=\begin{cases}\dfrac{1}{\theta^n}\mathrm{e}^{-\sum\limits_{i=1}^{n}(x_i-nc)/\theta}, & x_i>c,i=1,2,\cdots,n,\\[2mm] 0, & \text{其他}.\end{cases}$$

当 $\min(x_1,x_2,\cdots,x_n)>c$ 时，$L(\theta,c)>0$，取对数，得

$$\ln L(\theta,c)=-n\ln\theta-\left(\sum_{i=1}^{n}x_i-nc\right)\Big/\theta=-n\ln\theta-n\dfrac{\overline{x}-c}{\theta}.$$

令

$$\frac{\partial \ln L(\theta,c)}{\partial \theta} = -\frac{n}{\theta} + \frac{n(\bar{x}-c)}{\theta^2} = 0,$$

解得 θ 的极大似然估计值为

$$\hat{\theta} = \bar{x} - c,$$

故 θ 的极大似然估计量为

$$\hat{\theta} = \bar{X} - c.$$

又因为

$$\frac{\partial \ln L(\theta,c)}{\partial c} = \frac{n}{\theta} > 0,$$

知 $\ln L(\theta,c)$ 是 c 的单增函数,故当 $c = \min(x_1, x_2, \cdots, x_n) = x_1$ 时,$\ln L(\theta,c)$ 取得最大值,从而 c 的极大似然估计值为

$$\hat{c} = x_1,$$

c 的极大似然估计量为

$$\hat{c} = X_1.$$

【例 9】 设总体 X 的概率密度为

$$f(x;\theta) = \begin{cases} \dfrac{1}{\theta} e^{-\frac{x}{\theta}}, & x > 0, \\ 0, & 其他. \end{cases}$$

其中 $\theta > 0$,θ 为未知参数,$X_1, X_2, \cdots, X_n$ 是来自 X 的样本. 求:

(1) θ 的极大似然估计量 $\hat{\theta}$;

(2) 判断 $\hat{\theta}$ 是否为 θ 的无偏估计.

分析:根据总体的概率密度,正确写出样本似然函数,再取对数、求导,令导数为 0,即可求出极大似然估计量;要判断 $\hat{\theta}$ 是否为 θ 的无偏估计量,只需验证 $\hat{\theta}$ 的数学期望是否等于 θ.

解:(1) 样本似然函数为

$$L(\theta) = \prod_{i=1}^{n} f(x_i;\theta) = \begin{cases} \dfrac{1}{\theta^n} e^{-\frac{1}{\theta}\sum_{i=1}^{n} x_i}, & x_i > 0, i = 1, 2, \cdots, n, \\ 0, & 其他. \end{cases}$$

当 $x_i > 0 (i = 1, 2, \cdots, n)$ 时,$L(\theta) > 0$,取对数,得

$$\ln L(\theta) = -n\ln\theta - \frac{1}{\theta}\sum_{i=1}^{n} x_i,$$

令

$$\frac{d\ln L(\theta)}{d\theta} = -\frac{n}{\theta} + \frac{1}{\theta^2}\sum_{i=1}^{n} \ln x_i = 0,$$

解得 θ 的极大似然估计值为

$$\hat{\theta} = \frac{1}{n}\sum_{i=1}^{n} \ln x_i = \bar{x},$$

故 θ 的极大似然估计量为

$$\hat{\theta} = \frac{1}{n}\sum_{i=1}^{n}\ln X_i = \overline{X}.$$

（2）由题设知,总体 X 服从参数为 θ 的指数分布,故 $E(X)=\theta$. 又因为

$$E(\hat{\theta}) = E(\overline{X}) = E(X) = \theta,$$

所以 $\hat{\theta}$ 是 θ 的无偏估计.

【例 10】　设 $X_1,X_2,\cdots,X_n$ 是来自正态总体 $N(\mu,\sigma^2)$ 的一个样本,试确定常数 c,使

$$W = c\sum_{i=1}^{n-1}(X_{i+1} - X_i)^2$$

为 σ^2 的无偏估计.

分析:要使 W 成为 σ^2 的无偏估计,即要

$$E(W) = c\sum_{i=1}^{n-1}E\big[(X_{i+1} - X_i)^2\big] = \sigma^2.$$

问题的关键是计算 $E\big[(X_{i+1}-X_i)^2\big]$,计算时可以把 $(X_{i+1}-X_i)^2$ 看成一个整体,也可以展开,并注意到 $X_1,X_2,\cdots,X_n$ 的独立性,有

$$E(X_iX_j) = E(X_i)E(X_j),D(X_i\pm X_j) = D(X_i) + D(X_j),\quad i\neq j.$$

解:法一

$$\begin{aligned}
\big[E(X_{i+1}-X_i)^2\big] &= D(X_{i+1}-X_i) + \big[E(X_{i+1}-X_i)\big]^2 \\
&= D(X_{i+1}) + D(X_i) - \big[E(X_{i+1}) - E(X_i)\big]^2 \\
&= \sigma^2 + \sigma^2 + (\mu-\mu)^2 \\
&= 2\sigma^2,
\end{aligned}$$

$$E(W) = c\sum_{i=1}^{n-1}E\big[(X_{i+1} - X_i)^2\big] = c\sum_{i=1}^{n-1}2\sigma^2 = 2c(n-1)\sigma^2 = \sigma^2,$$

故

$$c = \frac{1}{2(n-1)}.$$

法二

$$\begin{aligned}
\big[E(X_{i+1}-X_i)^2\big] &= E(X_{i+1}^2 - 2X_iX_{i+1} + X_i^2) \\
&= E(X_{i+1}^2) - 2E(X_iX_{i+1}) + E(X_i^2) \\
&= D(X_{i+1}) + \big[E(X_{i+1})\big]^2 - 2E(X_i)E(X_{i+1}) + D(X_i) + \big[E(X_i)\big]^2 \\
&= \sigma^2 + \mu^2 - 2\mu^2 + \sigma^2 + \mu^2 = 2\sigma^2,
\end{aligned}$$

$$E(W) = c\sum_{i=1}^{n-1}E\big[(X_{i+1} - X_i)^2\big] = c\sum_{i=1}^{n-1}2\sigma^2 = 2c(n-1)\sigma^2 = \sigma^2,$$

故

$$c = \frac{1}{2(n-1)}.$$

【例 11】　设 $\hat{\theta}$ 是参数 θ 的无偏估计,且 $D(\hat{\theta})>0$,试证 $\hat{\theta}^2 = (\hat{\theta})^2$ 不是 θ^2 的无偏估计.

分析:只需证明 $E(\hat{\theta}^2)\neq\theta^2$ 即可.

160

证明:因为$\hat{\theta}$是θ的无偏估计,故有$E(\hat{\theta})=\theta$. 而

$$D(\hat{\theta})=E[(\hat{\theta})^2]-[E(\hat{\theta})]^2=[E(\hat{\theta})]^2-\theta^2.$$

由$D(\hat{\theta})>0$知$[E(\hat{\theta})]^2-\theta^2>0$,这说明$[E(\hat{\theta})^2]\neq\theta^2$,由无偏性定义知$(\hat{\theta})^2$不是$\theta^2$的无偏估计.

【例12】 设总体X的均值μ和方差σ^2都存在,$X_1,X_2,\cdots,X_n$是来自X的一个样本. 试证:估计量$\overline{X}=\dfrac{1}{n}\sum\limits_{i=1}^{n}X_i$和$Y=\sum\limits_{i=1}^{n}a_iX_i$($a_i\geq0$为常数,且$\sum\limits_{i=1}^{n}a_i=1$)都是总体均值$\mu$的无偏估计,但$\overline{X}$比$Y$有效.

分析:欲证某一统计量为未知参数的无偏估计量,只需证明该统计量的数学期望等于未知参数即可;在多个统计量都是未知参数的无偏估计量的情况下,看谁有效,就是看谁的方差最小.

证明:因为$X_1,X_2,\cdots,X_n$相互独立且与总体X同分布,所以

$$E(X_i)=\mu,\quad D(X_i)=\sigma^2,\quad i=1,2,\cdots,n.$$

于是

$$E(\overline{X})=\frac{1}{n}\sum_{i=1}^{n}E(X_i)=\frac{1}{n}\cdot n\mu=\mu,$$

$$E(Y)=E\Big(\sum_{i=1}^{n}a_iX_i\Big)=\sum_{i=1}^{n}a_iE(X_i)=\mu\sum_{i=1}^{n}a_i=\mu.$$

因此$\overline{X}$和Y都是μ的无偏估计量.

又

$$D(\overline{X})=D\Big(\frac{1}{n}\sum_{i=1}^{n}X_i\Big)=\frac{1}{n^2}\sum_{i=1}^{n}D(X_i)=\frac{1}{n^2}\cdot n\sigma^2=\frac{\sigma^2}{n},$$

$$D(Y)=D\Big(\sum_{i=1}^{n}a_iX_i\Big)=\sum_{i=1}^{n}a_i^2D(X_i)=\sigma^2\sum_{i=1}^{n}a_i^2.$$

利用不等式$a_i^2+a_j^2\geq2a_ia_j$,得

$$\Big(\sum_{i=1}^{n}a_i\Big)^2=\sum_{i=1}^{n}a_i^2+2\sum_{1\leq i<j\leq n}a_ia_j\leq\sum_{i=1}^{n}a_i^2+\sum_{1\leq i<j\leq n}(a_i^2+a_j^2)=n\sum_{i=1}^{n}a_i^2,$$

从而

$$\sum_{i=1}^{n}a_i^2\geq\frac{1}{n}\Big(\sum_{i=1}^{n}a_i\Big)^2=\frac{1}{n}\quad\Big(\text{因为}\sum_{i=1}^{n}a_i=1\Big),$$

于是

$$D\Big(\sum_{i=1}^{n}a_iX_i\Big)=\sigma^2\sum_{i=1}^{n}a_i^2\geq\sigma^2\cdot\frac{1}{n}=D(\overline{X}).$$

故$\overline{X}$比Y有效.

【例13】 设总体X的方差σ^2存在,$X_1,X_2,\cdots,X_n$是来自X的样本. 试证:$\overline{X}=\dfrac{1}{n}\sum\limits_{i=1}^{n}X_i$是总体均值$\mu=E(X)$的一致估计量.

分析:根据一致估计量定义证明.

证明:因为$E(X)=\mu,D(X)=\sigma^2$,所以

$$E(\overline{X}) = E\left(\frac{1}{n}\sum_{i=1}^{n}X_i\right) = \frac{1}{n}\sum_{i=1}^{n}E(X_i) = \frac{1}{n} \cdot n\mu = \mu,$$

$$D(\overline{X}) = D\left(\frac{1}{n}\sum_{i=1}^{n}X_i\right) = \frac{1}{n^2}\sum_{i=1}^{n}D(X_i) = \frac{1}{n^2} \cdot n\sigma^2 = \frac{\sigma^2}{n}.$$

由切比雪夫不等式,对任意 $\varepsilon > 0$,有

$$P\{|\overline{X} - E(\overline{X})| < \varepsilon\} \geq 1 - \frac{D(\overline{X})}{\varepsilon^2},$$

即

$$P\left\{\left|\frac{1}{n}\sum_{i=1}^{n}X_i - \mu\right| < \varepsilon\right\} \geq 1 - \frac{\dfrac{\sigma^2}{n}}{\varepsilon^2} = 1 - \frac{\sigma^2}{n\varepsilon^2} \to 1(n \to \infty),$$

也即

$$\lim_{n\to\infty}P\left\{\left|\frac{1}{n}\sum_{i=1}^{n}X_i - \mu\right| < \varepsilon\right\} = 1.$$

所以 $\overline{X} = \dfrac{1}{n}\sum_{i=1}^{n}X_i$ 是总体均值 μ 的一致估计量.

【例14】 设总体 X 的概率密度为 $f(x;\theta) = \begin{cases} 2e^{-2(x-\theta)}, & x > \theta \\ 0, & x \leq \theta \end{cases}$,其中 $\theta > 0$ 为未知参数. 从总体 X 中抽取简单随机样本 $X_1, X_2, \cdots, X_n$,记 $\hat{\theta} = \min(X_1, X_2, \cdots, X_n)$,

(1) 求总体 X 的分布函数 $F(x)$;

(2) 求统计量 $\hat{\theta}$ 的分布函数 $F_{\hat{\theta}}(x)$;

(3) 用 $\hat{\theta}$ 作为 θ 的估计量,讨论它是否具有无偏性.

分析:根据分布函数定义,对概率密度积分即可求出分布函数;根据最小分布特点可求出 $\hat{\theta}$ 的分布函数 $F_{\hat{\theta}}(x)$;求 $\hat{\theta}$ 的数学期望,如果 $\hat{\theta}$ 的数学期望等于 θ,则 $\hat{\theta}$ 为 θ 的无偏估计.

解:(1) $F(x) = \displaystyle\int_{-\infty}^{x}f(x)\,\mathrm{d}x = \begin{cases} 1 - e^{-2(x-\theta)}, & x > \theta, \\ 0, & x \leq \theta. \end{cases}$

(2) $\begin{aligned}[t] F_{\hat{\theta}}(x) &= P\{\hat{\theta} \leq x\} = P\{\min(X_1, X_2, \cdots, X_n) \leq x\} \\ &= 1 - P\{\min(X_1, X_2, \cdots, X_n) > x\} \\ &= 1 - P\{X_1 > x, X_2 > x, \cdots, X_n > x\} \\ &= 1 - P\{X_1 > x\}P\{X_2 > x\}\cdots P\{X_n > x\} \\ &= 1 - [1 - F(x)]^n = \begin{cases} 1 - e^{-2n(x-\theta)}, & x > \theta, \\ 0, & x \leq \theta. \end{cases} \end{aligned}$

(3) $\hat{\theta}$ 的概率密度为

$$f_{\hat{\theta}}(x) = F'_{\hat{\theta}}(x) = \begin{cases} 2ne^{-2n(x-\theta)}, & x > \theta, \\ 0, & x < \theta. \end{cases}$$

因为

$$E(\hat{\theta}) = \int_{-\infty}^{+\infty}xf(x)\,\mathrm{d}x = \int_{\theta}^{+\infty}2nxe^{-2n(x-\theta)}\,\mathrm{d}x = \theta + \frac{1}{2n},$$

所以,$\hat{\theta}$ 不是 θ 的无偏估计.

求正态总体均值与方差的置信区间

【例15】 某车间生产滚珠,其直径 $X \sim N(\mu, \sigma^2)$,其中 $\sigma^2 = 0.05$,从某天的产品中随机抽出 6 个,测得其直径为

$$14.71, 15.21, 14.90, 14.91, 15.32, 15.32.$$

试求 μ 的置信度为 0.95 的置信区间.

分析:求置信区间时,应根据已知条件,选择合适的统计量,正确确定出置信区间.

解:当 $\sigma^2 = 0.05$ 时,μ 的置信度为 $1-\alpha$ 的置信区间为

$$\left(\bar{X} - z_{\frac{\alpha}{2}} \frac{\sigma}{\sqrt{n}}, \bar{X} + z_{\frac{\alpha}{2}} \frac{\sigma}{\sqrt{n}} \right).$$

由题知

$$\bar{x} = \frac{1}{6}(14.71 + 15.21 + 14.90 + 14.91 + 15.32 + 15.32) = 15.06,$$

$$1 - \alpha = 0.95, \alpha = 0.05, \frac{\alpha}{2} = 0.025, n = 6, \sigma^2 = 0.05,$$

由正态分布表查得

$$z_{\frac{\alpha}{2}} = 1.96,$$

于是 μ 的置信度为 0.95 的置信区间为

$$\left(15.06 - 1.96\sqrt{\frac{0.05}{6}}, 15.06 + 1.96\sqrt{\frac{0.05}{6}} \right) = (14.88, 15.20).$$

【例16】 设飞机的最大飞行速度 $X \sim N(\mu, \sigma^2)$,对某飞机进行了 15 次实测,其最大飞行速度为

$$422.2, 418.7, 425.6, 420.3, 425.8, 423.1, 431.5, 428.2,$$

$$438.3, 434.0, 412.3, 417.2, 413.5, 441.3, 423.7.$$

试求 μ 的置信度为 0.95 的置信区间.

分析:求 μ 的置信区间,在 σ 为未知时,使用 t 统计量构成的置信区间.

解:当 σ 为未知时,μ 的置信度为 $1-\alpha$ 的置信区间为

$$\left(\bar{X} - t_{\frac{\alpha}{2}}(n-1)\frac{S}{\sqrt{n}}, \bar{X} + t_{\frac{\alpha}{2}}(n-1)\frac{S}{\sqrt{n}} \right).$$

由题知

$$\bar{x} = \frac{1}{15}\sum_{i=1}^{15} x_i = 425.047, \qquad \bar{S} = \frac{1}{14}\sum_{i=1}^{15}(x_i - \bar{x})^2 = \frac{1006.34}{14},$$

$$1 - \alpha = 0.95, \alpha = 0.05, \frac{\alpha}{2} = 0.025, n = 15,$$

由 t 分布表查得

$$t_{\frac{\alpha}{2}}(n-1) = t_{0.025}(14) = 2.145,$$

于是 μ 的置信度为 0.95 的置信区间为

$$\left(425.047-20145\sqrt{\frac{1006.34}{14\times15}},425.047+20145\sqrt{\frac{1006.34}{14\times15}}\right)=(420.35,429.74).$$

【例 17】 从一批铜丝中任取 10 根测试折断力,其测试值的样本标准差 $s=8.7$. 设铜丝的折断力服从正态分布. 求方差 σ^2 和标准差 σ 的置信水平为 0.95 的置信区间.

分析:求方差 σ^2 和标准差 σ 的置信区间,使用 χ^2 统计量构成的置信区间.

解:μ 未知时,σ^2 的置信度为 $1-\alpha$ 的置信区间为

$$\left(\frac{(n-1)S^2}{\chi_{\frac{\alpha}{2}}^2(n-1)},\frac{(n-1)S^2}{\chi_{1-\frac{\alpha}{2}}^2(n-1)}\right).$$

现在 $1-\alpha=0.95,\alpha=0.05,\frac{\alpha}{2}=0.025,n-1=9,s=8.7$,查表得 $\chi_{\frac{\alpha}{2}}^2(n-1)=\chi_{0.025}^2(9)=19.023,\chi_{1-\frac{\alpha}{2}}^2(n-1)=\chi_{0.975}^2(9)=2.70$,故方差 σ^2 的置信水平为 0.95 的置信区间为

$$\left(\frac{9\times8.7^2}{19.023},\frac{9\times8.7^2}{2.70}\right)=(35.81,252.30).$$

标准差 σ 的置信水平为 0.95 的置信区间为

$$(\sqrt{35.81},\sqrt{252.30})=(5.98,15.88).$$

【例 18】 设甲、乙两台机器生产的钢管的内径分别服从正态分布 $N(\mu_1,\sigma_1^2)$ 和 $N(\mu_2,\sigma_2^2)$,现从甲机器生产的钢管中抽取 8 只,从乙机器生产的钢管中抽取 9 只,测得其内径值(单位:cm)如下:

甲机器:14.8,15.2,15.1,14.9,15.4,15.2,14.8,15.0;

乙机器:15.0,14.5,15.1,14.8,14.6,15.1,14.8,15.0,15.2.

(1) 若已知 $\sigma_1=0.18,\sigma_2=0.24$,求 $\mu_1-\mu_2$ 的置信水平为 0.90 的置信区间;

(2) 若 $\sigma_1=\sigma_2=\sigma$,但 σ 未知,求 $\mu_1-\mu_2$ 的置信水平为 0.90 的置信区间;

(3) 若 μ_1,μ_2 未知,求方差比 $\frac{\sigma_1^2}{\sigma_2^2}$ 的置信水平为 0.90 的置信区间.

分析:求 $\mu_1-\mu_2$ 的置信区间,要根据已知条件,选用 Z 统计量还是 t 统计量;求 $\frac{\sigma_1^2}{\sigma_2^2}$ 的置信区间,要先确定出 $\sigma_1^2=\sigma_2^2$ 但未知,再利用 F 统计量求出 $\frac{\sigma_1^2}{\sigma_2^2}$ 的置信区间.

解:(1) 当 $\sigma_1=0.18,\sigma_2=0.24$ 时,均值差 $\mu_1-\mu_2$ 的置信水平为 $1-\alpha$ 的置信区间为

$$\left(\overline{X}-\overline{Y}\pm z_{\alpha/2}\sqrt{\frac{\sigma_1^2}{n_1}+\frac{\sigma_2^2}{n_2}}\right).$$

现在 $1-\alpha=0.90,\alpha=0.1,\frac{\alpha}{2}=0.05,n_1=8,n_2=9$,查表得 $z_{\frac{\alpha}{2}}=z_{0.05}=1.645$,由题中数据计算得 $\overline{x}=15.05,\overline{y}=14.9$. 故 $\mu_1-\mu_2$ 的置信水平为 0.90 的置信区间为

$$\left(15.05-14.9\pm1.645\sqrt{\frac{0.18^2}{8}+\frac{0.24^2}{9}}\right)=(-0.018,0.318).$$

(2) 当 $\sigma_1=\sigma_2=\sigma$,但 σ 未知时,$\mu_1-\mu_2$ 的置信水平为 $1-\alpha$ 的置信区间为

164

$$\left(\bar{X} - \bar{Y} \pm t_{\alpha/2}(n_1 + n_2 - 2) S_\omega \sqrt{\frac{1}{n_1} + \frac{1}{n_2}} \right),$$

其中

$$S_\omega = \sqrt{\frac{(n_1-1)S_1^2 + (n_2-1)S_2^2}{n_1 + n_2 - 2}}.$$

查表得 $t_{\frac{\alpha}{2}}(n_1 + n_2 - 2) = t_{0.05}(15) = 1.7531$, 计算得 $\bar{x} = 15.05, \bar{y} = 14.9, S_\omega = 0.228$,

$\sqrt{\frac{1}{n_1} + \frac{1}{n_2}} = 0.486.$ 代入数据得 $\mu_1 - \mu_2$ 的置信水平为 0.90 的置信区间为

$$(-0.044, 0.344).$$

（3）当 μ_1, μ_2 未知时，$\dfrac{\sigma_1^2}{\sigma_2^2}$ 的置信水平为 0.90 的置信区间为

$$\left(\frac{S_1^2}{S_2^2} \frac{1}{F_{\alpha/2}(n_1-1, n_2-1)}, \frac{S_1^2}{S_2^2} \frac{1}{F_{1-\alpha/2}(n_1-1, n_2-1)} \right).$$

查表得 $F_{\frac{\alpha}{2}}(n_1-1, n_2-1) = F_{0.05}(7,8) = 3.50, F_{1-\frac{\alpha}{2}}(7,8) = F_{0.95}(7,8) = \dfrac{1}{F_{0.05}(8,7)} =$

$\dfrac{1}{3.73} = 0.268,$

计算得 $s_1^2 = 0.0457, s_2^2 = 0.0575.$ 故 $\dfrac{\sigma_1^2}{\sigma_2^2}$ 的置信水平为 0.90 的置信区间为

$$\left(\frac{0.0457}{0.0575} \times \frac{1}{3.50}, \frac{0.0457}{0.0575} \times \frac{1}{0.268} \right) = (0.227, 2.966).$$

【例 19】 假设 0.50,1.25,0.80,2.00 是来自总体 X 的简单随机样本,已知 $Y = \ln X$ 服从正态分布 $N(\mu, 1)$.

（1）求 X 的数学期望 $E(X)$（记 $E(X)$ 为 b）；

（2）求 μ 的置信度为 0.95 的置信区间；

（3）利用上述结果求 b 的置信度为 0.95 的置信区间.

分析：利用函数的数学期望公式求出 $E(X)$；单个正态总体的方差已知时，再利用置信区间 $\left(\bar{Y} - \dfrac{1}{\sqrt{n}} z_{\frac{\alpha}{2}}, \bar{Y} + \dfrac{1}{\sqrt{n}} z_{\frac{\alpha}{2}} \right)$ 求出 μ 的置信系数为 0.95 的置信区间；最后利用置信区间的定义求出 b 的置信区间.

解：（1）Y 的概率密度为

$$f(y) = \frac{1}{\sqrt{2\pi}} e^{-\frac{(y-\mu)^2}{2}}, \quad -\infty < y < +\infty.$$

又 $X = e^Y$，从而有

$$b = E(X) = E(e^Y) = \frac{1}{\sqrt{2\pi}} \int_{-\infty}^{+\infty} e^y e^{-\frac{(y-\mu)^2}{2}} dy,$$

令 $t = y - \mu$，得

$$b = \frac{1}{\sqrt{2\pi}} \int_{-\infty}^{+\infty} e^{t+\mu} e^{-\frac{t^2}{2}} dt = e^{\mu+\frac{1}{2}} \int_{-\infty}^{+\infty} \frac{1}{\sqrt{2\pi}} e^{-\frac{(t-1)^2}{2}} dt = e^{\mu+\frac{1}{2}}.$$

（2）由 $Y \sim N(\mu,1)$ 知，$\overline{Y} = \frac{1}{4}\sum_{i=1}^{4} Y_i \sim N\left(\mu, \frac{1}{4}\right)$，从而有

$$\frac{\overline{Y}-\mu}{1/\sqrt{4}} \sim N(0,1).$$

于是

$$P\left\{-z_{\frac{\alpha}{2}} < \frac{\overline{Y}-\mu}{1/\sqrt{4}} < z_{\frac{\alpha}{2}}\right\} = 1-\alpha,$$

即

$$P\left\{\overline{Y} - \frac{1}{2}z_{\frac{\alpha}{2}} < \mu < \overline{Y} + \frac{1}{2}z_{\frac{\alpha}{2}}\right\} = 1-\alpha.$$

得 μ 的置信度为 $1-\alpha$ 的置信区间为

$$\left(\overline{Y} - \frac{1}{2}z_{\frac{\alpha}{2}}, \overline{Y} + \frac{1}{2}z_{\frac{\alpha}{2}}\right).$$

现在，$1-\alpha = 0.95, \alpha = 0.05, \frac{\alpha}{2} = 0.025$，查表得 $z_{\frac{\alpha}{2}} = z_{0.025} = 1.96$，计算得样本均值

$$\overline{y} = \frac{1}{4}(\ln 0.5 + \ln 0.8 + \ln 1.25 + \ln 2) = \frac{1}{4}\ln 1 = 0.$$

故 μ 的置信度为 0.95 的置信区间为

$$\left(0 - \frac{1}{2} \times 1.96, 0 + \frac{1}{2} \times 1.96\right) = (-0.98, 0.98).$$

（3）由于 e^x 是严格单调递增的，故利用（2）的结果可得

$$0.95 = P\{-0.98 < \mu < 0.98\} = P\left\{-0.48 < \mu + \frac{1}{2} < 1.48\right\}$$

$$= P\{e^{-0.48} < e^{\mu+\frac{1}{2}} < e^{1.48}\}$$

$$= P\{e^{-0.48} < b < e^{1.48}\},$$

由此得到 b 的置信度为 0.95 的置信区间为

$$(e^{-0.48}, e^{1.48}).$$

【例20】 设 $X_1, X_2, \cdots, X_n$ 是总体 $X \sim N(\mu,1)$ 的一个样本，μ 未知，要得到一个长度不超过 0.2，置信度为 0.99 的置信区间，样本容量至少应为多大？

分析：在方差已知的情况下，选用 Z 统计量构成的置信区间，表示出置信区间的长度为 $2\frac{z_{\frac{\alpha}{2}}}{\sqrt{n}}$，令其不超过 0.2，可求出样本容量.

解：因为 $\frac{\overline{X}-\mu}{1/\sqrt{n}} \sim N(0,1)$，所以 μ 的置信度为 0.99 的置信区间为

$$\left(\overline{X} - \frac{z_{\frac{\alpha}{2}}}{\sqrt{n}}, \overline{X} + \frac{z_{\frac{\alpha}{2}}}{\sqrt{n}}\right).$$

由题意,$1-\alpha=0.99$,$\alpha=0.01$,$\dfrac{\alpha}{2}=0.005$,查表得 $z_{\frac{\alpha}{2}}=z_{0.005}=2.576$,可知置信区间的长度为

$$l=2\dfrac{z_{\frac{\alpha}{2}}}{\sqrt{n}}=2\times2.576/\sqrt{n}.$$

要使 $l\leqslant0.2$,应有 $n\geqslant(2\times2.576/0.2)^2$.

解得

$$n\geqslant\left(\dfrac{5.512}{0.2}\right)^2=663.5776,$$

即样本容量至少应取 644.

【例 21】 在一大批产品中取 100 件,经检验有 92 件正品,若记这批产品的正品率为 p,求 p 的置信度为 0.95 的置信区间.

分析:假设 $X_1,X_2,\cdots,X_{100}$ 为总体 X 的样本,则 X_i 服从 0—1 分布. 求出 $\sum\limits_{i=1}^{100}X_i$ 的期望和方差,根据中心极限定理进行区间估计.

解:设总体为 X,样本为 $X_1,X_2,\cdots,X_{100}$,记

$$X_i=\begin{cases}1,&\text{第 }i\text{ 件为正品}\\0,&\text{第 }i\text{ 件为次品}\end{cases},\quad X_i\sim0\text{—}1\text{ 分布},$$

$$P\{X_i=1\}=p,\quad P\{X_i=0\}=1-p,\quad X_i\text{ 之间相互独立},$$

$$\sum_{i=1}^{100}X_i\sim B(100,p),$$

$$E\Big(\sum_{i=1}^{100}X_i\Big)=100p,\quad D\Big(\sum_{i=1}^{100}X_i\Big)=100p(1-p),$$

根据中心极限定理,有

$$\dfrac{\sum\limits_{i=1}^{100}X_i-100p}{\sqrt{100p(1-p)}}\overset{\cdot}{\sim}N(0,1)$$

取 $\overline{X}=\dfrac{1}{100}\sum\limits_{i=1}^{100}X_i$,则有

$$Z=\dfrac{\overline{X}-p}{\sqrt{\dfrac{p(1-p)}{100}}}\sim N(0,1),$$

对置信度 $1-\alpha=0.95$,则有

$$P\{\,|Z|<z_{\frac{\alpha}{2}}\}=1-\alpha.$$

由点估计知 $\hat{p}=\overline{X}$,用 $\overline{X}$ 代替 p,有

$$P\left\{\dfrac{|\overline{X}-p|}{\sqrt{\dfrac{\overline{X}(1-\overline{X})}{100}}}<z_{\frac{\alpha}{2}}\right\}=1-\alpha,$$

即

$$P\left\{\overline{X}-z_{\frac{\alpha}{2}}\sqrt{\frac{\overline{X}(1-\overline{X})}{100}}<p<\overline{X}+z_{\frac{\alpha}{2}}\sqrt{\frac{\overline{X}(1-\overline{X})}{100}}\right\}=1-\alpha.$$

由题知

$$\overline{x}=\frac{92}{100}=0.92,1-\alpha=0.95,\alpha=0.05,\frac{\alpha}{2}=0.025,$$

查表得 $z_{\frac{\alpha}{2}}=z_{0.025}=1.96$,则有

$$\overline{x}+z_{\frac{\alpha}{2}}\sqrt{\frac{x(1-\overline{x})}{100}}=0.92+1.96\sqrt{0.92\times0.08/100}=0.97,$$

$$\overline{x}-z_{\frac{\alpha}{2}}\sqrt{\frac{x(1-\overline{x})}{100}}=0.92-1.96\sqrt{0.92\times0.08/100}=0.87.$$

所以

$$P\{0.87<p<\overline{X}+0.97\}=1-\alpha=0.95,$$

p 的置信度为 0.95 的置信区间为 $(0.87,0.97)$.

7.6 疑难问题及常见错误例析

(1) 常用的点估计方法有哪几种？它们的优缺点是什么？

答：在参数估计中,常用的点估计方法有三种,即顺序统计量估计法、矩估计法和极大似然估计法. 顺序统计量法使用起来最方便,但这种方法要求正态总体或总体分布是对称的,而且估计的精度不够高. 矩估计法直观意义最明显,对任何总体都可以,方法简单,但要求总体的相应矩存在,若不存在就不能用矩估计法. 极大似然估计法对任何总体都可以用,从它得到的估计量具有一致性和有效性,即使不具有无偏性,也常常能够修改成无偏估计量. 可以证明,在一定条件下,未知参数的极大似然估计量与其真值之差可以任意小;极大似然估计量具有不变性. 所以,从某种意义说,没有比极大似然估计法更好的估计方法. 但是,并不是所有待估计的参数都能求到似然估计量,并且在求极大似然估计量时,往往要解一个似然方程(或方程组),有时比较难解或根本写不出有限形式的解. 可见,三种方法都有优缺点,在处理具体问题时要扬长避短,根据要求选择估计法.

(2) θ 为未知参数,如何评价一个区间估计量$(\hat{\theta}_1,\hat{\theta}_2)$的优劣？为估计参数 θ,需要抽取多少个样本？

答：评价一个区间估计量$(\hat{\theta}_1,\hat{\theta}_2)$的优劣有两个要素:一是精度,可以用区间之长$\hat{\theta}_2-\hat{\theta}_1$来刻画,长度越大,精度越底;二是可靠程度,可以用上述事件的概率(即 $P\{\hat{\theta}_1<\theta<\hat{\theta}_2\}$)来衡量. 一般说来,在样本容量 n 一定的前提下,精度和置信度是彼此矛盾的.

为了估计参数 θ,需要抽取多少个样本？ 这是一个重要而实际的问题:如果样本抽得太少,则随机性的影响太大;若抽得太多,则浪费人力、物力和时间. 这个问题很复杂.

(3) 如何理解评价估计量的三个常用标准:无偏性、有效性和一致性？

答：点估计的两种常用形式是矩估计和极大似然估计. 对同一个参数,用不同的方法

求得的估计量可能是不同的,无偏性、有效性、一致性就是三种不同的评选估计量的标准.评价估计量,不能通过估计量的某种具体表现去衡量,而应看其整体性质.运用样本数据对总体未知参数 θ 作出估计时,总希望这个估计尽可能准确和有效,但在评价估计量时,由于估计量 $\hat{\theta}(X_1, X_2, \cdots, X_n)$ 是样本的函数,它是一个随机变量,对于不同的样本观察值会得到参数的不同估计值,因此不能仅由一次试验的结果来衡量.

首先,希望多次估计值的理论平均值应等于真值 θ,即 $E(\hat{\theta}) = \theta$,这一性质称为无偏性.

其次,对同一个参数,可能有许多无偏估计量,哪一个估计量更好呢?自然,对真值的平均偏差较小者为好,即若 $\hat{\theta}_1$ 和 $\hat{\theta}_2$ 都是 θ 的无偏估计量,如果 $D(\hat{\theta}_1) < D(\hat{\theta}_2)$,则称 $\hat{\theta}_1$ 比 $\hat{\theta}_2$ 有效.

最后,估计量 $\hat{\theta}$ 的无偏性和有效性都是在样本容量 n 越大时越接近被估计参数,从而引出了估计量的一致性,由于一致性是在极限意义下引进的,因此只有样本容量相当大时,才能显示优越性,这在实际中往往难以做到,而且在有些情况下,证明估计量的一致性并不容易,因此,在实际中常常使用无偏性和有效性这两个标准.

7.7 同步习题及解答

7.7.1 同步习题

一、填空题:

1. 随机地抽取 5 只晶体管进行测试,测得它们的寿命(单位:h)如下:518,612,713,388,434,则该批晶体管的平均寿命 μ 的矩估计值为_____.

2. 若一个样本的观测值为 0,0,1,1,0,1,则总体均值的矩估计值为_____,总体方差的矩估计值为_____.

3. 设总体 X 在 $[0, \theta]$ $(\theta > 0)$ 上服从均匀分布,$X_1, X_2, \cdots, X_n$ 是来自总体 X 的样本,则 θ 的矩估计量是_____,θ 的极大似然估计量是_____.

4. 设总体 X 的概率密度为 $f(x) = \begin{cases} \theta(1-x)^{\theta-1}, & 0 < x < 1 \\ 0, & \text{其他} \end{cases}$,则 θ 的矩估计量是_____.

5. 设来自正态总体 $X \sim N(\mu, 0.9^2)$ 容量为 9 的简单随机样本,得样本均值 $\bar{X} = 5$,则未知参数 μ 的置信度为 0.95 的置信区间_____.

二、单项选择题:

1. 设总体 X 的均值 μ 与方差 σ^2 都存在,且均是未知参数,X_1, X_2 是来自总体 X 的一个样本,则 $\frac{1}{2}(X_1 - X_2)^2$ 为(   )的无偏估计.

(A) σ^2　　　(B) $\dfrac{\sigma^2}{2}$　　　(C) μ^2　　　(D) μ

2. 设 0,1,0,1,1 为来自两点分布总体 $b(1, p)$ 的样本观察值,则 p 的矩估计值为(   )

(A) $\dfrac{1}{5}$　　　(B) $\dfrac{2}{5}$　　　(C) $\dfrac{3}{5}$　　　(D) $\dfrac{4}{5}$

3. 设总体 X 的数学期望为 μ，$X_1, X_2, \cdots, X_n$ 是取自总体 X 的简单随机样本，则下列命题中正确的是(　　).

(A) X_1 是 μ 的无偏估计　　(B) X_1 是 μ 的最大似然估计

(C) X_1 是 μ 的相合估计量　　(D) X_1 不是 μ 的估计量

4. 设总体 $X \sim N(\mu, \sigma^2)$，σ^2 未知，若样本容量 n 和置信度 $1-\alpha$ 均不变，则对于不同的样本观测值，总体均值 μ 的置信区间的长度(　　).

(A) 变长　　(B) 变短　　(C) 保持不变　　(D) 不能确定

5. 假设总体 X 的均值 $E(X) = \mu$ 和方差 $D(X) = \sigma^2$ 都存在，X_1, X_2, X_3 是来自总体 X 的简单随机样本，μ 有下列三个估计量：$\hat{\mu}_1 = \dfrac{1}{4}(X_1 + 2X_2 + X_3)$，$\hat{\mu}_2 = \dfrac{1}{6}(2X_1 + 3X_2 + X_3)$，$\hat{\mu}_3 = \dfrac{1}{8}(X_1 + X_2 + X_3)$，则下列结论成立的是(　　).

(A) $\hat{\mu}_3$ 比 $\hat{\mu}_1, \hat{\mu}_2$ 有效　　(B) $\hat{\mu}_2$ 比 $\hat{\mu}_1, \hat{\mu}_3$ 有效

(C) $\hat{\mu}_1$ 比 $\hat{\mu}_2$ 有效　　(D) $\hat{\mu}_2$ 比 $\hat{\mu}_1$ 有效

三、设总体 X 的概率密度为

$$f(x) = \begin{cases} (\theta+1)x^{\theta}, & 0 < x < 1, \\ 0, & \text{其他}. \end{cases}$$

式中：$\theta > -1$ 是未知参数；$X_1, X_2, \cdots, X_n$ 是来自 X 的一个容量为 n 的简单随机样本. 分别用矩估计法和极大似然估计法求 θ 的估计量.

四、设 $X_1, X_2, \cdots, X_n$ 是来自 X 的简单随机样本，总体 X 的分布函数为

$$F(x; \beta) = \begin{cases} 1 - \dfrac{1}{x^{\beta}}, & x > 1, \\ 0, & x \leq 1. \end{cases}$$

式中：未知参数 $\beta > 1$. 求 β 的矩估计量和极大似然估计量.

五、设总体 X 的均值 $E(X)$，方差 $D(X)$ 都存在，$X_1, X_2, \cdots, X_n$ 是来自 X 的一个样本，试证统计量

$$T_1 = \frac{1}{2}X_1 + \frac{1}{3}X_2 + \frac{1}{6}X_3, \quad T_2 = \frac{1}{3}X_1 + \frac{1}{3}X_2 + \frac{1}{3}X_3, \quad T_3 = \frac{1}{3}X_1 + \frac{1}{4}X_2 + \frac{5}{12}X_3$$

都是总体 X 的均值的无偏估计，并指出哪一个是最有效的估计量.

六、证明均匀分布 $f(x) = \begin{cases} \dfrac{1}{\theta}, & 0 < x \leq \theta \\ 0, & \text{其他} \end{cases}$ 中未知参数 θ 的极大似然估计量不是无偏的.

七、设超大牵伸机所纺的纱的断裂强度服从 $N(\mu_1, 2.18^2)$，普通纺机所纺的纱的断裂强度服从 $N(\mu_2, 1.76^2)$. 现对前者抽取容量为 200 的样本，算得 $\overline{X} = 5.32$；对后者抽取容量为 100 的样本，算得 $\overline{Y} = 5.75$. 给定置信度为 0.95，求 $\mu_1 - \mu_2$ 的置信区间.

八、某农场为试验磷肥与氮肥能否提高水稻收获量，在同类农场中选定面积为 0.05 亩(1 亩 $\approx 666.67\text{m}^2$)的试验田 18 块，结果未施肥的 10 块试验田的收获量(单位：kg)为

8.6, 7.9, 9.3, 10.7, 11.2, 11.4, 9.8, 9.5, 10.1, 8.5,

而施肥的 8 块试验田的收获量为

$$12.6, 10.2, 11.7, 12.3, 11.1, 10.5, 10.6, 12.2.$$

设未施肥和施肥后水稻收获量服从正态分布,且方差相等,试在置信水平 0.95 下估计施肥后水稻平均收获量提高了多少.

九、甲、乙两个班组加工同一种零件,现从甲班组的产品中抽取 9 个样品,从乙班组的产品中抽取 6 个样品,测定它们的长度(单位:mm),并算得 $s_A^2 = 0.245, s_B^2 = 0.357$,试求两个班组加工精度之比 σ_A / σ_B 的置信水平为 0.98 的置信区间. 假定测量值都服从正态分布,方差分别为 σ_A^2, σ_B^2.

7.7.2 同步习题解答

一、填空题:

1. 533.

2. $\dfrac{1}{2}, \dfrac{1}{4}$.

3. $\hat{\theta} = 2\overline{X}, \hat{\theta} = \max(X_1, X_2, \cdots, X_n)$.

4. $\hat{\theta} = \dfrac{1}{\overline{X}} - 1$.

5. $(4.412, 5.588)$.

二、选择题:

1. A.

2. C.

3. A.

4. C.

5. C.

三、由 $\mu = E(X) = \displaystyle\int_{-\infty}^{+\infty} x f(x)\,\mathrm{d}x = \int_0^1 (\theta + 1) x^{\theta+1}\,\mathrm{d}x = \dfrac{\theta + 1}{\theta + 2}$,得 $\theta = \dfrac{2\mu - 1}{1 - \mu}$,以 $\overline{X}$ 代替 μ,得 θ 的矩估计为 $\hat{\theta} = \dfrac{2\overline{X} - 1}{1 - \overline{X}}$.

设样本似然函数为

$$L(\theta) = \prod_{i=1}^{n} f(x_i; \theta) = \begin{cases} (\theta + 1)^n \left(\prod_{i=1}^{n} x_i \right)^n, & 0 < x_i < 1, i = 1, 2, \cdots, n, \\ 0, & \text{其他}. \end{cases}$$

当 $0 < x_i < 1 (i = 1, 2, \cdots, n)$ 时,$L > 0$,取对数得

$$\ln L(\theta) = n \ln(\theta + 1) + \theta \sum_{i=1}^{n} \ln x_i,$$

令

$$\frac{\mathrm{d}\ln L(\theta)}{\mathrm{d}\theta} = \frac{n}{\theta + 1} + \sum_{i=1}^{n} \ln x_i = 0,$$

解得 θ 的极大似然估计值为

$$\hat{\theta} = -1 - \frac{n}{\sum\limits_{i=1}^{n} \ln x_i},$$

θ 的极大似然估计量为

$$\hat{\theta} = -1 - \frac{n}{\sum\limits_{i=1}^{n} \ln X_i}.$$

四、因为

$$F(x;\beta) = \begin{cases} 1 - \dfrac{1}{x^{\beta}}, & x > 1, \\ 0, & x \leqslant 1, \end{cases}$$

所以

$$f(x;\beta) = \begin{cases} \beta x^{-\beta-1}, & x > 1, \\ 0, & x \leqslant 1. \end{cases}$$

矩估计法：

$$A_1 = \frac{1}{n} \sum_{i=1}^{n} X_i = \overline{X},$$

$$\mu_1 = E(X) = \int_{-\infty}^{+\infty} x f(x)\,\mathrm{d}x = \int_{1}^{+\infty} x \cdot \beta x^{-\beta-1}\,\mathrm{d}x = \frac{\beta}{1-\beta}.$$

令 $A_1 = \mu_1$，即 $\overline{X} = \dfrac{\beta}{1-\beta}$，得 θ 的矩估计量

$$\hat{\beta} = \frac{\overline{X}}{\overline{X}-1}.$$

极大似然估计法：
样本似然函数为

$$L(\beta) = \prod_{i=1}^{n} f(x_i;\theta) = \prod_{i=1}^{n} \beta x_i^{-\beta-1} = \beta^n (x_1 x_2 \cdots x_n)^{-\beta-1},$$

$$\ln L(\beta) = n\ln\beta - (\beta+1)\ln(x_1 x_2 \cdots x_n),$$

令

$$\frac{\mathrm{d}\ln L(\beta)}{\mathrm{d}\beta} = \frac{n}{\beta} - \ln(x_1 x_2 \cdots x_n) = 0,$$

得 θ 的极大似然估计值为

$$\hat{\beta} = \frac{n}{\sum\limits_{i=1}^{n} \ln x_i},$$

故 θ 的极大似然估计量为

$$\hat{\beta} = \frac{n}{\sum\limits_{i=1}^{n} \ln X_i}.$$

五、因为

$$E(T_1) = E\left(\frac{1}{2}X_1 + \frac{1}{3}X_2 + \frac{1}{6}X_3\right) = \frac{1}{2}E(X_1) + \frac{1}{3}E(X_2) + \frac{1}{6}E(X_3) = \left(\frac{1}{2} + \frac{1}{3} + \frac{1}{6}\right)E(X) = E(X),$$

同理易得 $E(T_2) = E(X)$，$E(T_3) = E(X)$，所以 T_1, T_2, T_3 都是总体 X 的均值的无偏估计.

又

$$D(T_1) = D\left(\frac{1}{2}X_1 + \frac{1}{3}X_2 + \frac{1}{6}X_3\right) = \frac{1}{4}D(X_1) + \frac{1}{9}D(X_2) + \frac{1}{36}D(X_3)$$

$$= \left(\frac{1}{4} + \frac{1}{9} + \frac{1}{36}\right)D(X) = \frac{14}{36}D(X),$$

同理易证

$$D(T_2) = \frac{12}{36}D(X), \quad D(T_3) = \frac{50}{144}D(X).$$

因为

$$D(T_2) < D(T_3) < D(T_1),$$

所以由有效性定义知,用 T_2 作为总体均值的估计量最为有效.

六、证明:设 $x_1, x_2, \cdots, x_n$ 是相应于样本 $X_1, X_2, \cdots, X_n$ 的样本值,则样本似然函数为

$$L(\theta) = \prod_{i=1}^{n} f(x_i) = \begin{cases} \dfrac{1}{\theta^n}, & 0 < x_i \le \theta, i = 1, 2, \cdots, n, \\ 0, & 其他, \end{cases}$$

当 $\theta \ge \max(x_1, x_2, \cdots, x_n)$ 时,有

$$L'(\theta) = -\frac{n}{\theta^{n+1}} < 0,$$

故 $L(\theta)$ 单调减少,当 $\theta = \max(x_1, x_2, \cdots, x_n)$ 时,$L(\theta)$ 取得最大值,故 θ 的极大似然估计量为

$$\hat{\theta} = \max(x_1, x_2, \cdots, x_n).$$

因为

$$F(x) = \int_{-\infty}^{x} f(x)\,\mathrm{d}x = \begin{cases} 0, & x \le 0, \\ \dfrac{x}{\theta}, & 0 < x \le \theta, \\ 1, & x > \theta, \end{cases}$$

所以

$$F_{\hat{\theta}}(x) = P\{\hat{\theta} \le x\} = P\{\max(X_1, X_2, \cdots, X_n) \le x\} = P\{X_1 \le x, X_2 \le x, \cdots, X_n \le x\}$$

$$= P\{X_1 \le x\}P\{X_2 \le x\} \cdots P\{X_n \le x\} = F^n(x),$$

$$f_{\hat{\theta}}(x) = F'_{\hat{\theta}}(x) = nF^{n-1}(x)f(x) = \begin{cases} \dfrac{nx^{n-1}}{\theta^n}, & 0 < x \le \theta, \\ 0, & 其他. \end{cases}$$

由于

$$E(\hat{\theta}) = \int_{-\infty}^{\infty} xf_{\hat{\theta}}(x)\,\mathrm{d}x = \int_{\theta}^{\infty} \frac{nx^n}{\theta^n}\,\mathrm{d}x = \frac{n}{n+1}\theta \ne \theta,$$

所以 $\hat{\theta}$ 不是 θ 的无偏估计.

七、由题设两个总体的方差均为已知,这时 $\mu_1 - \mu_2$ 的置信区间为

$$\left(\overline{X} - \overline{Y} \pm z_{\frac{\alpha}{2}} \sqrt{\frac{\sigma_1^2}{n_1} + \frac{\sigma_2^2}{n_2}} \right).$$

式中

$n_1 = 200, n_2 = 100, \sigma_1^2 = 2.18^2, \sigma_2^2 = 1.76^2, \overline{X} = 5.32, \overline{Y} = 5.76, z_{\frac{\alpha}{2}} = z_{0.025} = 1.96,$

经计算 $\mu_1 - \mu_2$ 的置信度为 0.95 的置信区间为 $(-0.899, 0.019)$.

八、设未施肥的水稻收获量为 $X, X \sim N(\mu_1, \sigma^2)$,施肥后的水稻收获量为 $Y, Y \sim N(\mu_2, \sigma^2)$,则这是两个正态总体均值差 $\mu_2 - \mu_1$ 的区间估计问题.

由所给数据

$n_1 = 10, \overline{x} = 9.7, n_2 = 8, \overline{y} = 11.4, (n_1 - 1)s_1^2 = 12.4, (n_2 - 1)s_2^2 = 59.6, s_\omega = 1.07,$

从而 $\mu_2 - \mu_1$ 的置信水平为 0.95 的置信区间为

$$\left(\overline{y} - \overline{x} \pm t_{\alpha/2}(n_1 + n_2 - 2) s_\omega \sqrt{\frac{1}{n_1} + \frac{1}{n_2}} \right) = (0.6, 2.8).$$

九、由所给数据

$$n_1 = 9, n_2 = 6, \alpha = 0.02, F_{\alpha/2}(n_1 - 1, n_2 - 1) = F_{0.01}(8, 5) = 10.29,$$

$$F_{1-\alpha/2}(n_1 - 1, n_2 - 1) = F_{0.99}(8, 5) = \frac{1}{F_{0.01}(5, 8)} = \frac{1}{6.63},$$

故 σ_A / σ_B 的置信水平为 0.98 的置信区间为

$$\left(\sqrt{\frac{s_A^2}{s_B^2} \frac{1}{F_{\alpha/2}(n_1 - 1, n_2 - 1)}}, \sqrt{\frac{s_A^2}{s_B^2} \frac{1}{F_{1-\alpha/2}(n_1 - 1, n_2 - 1)}} \right) = (0.258, 2.133).$$

第 8 章 假 设 检 验

8.1 知识结构图

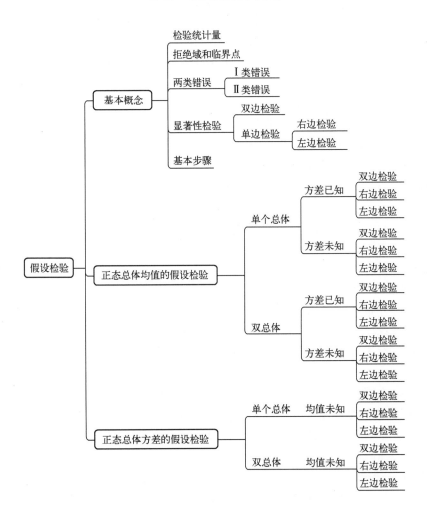

8.2 教学基本要求

（1）理解"假设"的概念和基本类型.

（2）理解假设检验的基本思想,掌握假设检验的基本步骤.

（3）会构造简单假设的显著性检验.

（4）理解假设检验可能产生的两类错误,对于较简单的情形,会计算两类错误的概率.

（5）掌握单个和两个正态总体的均值和方差的假设检验.

8.3 本章导学

本章主要介绍假设检验的基本概念、基本思想,单个正态总体均值及方差的假设检验,以及两个正态总体均值差和方差比的假设检验.

假设检验部分的重点是假设检验的基本思想,要求掌握假设检验的一些基本概念,如原假设、备择假设、拒绝域、临界点等,能够根据问题合理提出假设,求出相应的拒绝域,给出实际问题的合理判断.这是我们对实际问题中的正态总体分布参数进行假设检验的基础.本章主要研究正态总体参数的假设检验.由于样本具有随机性,因此利用样本进行检验给出的判断可能会产生两类错误,要求正确理解两类错误的概念,会求产生两类错误的概率.

正态总体均值和方差的假设检验中包括单个总体和两个总体的假设检验.在学习这部分内容时,要求会根据实际问题提出假设,给出统计量;同时要进行归纳总结,掌握常用统计量及其分布,会利用双侧及单侧分位点计算出拒绝域.

这部分内容要求重点掌握单个总体的均值和方差的假设检验,在对两个总体的均值差进行检验时要注意方差齐性.

8.4 主要概念、重要定理与公式

一、假设检验

1. 假设检验问题

在总体的分布函数完全未知,或只知其形式但不知其参数的情况下,为了推断总体的某些未知特性,提出某些关于总体的假设,然后抽取样本,构造合适的统计量,再根据样本对所提出的假设作出是接受还是拒绝的决策,这样的问题称为假设检验问题.

2. 检验法

借助于样本值来判断接受假设或拒绝假设的法则称为检验法.

3. 原假设和备择假设

需要着重考察的假设称为原假设(零假设或基本假设),常记为 H_0;与原假设相对立的假设称为备择假设或对立假设,常记为 H_1.

4. 检验统计量

当基于某一个统计量的观察值来确定接受 H_0 或拒绝 H_0 时,这一统计量称为检验统计量.

5. 拒绝域和临界点

当检验统计量的观察值落在某个区域时就拒绝 H_0,这一区域称为拒绝域,拒绝域的边界点称为临界点.

6. 假设检验的两类错误

（1）第Ⅰ类错误:H_0 实际上为真时,拒绝 H_0,这类"弃真"的错误称为第Ⅰ类错误.

176

（2）第Ⅱ类错误：H_0实际上为假时，接受 H_0，这类"取伪"的错误称为第Ⅱ类错误．

7. 显著性检验

（1）显著性水平．α 是一个很小的数，在作假设检验时要求犯第Ⅰ类错误的概率小于或等于 α，α 称为检验的显著性水平．α 通常取 0.1，0.05，0.01，0.005 等值．

（2）显著性检验．对于给定的样本容量，只控制犯第Ⅰ类错误的概率，而不考虑犯第Ⅱ类错误的概率的检验法，称为显著性检验．

8. 单边检验和双边检验

（1）单边检验．形如"$H_0:\mu\leqslant\mu_0,H_1:\mu>\mu_0$"的假设检验问题，在 H_1 中所规定的参数 μ 值的右边称为右边检验．而形如"$H_0:\mu\geqslant\mu_0,H_1:\mu<\mu_0$"的假设检验问题，在 H_1 中所规定的参数 μ 值的左边称为左边检验．右边检验和左边检验统称为单边检验．

（2）双边检验．形如"$H_0:\mu=\mu_0,H_1:\mu\neq\mu_0$"的假设检验问题称为双边检验．

二、假设检验的基本步骤

（1）根据实际问题的要求，提出原假设 H_0 及备择假设 H_1．

（2）给定显著性水平 α 及样本容量 n．

（3）确定检验统计量及拒绝域的形式．

（4）按 $P\{$拒绝 $H_0|H_0$为真$\}\leqslant\alpha$ 求出拒绝域．

（5）取样，根据样本观察值做出决策，是接受 H_0 还是拒绝 H_0.

三、正态总体均值和方差的假设检验

正态总体均值和方差的假设检验法见表 8-1（显著性水平为 α）．

表 8-1　正态总体均值和方差的假设检验法

	原假设 H_0	检验统计量	备择假设 H_1	拒绝域
1	$\mu\leqslant\mu_0$ $\mu\geqslant\mu_0$ $\mu=\mu_0$ （σ^2 已知）	$Z=\dfrac{\bar{X}-\mu_0}{\sigma/\sqrt{n}}$	$\mu>\mu_0$ $\mu<\mu_0$ $\mu\neq\mu_0$	$z\geqslant z_\alpha$ $z\leqslant -z_\alpha$ $|z|\geqslant z_{\alpha/2}$
2	$\mu\leqslant\mu_0$ $\mu\geqslant\mu_0$ $\mu=\mu_0$ （σ^2 未知）	$t=\dfrac{\bar{X}-\mu_0}{S/\sqrt{n}}$	$\mu>\mu_0$ $\mu<\mu_0$ $\mu\neq\mu_0$	$t\geqslant t_\alpha(n-1)$ $t\leqslant -t_\alpha(n-1)$ $|t|\geqslant t_{\alpha/2}(n-1)$
3	$\mu_1-\mu_2\leqslant\delta$ $\mu_1-\mu_2\geqslant\delta$ $\mu_1-\mu_2=\delta$ （σ_1^2,σ_2^2 已知）	$Z=\dfrac{\bar{X}-\bar{Y}-\delta}{\sqrt{\dfrac{\sigma_1^2}{n_1}+\dfrac{\sigma_2^2}{n_2}}}$	$\mu_1-\mu_2>\delta$ $\mu_1-\mu_2<\delta$ $\mu_1-\mu_2\neq\delta$	$z\geqslant z_\alpha$ $z\leqslant -z_\alpha$ $|z|\geqslant z_{\alpha/2}$
4	$\mu_1-\mu_2\leqslant\delta$ $\mu_1-\mu_2\geqslant\delta$ $\mu_1-\mu_2=\delta$ （$\sigma_1^2=\sigma_2^2=\sigma^2$ 未知）	$t=\dfrac{\bar{X}-\bar{Y}-\delta}{S_w\sqrt{\dfrac{1}{n_1}+\dfrac{1}{n_2}}}$ $S_w^2=\dfrac{(n_1-1)S_1^2+(n_2-1)S}{n_1+n_2-2}$	$\mu_1-\mu_2>\delta$ $\mu_1-\mu_2<\delta$ $\mu_1-\mu_2\neq\delta$	$t\geqslant t_\alpha(n_1+n_2-2)$ $t\leqslant -t_\alpha(n_1+n_2-2)$ $|t|\geqslant t_{\alpha/2}(n_1+n_2-2)$

	原假设 H_0	检验统计量	备择假设 H_1	拒绝域
5	$\sigma^2 \leqslant \sigma_0^2$ $\sigma^2 \geqslant \sigma_0^2$ $\sigma^2 = \sigma_0^2$ （μ 未知）	$\chi^2 = \dfrac{(n-1)S^2}{\sigma_0^2}$	$\sigma^2 > \sigma_0^2$ $\sigma^2 < \sigma_0^2$ $\sigma^2 \neq \sigma_0^2$	$\chi^2 \geqslant \chi_\alpha^2(n-1)$ $\chi^2 \leqslant \chi_{1-\alpha}^2(n-1)$ $\chi^2 \geqslant \chi_{\alpha/2}^2(n-1)$ 或 $\chi^2 \leqslant \chi_{1-\alpha/2}^2(n-1)$
6	$\sigma_1^2 \leqslant \sigma_2^2$ $\sigma_1^2 \geqslant \sigma_2^2$ $\sigma_1^2 = \sigma_2^2$ （μ 未知）	$F = \dfrac{S_1^2}{S_2^2}$	$\sigma_1^2 > \sigma_2^2$ $\sigma_1^2 < \sigma_2^2$ $\sigma_1^2 \neq \sigma_2^2$	$F \geqslant F_\alpha(n_1-1, n_2-1)$ $F \leqslant F_{1-\alpha}(n_1-1, n_2-1)$ $F \geqslant F_{\alpha/2}(n_1-1, n_2-1)$ 或 $F \leqslant F_{1-\alpha/2}(n_1-1, n_2-1)$
7	$\mu_D \leqslant 0$ $\mu_D \geqslant 0$ $\mu_D = 0$ （成对数据）	$t = \dfrac{\bar{D}-0}{S_D/\sqrt{n}}$	$\mu_D > 0$ $\mu_D < 0$ $\mu_D \neq 0$	$t \geqslant t_\alpha(n-1)$ $t \leqslant -t_\alpha(n-1)$ $\vert t \vert \geqslant t_{\alpha/2}(n-1)$

8.5　典型例题解析

【例1】　某种产品以往的废品率为 5%，采用某种技术革新后，对产品的样本进行检验：这种产品的废品率是否有所降低．取显著性水平 $\alpha = 5\%$，则此问题的原假设 H_0：_____；备择假设 H_1：_____；犯第 I 类错误的概率为_____．

分析：此题需要正确理解原假设、备择假设、显著性水平的概念．通常把那些需要着重考虑的假设视为原假设．

解：原假设 H_0：$P = 5\%$；备择假设 H_1：$P < 5\%$；犯第 I 类错误的概率为 $\alpha = 5\%$．

【例2】　在假设检验中，原假设 H_0，备择假设 H_1，则称（　　）为犯第 II 类错误．

（A）H_0 为真，接受 H_0　　　　　（B）H_0 不真，接受 H_0

（C）H_0 为真，拒绝 H_0　　　　　（D）H_0 不真，拒绝 H_0

分析：第 I 类错误，就是"弃真"的错误，第 II 类错误，就是"取伪"的错误．

解：按规定犯第 II 类错误，就是"取伪"的错误，即{接受 H_0 | H_0 不真}，故选 B.

【例3】　在假设检验中，显著性水平 α 的意义是（　　）．

（A）原假设 H_0 成立，经检验被拒绝的概率

（B）原假设 H_0 不成立，经检验被拒绝的概率

（C）原假设 H_0 成立，经检验不能被拒绝的概率

（D）原假设 H_0 不成立，经检验不能被拒绝的概率

分析：在显著性检验中，只对犯第 I 类错误的概率加以控制，而不考虑犯第 II 类错误的概率，显著性水平 α 就是犯第 I 类错误的最大概率．

解：根据假设检验的基本思想，小概率事件在一次试验中几乎不会发生，按规定犯第 I 类错误，就是犯"弃真"的错误，即{拒绝 H_0 | H_0 为真}，故选 A.

【例4】 某一化学日用品有限公司用包装机包装洗衣粉,洗衣粉的装包量(单位:g)是一个随机变量,它服从正态分布.当机器正常工作时,其均值为500g,标准差为2g.某日开工后,为检验包装机工作是否正常,随机地在它所包装的洗衣粉中任取9袋,称得其质量为

$$505,499,502,506,498,498,497,510,503.$$

试问这天包装机工作是否正常(取 $\alpha = 0.05$)?

分析:"这天包装机工作是否正常",不是包装机包装出来的洗衣粉每袋都是500g才算正常.受随机误差的影响,每袋装包量都是一个随机变量.由实践知道,标准差受机器精度影响,一般比较稳定.判断机器工作是否正常就是要根据样本值来判断均值是否是500g.所以此题是方差已知的有关均值的双边假设检验.

解:设洗衣粉的装包量为 $X,X \sim N(\mu, 2^2),\mu$ 未知.

检验假设

$$H_0 : \mu = \mu_0 = 500, \quad H_1 : \mu \neq 500.$$

总体方差已知,检验统计量

$$Z = \frac{\overline{X} - \mu_0}{\sigma / \sqrt{n}} \sim N(0,1),$$

$n = 9, \overline{x} = 502, \alpha = 0.05, z_{\frac{\alpha}{2}} = z_{0.025} = 1.96, \sigma = 2,$

拒绝域为

$$|z| = \left| \frac{\overline{x} - \mu_0}{\sigma / \sqrt{n}} \right| \geq z_{\frac{\alpha}{2}} = 1.96.$$

因为

$$|z| = \left| \frac{502 - 500}{2 / \sqrt{9}} \right| = 3 > 1.96,$$

故拒绝原假设 H_0,则包装机工作不正常.

【例5】 要求一种元件平均使用寿命不得低于1000h,生产者从一批这种元件中随机抽取25件,测得其寿命的平均值为950h.已知该种元件寿命服从标准差为 $\sigma = 100$h 的正态分布.试在显著性水平 $\alpha = 0.05$ 下判断这批元件是否合格.设总体均值为 μ,μ 未知.

分析:元件平均使用寿命不低于1000h,即 $\mu \geq 1000$ 时为合格品,$\mu < 1000$ 时为不合格品.

解:设元件的寿命为 $X,X \sim N(\mu, 100^2),\mu$ 未知.

检验假设

$$H_0 : \mu \geq \mu_0 = 1000, \quad H_1 : \mu < \mu_0 = 1000.$$

总体方差已知,检验统计量

$$Z = \frac{\overline{X} - \mu_0}{\sigma / \sqrt{n}},$$

$n = 25, \overline{x} = 950, \alpha = 0.05, z_\alpha = z_{0.05} = 1.645, \sigma = 100,$

拒绝域为

$$z = \frac{\bar{x} - \mu_0}{\sigma/\sqrt{n}} \leqslant -z_\alpha = -1.645.$$

因为

$$z = \frac{950 - 1000}{100/\sqrt{25}} = -2.5 < -1.645,$$

故拒绝原假设 H_0，即这批元件不合格.

【例6】 某车间生产某种规格的铜丝，根据长期经验，其抗断力 $X \sim N(5700, 80^2)$，现在车间改革了生产工艺，生产了一批铜丝，现从中抽取 10 个样本，测得数据如下（单位：N）

5700, 5720, 5700, 5680, 5720, 5700, 5720, 5960, 5840, 5700.

问新工艺是否值得推广（$\alpha = 0.05$）？

分析：如果新工艺能够使铜丝的抗断力有明显提高，那么就值得推广，即若 $\mu \leqslant 5700$ 则不值得推广，若 $\mu > 5700$ 则值得推广.

解：检验假设

$$H_0: \mu \leqslant \mu_0 = 5700, \quad H_1: \mu > \mu_0 = 5700.$$

总体方差已知，检验统计量

$$Z = \frac{\bar{X} - \mu_0}{\sigma/\sqrt{n}},$$

$n = 10, \bar{x} = 5744, \alpha = 0.05, z_\alpha = z_{0.05} = 1.645, \sigma = 80.$

拒绝域为

$$z = \frac{\bar{x} - \mu_0}{\sigma/\sqrt{n}} \geqslant z_\alpha = 1.645.$$

因为

$$z = \frac{5744 - 5700}{80/\sqrt{10}} = 1.739 > 1.645,$$

故拒绝原假设 H_0，即认为铜丝的抗断力高于 5700 牛顿，新工艺提高了质量，新工艺值得推广.

【例7】 某批矿砂的 5 个样品中的镍含量，经测定为（%）

3.25, 3.27, 3.24, 3.26, 3.24.

设测定值总体服从正态分布，但参数均未知，问在 $\alpha = 0.01$ 下能否接受假设：这批矿砂的镍含量的均值为 3.25.

分析：此题为方差未知的有关均值的双边检验.

解：设矿砂的镍含量为 $X, X \sim N(\mu, \sigma^2)$，$\mu$ 未知.

检验假设

$$H_0: \mu = \mu_0 = 3.25, \quad H_1: \mu \neq 3.25.$$

总体方差未知，检验统计量

$$t = \frac{\bar{X} - \mu_0}{S/\sqrt{n}},$$

$$n = 5, \bar{x} = 3.252, s = 0.013, \alpha = 0.01, t_{\frac{\alpha}{2}}(n-1) = t_{0.005}(4) = 4.6041,$$

拒绝域为

$$|t| = \left| \frac{\bar{x} - \mu_0}{s/\sqrt{n}} \right| \geqslant t_{\frac{\alpha}{2}}(n-1) = t_{0.005}(4) = 4.6041.$$

因为

$$|t| = \left| \frac{3.252 - 3.25}{0.013/\sqrt{5}} \right| = 0.344 < 4.6041,$$

故接受原假设 H_0，即认为这批矿砂镍含量的均值为 3.25.

【例 8】 下面列出的是某工厂随机选取的 20 只部件的装配时间(min)：
9.8,10.4,10.6,9.6,9.7,9.9,10.9,11.1,9.6,10.2,10.3,9.6,9.9,11.2,10.6,9.8,10.5,
10.1,10.5,9.7.
设装配时间总体服从正态分布 $N(\mu, \sigma^2), \mu, \sigma^2$ 均未知. 是否可以认为装配时间的均值显著大于 10(取 $\alpha = 0.05$)？

分析：此题检验的目的是判断装配时间的均值是否显著大于 10. 事实上，我们关心的是 μ 有没有大于 10，为此取 H_0 为维持现状，即取 $H_0: \mu \leqslant 10$.

解：设装配时间为 $X, X \sim N(\mu, \sigma^2), \mu, \sigma^2$ 未知.

检验假设

$$H_0: \mu \leqslant \mu_0 = 10, \quad H_1: \mu > 10.$$

总体方差未知，检验统计量

$$t = \frac{\bar{X} - \mu_0}{S/\sqrt{n}},$$

$$n = 20, \bar{x} = 10.2, \alpha = 0.05, t_{\alpha}(n-1) = t_{0.05}(19) = 1.7291, s = 0.5099,$$

拒绝域为

$$t = \frac{\bar{x} - \mu_0}{s/\sqrt{n}} \geqslant t_{\alpha}(n-1) = 1.7291.$$

因为

$$t = \frac{10.2 - 10}{0.5099/\sqrt{20}} = 1.754 > 1.7291,$$

故拒绝原假设 H_0，即可以认为装配时间的均值显著地大于 10.

【例 9】 某种柴油发动机，每升柴油的运转时间服从正态分布，现测试 6 台柴油机，每升柴油的运转时间(min)为

$$28,27,31,29,30,27.$$

按设计要求，每升柴油的运转时间平均应在 30min 以上. 问在显著性水平 $\alpha = 0.05$ 下，这种柴油机是否符合设计要求？

分析：如果每升柴油的运转时间平均在 30min 以上，那么就符合设计要求，即若 $\mu < 30$ 则不符合设计要求，若 $\mu \geqslant 30$ 则符合设计要求.

解：设每升柴油的运转时间为 $X, X \sim N(\mu, \sigma^2), \mu, \sigma^2$ 未知.

检验假设

$$H_0 : \mu \geqslant \mu_0 = 30, \quad H_1 : \mu < 30.$$

总体方差未知,检验统计量

$$t = \frac{\overline{X} - \mu_0}{S / \sqrt{n}},$$

$n = 6, \overline{x} = 28.67, s^2 = 1.633^2, \alpha = 0.05, t_\alpha (n-1) = t_{0.05}(5) = 2.015,$

拒绝域为

$$t = \frac{\overline{x} - \mu_0}{s / \sqrt{n}} \leqslant -t_\alpha (n-1) = -t_{0.05}(5) = -2.0151.$$

因为

$$t = \frac{28.67 - 30}{1.633 / \sqrt{6}} = -2.00 > -2.015,$$

故接受原假设 H_0,即认为这种柴油机符合设计要求.

【例 10】 已知 $x_1, x_2, \cdots, x_{10}$ 是取自正态总体 $N(\mu, 1)$ 的 10 个观测值,检验假设 $H_0 : \mu = \mu_0 = 0; H_1 : \mu \neq 0.$

(1) 如果检验的显著性水平 $\alpha = 0.05$,且拒绝域 $R = \{|\overline{X}| \geqslant k\}$,求 k 的值.

(2) 若已知 $\overline{x} = 1$,是否可以据此样本推断 $\mu = 0 (\alpha = 0.05)$?

(3) 若 $H_0 : \mu = 0$ 的拒绝域为 $R = \{|\overline{X}| \geqslant 0.8\}$,求检验的显著性水平 α.

分析: 方差 σ^2 为已知关于正态总体均值 μ 的检验 $H_0 : \mu = \mu_0, H_1 : \mu \neq \mu_0$,选取的统计量为 $Z = \frac{\overline{X} - \mu_0}{\sigma / \sqrt{n}}$,由于 $\mu = \mu_0$ 时,$\overline{X} \sim N\left(\mu, \frac{\sigma^2}{n}\right), Z \sim N(0,1)$,因此拒绝域 $W = \{|Z| \geqslant z_{\frac{\alpha}{2}}\}$ 与 $\overline{X}$ 的拒绝域 $W = \left\{|\overline{X} - \mu_0| \geqslant \frac{\sigma}{\sqrt{n}} z_{\frac{\alpha}{2}}\right\}$ 等价.

解:(1) 对于 $H_0 : \mu = \mu_0 = 0; H_1 : \mu \neq 0$,当 H_0 成立时,检验统计量 $Z = \frac{\overline{X} - \mu_0}{\sigma / \sqrt{n}} = \sqrt{10} \overline{X} \sim N(0,1)$. 根据 $\alpha = 0.05$,所以 $\lambda = 1.96$,即 $P\{|Z| \geqslant 1.96\} = 0.05$. 该检验的拒绝域为

$$R = \{|Z| \geqslant 1.96\} = \{|\sqrt{10} \overline{X}| \geqslant 1.96\} = \left\{|\overline{X}| \geqslant \frac{1.96}{\sqrt{10}}\right\},$$

于是 $k = \frac{1.96}{\sqrt{10}} \approx 0.62.$

(2) 由(1)知拒绝域 $W = \{|\overline{X}| \geqslant 0.62\}$,如果 $\overline{x} = 1$,则 $\overline{x} > 0.62$,因此应拒绝 H_0,即不能根据此样本推断 $\mu = 0$.

(3) 显著性水平 α 是在 H_0 为真,拒绝 H_0 的概率,即

$\alpha = P\{(x_1, x_2, \cdots, x_{10}) \in R | H_0 为真\} = P\{(x_1, x_2, \cdots, x_{10}) \in R | \mu = 0\} = P\{|\overline{X}| \geqslant 0.8 | \mu = 0\}.$

由于 $\mu = 0$ 时,$\overline{X} \sim N\left(0, \frac{1}{\sqrt{10}}\right)$,所以有

$$\begin{aligned}
\alpha &= P\{|\overline{X}| \geqslant 0.8\} = P\{|\sqrt{10} \overline{X}| \geqslant 0.8 \sqrt{10}\} = 1 - P\{|\sqrt{10} \overline{X}| < 0.8 \sqrt{10}\} \\
&= 2[1 - \Phi(2.53)] = 0.0114.
\end{aligned}$$

【例11】　某厂有一批产品共5000件,须经检验合格才能出厂.按国家标准,次品率不得超过10%,今从中任取100件,发现了12件次品,问这批产品是否能出厂($\alpha=0.05$)?

分析:这是比率的假设检验,比率通过计算某一性质的观察值而求得,其性质是离散型的计数资料,这些数据的分布在理论上服从二项分布.因此,比率的假设检验一般应按二项分布进行,但是,在大样本条件下,二项分布近似于正态分布,本题是大样本,故可用μ检验法来检验此问题.

解:检验假设

$$H_0: p \leqslant p_0 = 10\%, \quad H_1: p > p_0 = 10\%.$$

设X表示n件产品中的次品数,$X \sim b(n, p_0)$,$n = 100$,$p_0 = 10\%$.由中心极限定理

$$\frac{X - np_0}{\sqrt{np_0(1-p_0)}} \sim N(0,1),$$

即

$$Z = \frac{\dfrac{X}{n} - p_0}{\sqrt{p_0(1-p_0)/n}} \sim N(0,1),$$

在H_0成立的条件下,有

$$z = \frac{0.12 - 0.1}{\sqrt{0.1 \times 0.9/100}} = 0.667,$$

由于此检验是单边检验,拒绝域为

$$z \geqslant z_\alpha = z_{005} = 1.645.$$

因为

$$z = 0.667 < 1.645,$$

故接受原假设H_0,即认为次品率没有超过10%,符合国家标准,应准予出厂.

【例12】　设甲、乙两厂生产同样的电子元件,其寿命(单位:h)X,Y分别服从正态分布$N(\mu_1, \sigma_1^2)$,$N(\mu_2, \sigma_2^2)$.已知它们寿命的标准差分别为84h和96h.现从两厂生产的电子元件中各取60只,测得平均寿命:甲厂为1295h,乙厂为1230h.问能否认为两厂生产的电子元件寿命无显著差异($\alpha = 0.05$)?

分析:当甲、乙两厂生产的电子元件寿命均值差$\mu_1 - \mu_2 = 0$时无显著差异,而$\mu_1 - \mu_2 \neq 0$时有显著差异.

解:检验假设

$$H_0: \mu_1 = \mu_2, \quad H_1: \mu_1 \neq \mu_2.$$

总体方差已知,检验统计量

$$Z = \frac{\overline{X} - \overline{Y} - (\mu_1 - \mu_2)}{\sqrt{\dfrac{\sigma_1^2}{n_1} + \dfrac{\sigma_2^2}{n_2}}},$$

$$n_1 = n_2 = 60, \ \overline{x} = 1295, \overline{y} = 1230, \ \alpha = 0.05, \ z_{\alpha/2} = z_{0.025} = 1.96,$$
$$\sigma_1 = 84, \sigma_2 = 96,$$

拒绝域为

$$|z| = \left| \frac{\bar{x} - \bar{y} - (\mu_1 - \mu_2)}{\sqrt{\frac{\sigma_1^2}{n_1} + \frac{\sigma_2^2}{n_2}}} \right| \geqslant z_{\alpha/2} = 1.96.$$

因为

$$|z| = \left| \frac{1295 - 1230}{\sqrt{\frac{84^2}{60} + \frac{96^2}{60}}} \right| = 3.94 > 1.96,$$

故拒绝原假设 H_0,即认为两厂生产的电子元件寿命有显著差异.

【例 13】 某中药厂从某种药材中提取某种有效成分. 为提高得率,改革了提炼方法,现对同一质量的药材,用新、旧两种方法各做 10 次试验,其得率(%)分别为

旧方法:78.1,72.4,76.2,74.3,77.4,78.4,76.0,75.5,76.7,77.3;

新方法:79.1,81.0,77.3,79.1,80.0,79.1,79.1,77.3,80.2,82.1.

这两个样本分别来自正态总体 $N(\mu_1, 1)$,$N(\mu_2, 1)$,且相互独立,问新方法是否提高了得率(取 $\alpha = 0.05$)?

分析:若两正态总体均值满足 $\mu_1 < \mu_2$,则新方法提高了得率;否则 $\mu_1 \geqslant \mu_2$,新方法没有提高得率.

解:检验假设

$$H_0: \mu_1 \geqslant \mu_2, \quad H_1: \mu_1 < \mu_2.$$

总体方差已知,检验统计量

$$Z = \frac{\bar{X} - \bar{Y}}{\sqrt{\frac{\sigma_1^2}{n_1} + \frac{\sigma_2^2}{n_2}}},$$

$n_1 = n_2 = 10$,$\bar{x} = 76.23$,$\bar{y} = 79.43$,$\alpha = 0.05$,$z_\alpha = z_{0.05} = 1.645$,

$$\sigma_1 = \sigma_2 = 1,$$

拒绝域为

$$z = \frac{\bar{x} - \bar{y}}{\sqrt{\frac{\sigma_1^2}{n_1} + \frac{\sigma_2^2}{n_2}}} \leqslant -z_\alpha = -1.645.$$

因为

$$z = \frac{76.23 - 79.43}{\sqrt{\frac{1}{10} + \frac{1}{10}}} = -7.16 < -1.645,$$

故拒绝原假设 H_0,即认为新方法提高了得率,值得推广.

【例 14】 某地某年高考后随机抽取 15 名男生、12 名女生的物理考试成绩如下:

男生:49,48,47,53,51,43,39,57,56,46,42,44,55,44,40;

女生:46,40,47,51,43,36,43,38,48,54,48,34.

这 27 名学生的成绩能说明这个地区男女生的物理考试成绩不相上下吗? 给定 $\alpha = 0.05$,假定男女生的物理考试成绩服从正态分布且具有公共方差.

分析:这个问题即是根据样本判断 $\mu_1 = \mu_2$ 还是而 $\mu_1 \neq \mu_2$.

解:男生和女生物理考试成绩分别为 X,Y, 且 $X \sim N(\mu_1, \sigma_1^2)$, $Y \sim N(\mu_2, \sigma_2^2)$, $\sigma_1^2 = \sigma_2^2 = \sigma^2$,

检验假设

$$H_0 : \mu_1 = \mu_2, \quad H_1 : \mu_1 \neq \mu_2.$$

总体方差未知,检验统计量

$$t = \frac{\overline{X} - \overline{Y}}{S_w \sqrt{\dfrac{1}{n_1} + \dfrac{1}{n_2}}},$$

其中

$$S_w^2 = \frac{(n_1 - 1)S_1^2 + (n_2 - 1)S_2^2}{n_1 + n_2 - 2},$$

$n_1 = 15, n_2 = 12, \overline{x} = 47.6, \overline{y} = 44, (n_1 - 1)s_1^2 = 469.6, (n_2 - 1)s_2^2 = 412$,

$S_w = \sqrt{\dfrac{469.6 + 412}{25}} = 5.94, \alpha = 0.05, t_{\alpha/2}(n_1 + n_2 - 2) = t_{0.025}(25) = 2.060$,

拒绝域为

$$|t| = \left| \frac{\overline{x} - \overline{y}}{s_w \sqrt{\dfrac{1}{n_1} + \dfrac{1}{n_2}}} \right| \geqslant t_{\alpha/2}(n_1 + n_2 - 2) = t_{0.025}(25) = 2.060.$$

因为

$$|t| = \left| \frac{47.6 - 44}{5.94 \sqrt{\dfrac{1}{15} + \dfrac{1}{12}}} \right| = 1.565 < t_{0.025}(25) = 2.060,$$

故接受原假设 H_0,即认为这个地区男女生的物理考试成绩不相上下.

【例15】 一制造厂装配车间的新操作工,需要参加近一个月的培训才能达到最佳效率. 今提出了一种新的培训方法,为比较老新培训方法的效果,随机地选出 18 人,分成两组,每组 9 人,分别按老新方法培训 3 周,培训结束后,各人都装配一个同类部件,所需时间(min)记录如下:

老方法:32,37,35,28,41,44,35,31,34;

新方法:35,31,29,25,34,40,27,32,31.

设这两个样本相互独立,且依次来自正态总体 $N(\mu_1, \sigma^2)$, $N(\mu_2, \sigma^2)$, μ_1, μ_2, σ^2 均未知. 问用新培训方法培训操作工能否缩短部件的装配时间(取 $\alpha = 0.05$)?

分析:若用新培训方法培训操作工能缩短部件的装配时间,则 $\mu_1 > \mu_2$,否则 $\mu_1 \leqslant \mu_2$.

解:设用老新培训方法培训操作工部件的装配时间分别为 X,Y, 且 $X \sim N(\mu_1, \sigma^2)$, $Y \sim N(\mu_2, \sigma^2)$.

检验假设

$$H_0 : \mu_1 \leqslant \mu_2, \quad H_1 : \mu_1 > \mu_2.$$

总体方差未知,检验统计量

$$t = \frac{\overline{X} - \overline{Y}}{S_w\sqrt{\dfrac{1}{n_1} + \dfrac{1}{n_2}}},$$

其中

$$S_w^2 = \frac{(n_1-1)S_1^2 + (n_2-1)S_2^2}{n_1 + n_2 - 2},$$

$n_1 = 9$ $n_2 = 9$, $\overline{x} = 35.222$, $\overline{y} = 31.556$, $s_1^2 = 24.444$, $s_2^2 = 20.028$,

$$s_w = \sqrt{\frac{8 \times (24.444 + 20.028)}{16}} = 22.236,$$

$$\alpha = 0.05, t_\alpha(n_1 + n_2 - 2) = t_{0.05}(16) = 1.7459,$$

拒绝域为

$$t = \frac{\overline{x} - \overline{y}}{s_w\sqrt{\dfrac{1}{n_1} + \dfrac{1}{n_2}}} \geqslant t_\alpha(n_1 + n_2 - 2) = t_{0.05}(16) = 1.7459.$$

因为

$$t = \frac{35.222 - 31.556}{22.236\sqrt{\dfrac{1}{9} + \dfrac{1}{9}}} = 1.649 < t_{0.05}(16) = 1.7459,$$

故接受原假设 H_0, 即认为新培训方法培训操作工不能缩短部件的装配时间.

【例 16】 某厂铸造车间为提高铸件的耐磨性而试制了一种镍合金铸件以取代铜合金铸件, 为此, 从两种铸件中各抽取一个容量分别为 9 和 8 的样本, 测得其硬度 (一种耐磨性指标) 为

铜合金:73.66,64.27,69.34,71.37,69.77,68.12,67.27,68.07,62.61;

镍合金:76.43,76.21,73.58,69.69,65.29,70.83,82.75,72.34.

根据专业经验, 硬度服从正态总体, 且方差保持不变, 试在显著性水平 $\alpha = 0.05$ 下判断镍合金的硬度是否有明显提高.

分析:若镍合金的硬度有明显提高, 则 $\mu_1 < \mu_2$, 否则 $\mu_1 \geqslant \mu_2$.

解:设铜合金铸件和镍合金铸件硬度分别为 X, Y, 且 $X \sim N(\mu_1, \sigma^2)$, $Y \sim N(\mu_2, \sigma^2)$.

检验假设

$$H_0 : \mu_1 \geqslant \mu_2, \quad H_1 : \mu_1 < \mu_2.$$

总体方差未知, 检验统计量

$$t = \frac{\overline{X} - \overline{Y}}{S_w\sqrt{\dfrac{1}{n_1} + \dfrac{1}{n_2}}},$$

其中

$$S_w^2 = \frac{(n_1-1)S_1^2 + (n_2-1)S_2^2}{n_1 + n_2 - 2},$$

$n_1 = 9$ $n_2 = 8$, $\overline{x} = 68.2756$, $\overline{y} = 73.39$, $(n_1-1)s_1^2 = 91.1552$,

$$(n_2-1)s_2^2 = 205.7958, s_w = \sqrt{\frac{(205.7958+91.1552)}{15}} = 4.4494,$$

$$\alpha = 0.05, t_\alpha(n_1+n_2-2) = t_{0.05}(15) = 1.7531,$$

拒绝域为

$$t = \frac{\overline{x}-\overline{y}}{s_w\sqrt{\dfrac{1}{n_1}+\dfrac{1}{n_2}}} \leqslant -t_\alpha(n_1+n_2-2) = -t_{0.05}(15) = -1.7531.$$

因为

$$t = \frac{68.2756-73.39}{4.4494\sqrt{\dfrac{1}{7}+\dfrac{1}{8}}} = -2.2210 < -t_{0.05}(15) = -1.7531,$$

故拒绝原假设 H_0 ,即认为镍合金的硬度有明显提高.

【例17】 设我们感兴趣于研究一种新开发的汽油净化添加剂对汽车行驶里程的影响. 我们选取了7辆汽车,对每辆汽车分别使用含有添加剂的汽油和未含有添加剂的汽油. 在这两种情况下分别测得汽车的行驶里程(以某种单位计),如下表所示:

汽 车 编 号	1	2	3	4	5	6	7
里程(不含添加剂)x	24.2	30.4	32.7	19.8	25.0	24.9	22.2
里程(含添加剂)y	23.5	29.6	32.3	17.6	25.3	25.4	20.6
$d=x-y$	0.7	0.8	0.4	2.2	-0.3	-0.5	1.6

能否认为使用两种汽油,汽车行驶的里程有显著的差异($\alpha=0.05$)?

分析:此题中的数据是成对的,对于同一辆汽车测得一对数据. 对应于不同汽车的数据差异是由各种因素引起的. 由于各辆汽车的行驶情况有广泛的差别,因此不能确定表中第一行和第二行是一个样本. 而表中同一对的两个数据的差异,则可看成是仅由两种汽油的性能差异所引起的. 这样,局限于各对中的两个数据来比较,就能排除其他因素的影响,从而有可能研究单独由汽油性能的影响所引起的汽车行驶里程的差异.

解:设使用未含有添加剂的汽油和含有添加剂的汽油汽车行驶里程分别为 X,Y ,且 $D_i=X_i-Y_i(i=1,\cdots 7)$,假设 $D_i \sim N(\mu_D, \sigma_D^2)(i=1,2,\cdots,7)$.

检验假设

$$H_0:\mu_D=0, \quad H_1:\mu_D \neq 0.$$

检验统计量

$$t = \frac{\overline{D}-0}{S_D/\sqrt{n}},$$

$n=7, \overline{d}=0.7, s_D=0.9661, \alpha=0.05, t_{\frac{\alpha}{2}}(n-1) = t_{0.025}(6) = 2.4469.$

拒绝域为

$$|t| = \left|\frac{\overline{d}}{s_D/\sqrt{n}}\right| \geqslant t_{\frac{\alpha}{2}}(n-1) = t_{0.025}(6) = 2.4469.$$

因为

$$|t| = \left| \frac{0.7}{0.9661/\sqrt{7}} \right| = 1.9170 < 2.4469,$$

故接受原假设 H_0，即认为使用两种汽油，汽车行驶的里程无显著的差异．

【例18】 某厂生产的某种型号的电池，其寿命(h)长期以来服从方差 $\sigma^2 = 5000$ 的正态分布．现有一批这种电池，从它的生产情况来看，寿命的波动性有所改变．现随机取 26 只电池，测出其寿命的样本方差 $s^2 = 9200$．问根据这一数据能否推断这批电池的寿命的波动性较以往有显著的变化(取 $\alpha = 0.02$)？

分析：这批电池的寿命的波动性较以往有显著的变化，即这批电池寿命的方差不等于 5000，即若 $\sigma^2 = 5000$ 则无显著的变化，若 $\sigma^2 \neq 5000$ 则有显著变化．

解：设电池的寿命为 $X, X \sim N(\mu, \sigma^2), \mu, \sigma^2$ 未知．

检验假设

$$H_0: \sigma^2 = \sigma_0^2 = 5000, \quad H_1: \sigma^2 \neq 5000.$$

检验统计量

$$\chi^2 = \frac{(n-1)S^2}{\sigma_0^2},$$

$n = 26, s^2 = 9200, \alpha = 0.02, \chi_{\alpha/2}^2(n-1) = \chi_{0.01}^2(25) = 44.31$,
$\chi_{1-\alpha/2}^2(n-1) = \chi_{0.99}^2(25) = 11.52$,

拒绝域为

$$\chi^2 = \frac{(n-1)s^2}{\sigma_0^2} \geqslant \chi_{0.01}^2(25) = 44.31 \ \text{或} \ \chi^2 = \frac{(n-1)s^2}{\sigma_0^2} \leqslant \chi_{0.99}^2(25) = 11.52,$$

因为

$$\chi^2 = \frac{(n-1)s^2}{\sigma_0^2} = \frac{25 \times 9200}{5000} = 46 > \chi_{0.01}^2(25) = 44.31,$$

故拒绝原假设 H_0，即认为这批电池的寿命的波动性较以往有显著的变化．

【例19】 一温度计制造商声称，他的温度计读数的标准差不超过 0.5℃．检验一组共 16 只温度计，得到的样本标准差为 0.7℃．设温度计读数总体近似服从正态分布 $N(\mu, \sigma^2), \mu, \sigma^2$ 均未知，试检验制造商的断言是否准确(取 $\alpha = 0.05$)．

分析：如果温度计的读数的标准差不超过 0.5℃，则制造商的断言准确，即若 $\sigma \leqslant 0.5$℃则断言准确，若 $\sigma > 0.5$℃则断言不准确．

解：设温度计读数为 $X, X \sim N(\mu, \sigma^2), \mu, \sigma^2$ 未知．

检验假设

$$H_0: \sigma \leqslant \sigma_0 = 0.5℃,, H_1: \sigma > 0.5℃.$$

检验统计量

$$\chi^2 = \frac{(n-1)S^2}{\sigma_0^2},$$

$n = 16, s = 0.7℃, \alpha = 0.05, \chi_\alpha^2(n-1) = \chi_{0.05}^2(15) = 24.996$,

拒绝域为

$$\chi^2 = \frac{(n-1)s^2}{\sigma_0^2} \geqslant \chi_{0.05}^2(15) = 24.996.$$

因为

$$\chi^2 = \frac{(n-1)s^2}{\sigma_0^2} = \frac{15 \times 0.7^2}{0.5^2} = 29.4 > \chi_{0.05}^2(15) = 24.996,$$

故拒绝原假设 H_0，即认为制造商的话不可信.

【例20】 测定某种溶液的水分，它的 10 个测定值给出 $s = 0.037\%$，设测定值总体服从正态分布，σ^2 为总体方差，σ^2 未知. 试在显著性水平 $\alpha = 0.05$ 下检验假设

$$H_0: \sigma \geq 0.04\%, \quad H_1: \sigma < 0.04\%.$$

分析：此题为标准差 σ 的左边检验法.

解：设某种溶液的水分为 X，$X \sim N(\mu, \sigma^2)$，μ, σ^2 未知.

检验假设

$$H_0: \sigma \geq 0.04\%, \quad H_1: \sigma < 0.04\%.$$

检验统计量

$$\chi^2 = \frac{(n-1)S^2}{\sigma_0^2},$$

$n = 10, s = 0.037\%, \alpha = 0.05, \chi_{1-\alpha}^2(n-1) = \chi_{0.95}^2(9) = 3.325,$

拒绝域为

$$\chi^2 = \frac{(n-1)s^2}{\sigma_0^2} \leq \chi_{0.95}^2(9) = 3.325,$$

因为

$$\chi^2 = \frac{(n-1)s^2}{\sigma_0^2} = \frac{9 \times 0.037\%^2}{0.04\%^2} = 7.701 > \chi_{0.95}^2(9) = 3.325,$$

故拒绝原假设 H_0，即 $\sigma < 0.04\%$ 成立.

【例21】 两台车床加工同种零件，分别从两台车床加工的零件中抽取 6 个和 9 个，测量其直径（cm），并计算得到 $s_1^2 = 0.345, s_2^2 = 0.375$. 假定零件直径服从正态分布，试比较两台车床加工精度有无显著差异（取 $\alpha = 0.10$）.

分析：两台车床加工精度有无显著差异是指由它们加工的零件直径的方差是否相等.

解：设两台车床加工零件直径分别为 X, Y，且 $X \sim N(\mu_1, \sigma_1^2), Y \sim N(\mu_2, \sigma_2^2)$，设 μ_1, μ_2，σ_1^2, σ_2^2 均为未知.

检验假设

$$H_0: \sigma_1^2 = \sigma_2^2, \quad H_1: \sigma_1^2 \neq \sigma_2^2.$$

检验统计量

$$F = \frac{S_1^2}{S_2^2},$$

$n_1 = 6, n_2 = 9, s_1^2 = 0.345, s_2^2 = 0.375, \alpha = 0.10,$

$$F_{\alpha/2}(n_1-1, n_2-1) = F_{0.05}(5, 8) = 3.69,$$

$$F_{1-\alpha/2}(n_1-1, n_2-1) = F_{0.95}(5, 8) = \frac{1}{F_{0.05}(8, 5)} = 0.207,$$

拒绝域为

$$F = \frac{s_1^2}{s_2^2} \geqslant F_{0.05}(5, 8) = 3.69 \quad 或 \quad F = \frac{S_1^2}{S_2^2} \leqslant F_{0.95}(5, 8) = 0.207.$$

因为

$$0.207 < F = \frac{s_1^2}{s_2^2} = \frac{0.345}{0.375} = 0.92 < 3.69,$$

故接受原假设 H_0, 即认为两台车床加工精度无显著差异.

【例 22】 测定了 10 位老年男子和 8 位青年男子的血压值如下:

老年男子的血压值: 133, 120, 122, 114, 130, 155, 116, 140, 160, 180;

青年男子的血压值: 152, 136, 128, 130, 114, 123, 134, 128.

通常认为血压值服从正态分布, 试检验老年男子血压值的波动是否显著高于青年男子($\alpha = 0.05$).

分析: 此题为两个正态总体方差比的单边检验法.

解: 设老年男子血压值和青年男子的血压值分别为 X, Y, 且 $X \sim N(\mu_1, \sigma_1^2)$, $Y \sim N(\mu_2, \sigma_2^2)$, 设 $\mu_1, \mu_2, \sigma_1^2, \sigma_2^2$ 均为未知.

检验假设

$$H_0 : \sigma_1^2 \leqslant \sigma_2^2, \quad H_1 : \sigma_1^2 > \sigma_2^2.$$

检验统计量

$$F = \frac{S_1^2}{S_2^2},$$

$$n_1 = 10, n_2 = 8, s_1^2 = 473.33, s_2^2 = 120.84, \alpha = 0.05,$$

$$F_\alpha(n_1 - 1, n_2 - 1) = F_{0.05}(9, 7) = 3.68,$$

拒绝域为

$$F = \frac{s_1^2}{s_2^2} \geqslant F_{0.05}(9, 7) = 3.68.$$

因为

$$F = \frac{s_1^2}{s_2^2} = \frac{473.33}{120.84} = 3.917 < 3.68,$$

故接受原假设 H_0, 即认为老年男子血压值的波动不显著高于青年男子.

【例 23】 有两台机器生产金属部件. 分别在两台机器所生产的部件中各取容量 $n_1 = 40, n_2 = 60$ 的样本, 测得部件质量(kg)的样本方差分别为 $s_1^2 = 9.66$, $s_2^2 = 15.46$. 设两样本相互独立. 两总体分别服从 $N(\mu_1, \sigma_1^2)$, $N(\mu_2, \sigma_2^2)$ 分布, μ_1, μ_2, σ_1^2, σ_2^2 均为未知. 试在显著性水平 $\alpha = 0.05$ 下检验假设

$$H_0 : \sigma_1^2 \geqslant \sigma_2^2, \quad H_1 : \sigma_1^2 > \sigma_2^2.$$

分析: 此题为两个正态总体方差比的左边检验法.

解: 设两台机器生产金属部件质量分别为 X, Y, 且 $X \sim N(\mu_1, \sigma_1^2)$, $Y \sim N(\mu_2, \sigma_2^2)$.

检验假设

$$H_0 : \sigma_1^2 \geqslant \sigma_2^2, \quad H_1 : \sigma_1^2 > \sigma_2^2.$$

检验统计量

$$F = \frac{S_1^2}{S_2^2},$$

$$n_1 = 40, n_2 = 60 \quad s_1^2 = 9.66, s_2^2 = 15.46, \alpha = 0.05,$$

$$F_{1-\alpha}(n_1-1, n_2-1) = F_{0.95}(39,59) = \frac{1}{F_{0.05}(59,39)} = \frac{1}{1.64} \approx 0.61,$$

拒绝域为

$$F = \frac{s_1^2}{s_2^2} \leqslant F_{0.95}(39,59) = 0.61.$$

因为

$$F = \frac{s_1^2}{s_2^2} = \frac{9.66}{15.46} = 0.62 > 0.61,$$

故接受原假设 H_0,即认为 $\sigma_1^2 \geqslant \sigma_2^2$.

【例24】 用一种称为"混乱指标"的尺度衡量工程师的英语的可理解性,对混乱指标的打分越低表示可理解性越高. 分别随机选取 13 篇刊载在工程杂志上的论文,以及 10 篇未出版的学术报告,对它们的打分列于下表:

杂志中的论文(数据Ⅰ)				未出版的报告(数据Ⅱ)		
1.79	1.75	1.67	1.65	2.39	2.51	2.86
1.87	1.74	1.94		2.56	2.29	2.49
1.62	2.06	1.33		2.36	2.58	
1.96	1.69	1.70		2.62	2.41	

设数据Ⅰ,Ⅱ分别来自正态总体 $N(\mu_1, \sigma_1^2)$,$N(\mu_2, \sigma_2^2)$,$\mu_1, \mu_2, \sigma_1^2, \sigma_2^2$ 均为未知,两样本独立.

(1)试检验假设 $H_0 : \sigma_1^2 = \sigma_2^2, H_1 : \sigma_1^2 \neq \sigma_2^2$(取 $\alpha = 0.10$).

(2)若能接受 H_0,接着检验假设 $H_0' : \mu_1 = \mu_2, H_1' : \mu_1 \neq \mu_2$(取 $\alpha = 0.10$).

分析:本题最终是需要检验均值差 $\mu_1 - \mu_2$,应首先检验两个总体的方差是否相等,即是否满足方差的齐次性要求.

解:设混乱指标对杂志中的论文和未出版的报告的英语的打分分别为 X, Y,且 $X \sim N(\mu_1, \sigma_1^2), Y \sim N(\mu_2, \sigma_2^2)$,设 $\mu_1, \mu_2, \sigma_1^2, \sigma_2^2$ 均为未知.

(1)检验假设

$$H_0 : \sigma_1^2 = \sigma_2^2, \quad H_1 : \sigma_1^2 \neq \sigma_2^2.$$

检验统计量

$$F = \frac{S_1^2}{S_2^2},$$

$$n_1 = 13, n_2 = 10, s_1^2 = 0.034, s_2^2 = 0.0264, \alpha = 0.10,$$

$$F_{\alpha/2}(n_1-1, n_2-1) = F_{0.05}(12,9) = 3.07,$$

$$F_{1-\alpha/2}(n_1-1, n_2-1) = F_{0.95}(12,9) = \frac{1}{F_{0.05}(9,12)} = 0.357,$$

拒绝域为

$$F = \frac{s_1^2}{s_2^2} \geq F_{0.05}(12,9) = 3.07 \text{ 或 } F = \frac{s_1^2}{s_2^2} \leq F_{0.95}(12,9) = 0.357.$$

因为

$$0.357 < F = \frac{s_1^2}{s_2^2} = \frac{0.034}{0.0264} = 1.288 < 3.07,$$

故接受原假设 H_0，即认为两个总体的方差相等.

（2）检验假设

$$H_0' : \mu_1 = \mu_2, \quad H_1' : \mu_1 \neq \mu_2.$$

总体方差未知，检验统计量

$$t = \frac{\bar{X} - \bar{Y}}{S_w \sqrt{\frac{1}{n_1} + \frac{1}{n_2}}},$$

其中

$$S_w^2 = \frac{(n_1 - 1)S_1^2 + (n_2 - 1)S_2^2}{n_1 + n_2 - 2},$$

$$\bar{x} = 1.752, \bar{y} = 2.507, \quad s_w^2 = \frac{12 \times 0.034 + 9 \times 0.0264}{21} = 0.0307,$$

$$\alpha = 0.10, \quad t_{\alpha/2}(n_1 + n_2 - 2) = t_{0.05}(21) = 1.7207,$$

拒绝域为

$$|t| = \left| \frac{\bar{x} - \bar{y}}{s_w \sqrt{\frac{1}{n_1} + \frac{1}{n_2}}} \right| \geq t_{\alpha/2}(n_1 + n_2 - 2) = t_{0.05}(21) = 1.7207.$$

因为

$$|t| = \left| \frac{1.752 - 2.507}{\sqrt{0.0307} \sqrt{\frac{1}{13} + \frac{1}{10}}} \right| = 10.244 > 1.7207,$$

故拒绝原假设 H_0，即认为杂志刊载的论文与未出版的学术报告的行文可理解性有显著差异.

8.6 疑难问题及常见错误例析

（1）在统计假设检验中，如何确定原假设 H_0 和备择假设 H_1？

答：在实际问题中，通常把那些需要着重考虑的假设视为原假设.

① 如果问题是判断新提出的方法是否比原方法好，则往往将原方法取为原假设 H_0，而将新方法取为备择假设 H_1.

② 若提出一个假设，检验的目的仅仅是判断这个假设是否成立，此时直接取此假设为原假设即可.

从数学上看，原假设 H_0 和备择假设 H_1 的地位是对等的，但在实际问题中，如果提出的假设检验仅仅控制了犯第 I 类错误的概率,那么选用哪个假设作为原假设 H_0,要依具体问题的目的与要求而定. 它取决于犯两类错误将会带来的后果,一般可根据以下三个原则选择哪个假设作为原假设 H_0:当目的是希望从样本观察值取得对某一论断有理的支持时,把这一论断的否定作为原假设 H_0;尽量将后果严重的错误作为第 I 类错误;把过去资料所提供的论断作为原假设 H_0,这样当检验后的最终结论为拒绝 H_0 时,由于犯第 I 类错误的概率被控制而显得有说服力或危害较小.

(2) 对某种癌症患者,过去一直用外科方法进行治疗,治愈率为 2%,某医生用化学疗法治疗 200 名患者,治愈率为 3%,新方法比外科方法的治愈率高,因此判定化学疗法比外科疗法更有效,这个结论正确吗?

答:不正确. 我们来进行假设检验.

建立假设

H_0:治愈率 $p = 0.02$(即新旧方法无显著差异).

设 X 表示治愈的患者数,则 $X = 0, 1, \cdots, 200$. 由于对每个患者的治疗是随机的,只可能有 A(治愈)或 $\bar{A}$(未治愈)两种结果,且 $P(A) = 0.02$. 因此,用新方法治疗 200 名患者可以视为 200 重独立试验,应用二项分布来求解,但因为 $n = 200$ 很大,$p = 0.02$ 很小,于是可用泊松分布来近似,$\lambda = np = 4$.

若给定显著性水平 $\alpha = 0.05$,则可根据下式确定对 H_0 的拒绝域:

$$\alpha = \sum_{i=1}^{200} C_{200}^i (0.02)^i (0.98)^{200-i} \approx \sum_{i=1}^{200} \frac{e^{-4} 4^i}{i!} \approx 0.05.$$

查泊松分布表知 $k = 8$,故拒绝域为 $x \geq 8$. 因为试验中治疗 200 人只有 6 人治愈,所以不能拒绝 H_0,即由此试验数据尚不能认为化疗法比外科法更有效. 如果用新法治疗 200 名患者时治愈达 8 人以上,则可认为新方法比旧方法有效.

$3\% > 2\%$,凭直观应该可以判定新方法比旧方法有效,为什么用数理统计假设检验的方法却得出了相反的结论?

问题出自 3% 这个数据是如何来的,它仅仅是一个样本得到的信息,因此只能说,就这一次试验而言,这次效果比旧方法好,而没有理由说整个新方法比旧方法好.

那么,由假设检验得出的拒绝域为 $x \geq 8$ 是不是一种绝对的肯定呢? 也就是说,假若 200 名患者中用新法治愈达 8 人以上,是否可以绝对肯定新法比旧法好? 不是. 这种肯定是带概率性质的肯定,不同于一般的绝对的肯定. 很明显,拒绝域 $x \geq 8$ 是以 95% 的把握来肯定的.

(3) 在假设检验中,无论拒绝原假设还是接受原假设,都有可能犯错误,是这样吗?

答:是这样的. 无论采取什么样的决策(拒绝原假设或接受原假设)都可能是正确的,同时又都可能是错误的. 既然如此,还要"假设检验"干什么?

我们注意到,概率本身就是研究随机现象的,因而它的结论无不带有随机性. 正如我们说"小概率事件在一次试验中几乎是不可能发生的",这个"几乎"就带有随机性. 我们对原假设作出是拒绝还是接受的判断,都是"根据实际推断原理". 因此,犯错误和不犯错误的可能性都是存在的,若二者的可能性各占一半(都是 50%),那么"假设检验"确实没有价值. 事实上,犯错误的概率是很小的,这样,"假设检验"才成为检验某种估计(或称为猜想)可靠程度的一种优良方法.

（4）怎样合理地选择显著性水平 α?

答：当假设 H_0 成立时，但由于样本的随机性，仍有可能作出拒绝 H_0 的结论，即犯第 I 类错误. 显著性水平的一个意义是给出了犯第 I 类错误的概率，即 H_0 成立，α 相应的临界值为 C，则统计量满足不等式 $|t|>C$ 的概率为 α. 另外，α 的选定又是对小概率事件小到什么程度的一种抉择. α 越小，而事件发生了，则拒绝 H_0 的可信度越高，所谓显著性是指实际情况与 H_0 的判断之间存在的显著差异.

α 的选定通常取较小的值，如 $0.05, 0.01$ 等，但在某些实际问题中，如药品检验将不合格视为合格，即犯第 II 类错误的后果更严重时，通常取 α 较大（0.10），使犯第 II 类错误的概率变小，因为犯这两类错误的概率在样本数量固定时有此消彼长的关系.

（5）检验原假设 H_0 时，对于相同的统计量及相同的显著性水平 α，其拒绝域是否一定唯一？

答：不一定. 例如，总体 $X \sim N(\mu, \sigma_0^2)$，$\sigma_0^2$ 已知，$X_1, X_2, \cdots, X_n$ 是来自 X 的样本，要检验 $H_0: \mu = \mu_0$, $H_1: \mu \neq \mu_0$，取显著性水平 $\alpha = 0.05$，若 H_0 为真，注意到 $\overline{X} \sim N(\mu, \sigma_0^2)$，则有

$$P\{|\overline{X} - \mu_0| > 1.96\sigma_0/\sqrt{n}\} = 0.05,$$

此时拒绝域为对称区间

$$(-\infty, \mu_0 - 1.96\sigma_0/\sqrt{n}) \cup (\mu_0 + 1.96\sigma_0/\sqrt{n}, +\infty).$$

又因为

$$P\{\overline{X} - \mu_0 > 1.65\sigma_0/\sqrt{n}\} = 0.05, P\{\overline{X} - \mu_0 < -1.65\sigma_0/\sqrt{n}\} = 0.05,$$

故拒绝域可选为 $(\mu_0 + 1.65\sigma_0/\sqrt{n}, +\infty)$ 或 $(-\infty, \mu_0 - 1.65\sigma_0/\sqrt{n})$.

由于拒绝域不唯一，因此，取哪一个作为拒绝域需要按实际问题来定，如检验 $H_0: \mu = \mu_0$, $H_1: \mu \neq \mu_0$，是指某批日光灯管的平均使用时间，显然 $\mu \geq \mu_0$ 都合标准，于是拒绝域取为 $(-\infty, \mu_0 - 1.65\sigma_0/\sqrt{n})$ 较好，此时相当于备择假设为 $H_1: \mu < \mu_0$.

（6）假设检验与区间估计有何异同？

答：假设检验与区间估计对问题的提法虽然不相同，但解决问题的途径是相同的，现以正态总体 $X \sim N(\mu, \sigma^2)$ 的方差 σ^2 已知，关于均值 μ 的假设检验和区间估计为例来说明.

假设 $H_0: \mu = \mu_0$, $H_1: \mu \neq \mu_0$，若 H_0 为真，则 $Z = \dfrac{\overline{X} - \mu_0}{\sigma/\sqrt{n}} \sim N(0,1)$，对于给定的显著性水平 α，有

$$P_{\mu = \mu_0}\{|Z| > z_{\alpha/2}\} = \alpha,$$

而

$$P_{\mu = \mu_0}\{|Z| \leq z_{\alpha/2}\} = 1 - \alpha.$$

由此得 H_0 的接受域为 $\left(\bar{x} - z_{\alpha/2}\dfrac{\sigma}{\sqrt{n}}, \bar{x} + z_{\alpha/2}\dfrac{\sigma}{\sqrt{n}}\right)$，就是说以 $1 - \alpha$ 的概率接受 H_0，而这个假设检验的接受域正是 μ 的置信度为 $1 - \alpha$ 的置信区间，说明它们两者解决问题的途径是相同的，参数的假设检验和参数的区间估计是从不同的角度回答同一问题，假设检验判断结论是否成立（定"性"），参数估计解决的是多少（或范围，定"量"）.

194

8.7 同步习题及解答

8.7.1 同步习题

一、填空题:

1. Z 检验和 t 检验都是关于 _____ 的假设检验,当 _____ 已知时,用 Z 检验;当 _____ 未知时,用 t 检验.

2. 设总体 $X \sim N(\mu, \sigma^2)$,均值 μ 未知,对假设 $H_0: \sigma^2 = \sigma_0^2$,$H_1: \sigma^2 \neq \sigma_0^2$ 所使用的统计量是 _____.

3. 设 X 服从正态分布 $N(\mu, \sigma^2)$,方差 σ^2 未知,对假设 $H_0: \mu = \mu_0$,$H_1: \mu \neq \mu_0$ 进行假设检验时,通常采取的统计量是 _____,服从 _____ 分布,自由度是 _____.

4. 在 χ^2 检验时,用统计量 $\chi^2 = \dfrac{(n-1)S^2}{\sigma_0^2}$,当 $H_0: \sigma^2 = \sigma_0^2$,$H_1: \sigma^2 \neq \sigma_0^2$ 时,用 _____ 检验,它的拒绝域为 _____;当 $H_0: \sigma^2 \geq \sigma_0^2$,$H_1: \sigma^2 < \sigma_0^2$ 时,用 _____ 检验,它的拒绝域为 _____.

5. 已知 $X \sim N(\mu_1, \sigma^2)$,$Y \sim N(\mu_2, \sigma^2)$,$X, Y$ 独立,设 μ_1, μ_2 均未知,σ^2 已知,对假设 $H_0: \mu_1 - \mu_2 = \delta$,$H_1: \mu_1 - \mu_2 \neq \delta$ 进行检验时,通常采用的统计量是 _____,它服从 _____ 分布.

二、单项选择题:

1. 设在假设检验中,显著性水平 α 表示( ).

(A) $P\{$接受 $H_0 \mid H_0$ 为真$\} = \alpha$ (B) $P\{$拒绝 $H_0 \mid H_0$ 为真$\} = \alpha$

(C) $P\{$接受 $H_0 \mid H_0$ 为假$\} = \alpha$ (D) $P\{$拒绝 $H_0 \mid H_0$ 为假$\} = \alpha$

2. 对于正态总体均值 μ 进行假设检验时,如果在显著性水平 $\alpha = 0.05$ 下接受 $H_0: \mu = \mu_0$,那么在显著性水平 $\alpha = 0.01$ 下,下列结论中正确的是( ).

(A) 必接受 H_0 (B) 可能接受,也可能拒绝 H_0

(C) 必拒绝 H_0 (D) 不接受,也不拒绝 H_0

3. 设总体 $X \sim N(\mu, \sigma^2)$,σ^2 未知,$X_1, X_2, \cdots, X_n$ 是来自总体 X 的一个简单随机样本,则检验假设 $H_0: \mu = \mu_0$,$H_1: \mu \neq \mu_0$ 的拒绝域与 _____ 有关.

(A) 样本值与样本容量 n (B) 样本值与显著性水平 α

(C) 样本值、样本容量 n 及显著性水平 α (D) 显著性水平 α 与样本容量 n

4. 设总体 $X \sim N(\mu, \sigma^2)$,σ^2 已知,给出显著性水平 α,$X_1, X_2, \cdots, X_n$ 为来自总体 X 的一个简单随机样本,则检验假设 $H_0: \mu = \mu_0$,$H_1: \mu \neq \mu_0$ 的拒绝域是 _____.

(A) $|Z| \geq z_{\frac{\alpha}{2}}$ (B) $|t| \geq t_{\frac{\alpha}{2}}$

(C) $\chi^2 \geq \chi^2_{\frac{\alpha}{2}}(n-1)$ 或 $\chi^2 \leq \chi^2_{1-\frac{\alpha}{2}}(n-1)$ (D) 以上都不对

5. 对于正态总体 $N(\mu, \sigma^2)$(σ^2 未知)的假设检验问题 $H_0: \mu \leq 1$, $H_1: \mu > 1$,若取得显著性水平 $\alpha = 0.05$,则其拒绝域为( ).

(A) $|\bar{X} - 1| > z_{0.05}$ (B) $\bar{X} > 1 + t_{0.05}(n-1) \dfrac{s}{\sqrt{n}}$

（C）　$|\overline{X}-1|>t_{0.05}(n-1)\dfrac{s}{\sqrt{n}}$　　　　　　　　（D）　$\overline{X}<1-t_{0.05}(n-1)\dfrac{s}{\sqrt{n}}$

6. 自动装袋机装出的每袋质量服从正态分布,规定每袋质量的方差不超过 a,为了检验自动装袋机的生产是否正常,对它生产的产品进行抽样检查,取原假设 $H_0:\sigma^2 \leqslant a$,显著水平 $\alpha=0.05$,则下列命题正确的是(　　　).

（A）如果生产正常,则检验结果也认为生产正常的概率等于 95%

（B）如果生产不正常,则检验结果也认为生产不正常的概率等于 95%

（C）如果检验的结果认为生产正常,则生产确实正常的概率等于 95%

（D）如果检验的结果认为生产不正常,则生产确实不正常的概率等于 95%

7. 机床厂某日从 2 台机器所加工的同一种零件中分别抽取容量为 n_1 和 n_2 的样本,并且已知这些零件的长度都服从正态分布,为检验这两台机器的精度是否相同,则正确的假设是(　　　).

（A）$H_0:\mu_1=\mu_2,H_1:\mu_1\neq\mu_2$　　　　　（B）$H_0:\sigma_1^2=\sigma_2^2,H_1:\sigma_1^2\neq\sigma_2^2$

（C）$H_0:\sigma_1^2\geqslant\sigma_2^2,H_1:\sigma_1^2<\sigma_2^2$　　　　（D）$H_1:\mu_1\geqslant\mu_2,H_1:\mu_1<\mu_2$

8. 下列叙述正确的是(　　　).

（A）假设检验 $H_0:\sigma_1^2=\sigma_2^2,H_1:\sigma_1^2\neq\sigma_2^2$,要求已知这两个总体的均值相同或经过检验均值相同

（B）假设检验 $H_0:\sigma_1^2=\sigma_2^2,H_1:\sigma_1^2\neq\sigma_2^2$,要求这两个总体的均值经过检验为相同

（C）假设检验 $H_0:\mu_1=\mu_2,H_1:\mu_1\neq\mu_2$,要求已知这两个总体的方差相同或经过检验方差相同

（D）假设检验 $H_0:\mu_1=\mu_2,H_1:\mu_1\neq\mu_2$,要求这两个总体的方差已知,否则无法检验

三、根据以往经验,某工厂装配一只某种部件的时间(min)近似服从正态分布,均值为 10,标准差为 0.5. 现在随机地选定 10 只部件,测得其装配时间为

9.8,10.4,10.6,9.6,9.7,9.9,10.9,11.1,9.5,10.1.

问在显著性水平 $\alpha=0.05$ 下,是否可以认为现在装配时间的均值没有改变(假定标准差不变)?

四、已知某炼铁厂的铁水含碳量服从正态分布 $N(4.40,0.05^2)$,某日测得 5 炉铁水的含碳量如下:

4.34,4.40,4.42,4.30,4.35.

若标准差不变,该日铁水含碳量的均值是否显著降低(取 $\alpha=0.05$)?

五、某工厂生产的固体燃料推进器的燃烧率服从正态分布 $N(\mu,\sigma^2)$,$\mu=40\mathrm{cm/s}$,$\sigma=2\mathrm{cm/s}$. 现在用新方法生产了一批推进器,从中随机取 $n=25$ 只,测得燃烧率的样本均值为 $\overline{x}=41.25\mathrm{cm/s}$. 设在新方法下总体均方差仍为 $2\mathrm{cm/s}$,问用新方法生产的推进器的燃烧率是否较以往生产的推进器的燃烧率有显著的提高(取 $\alpha=0.05$)?

六、设某次考试考生成绩服从正态分布. 从中随机抽出 36 位考生的成绩,算得平均成绩为 66.5 分,标准差为 15 分. 是否可以认为这次考试全体考生的平均成绩为 70 分(取 $\alpha=0.05$)?

七、一化学制品制备过程一天生产的化学制品产量(t)近似服从正态分布. 当设备运转正常时,一天产量的均值为 800t. 测得上周 5 天的产量分别为

$$785,805,790,790,802.$$

是否可以认为日产量的均值显著小于800(取 $\alpha=0.05$)?

八、某装置的平均工作温度据制造厂声称不高于190℃. 今从一个由 16 台装置构成的随机样本测得工作温度的平均值和标准差分别为195℃和8℃,根据这些数据能否说明平均工作温度比制造厂商所说的要高?设 $\alpha=0.05$,并假定工作温度近似服从正态分布.

九、某香烟厂生产两种香烟,独立地随机抽取容量大小相同的烟叶标本,测量尼古丁含量的毫克数,实验室分别做了 6 次测定,数据记录如下:

$$甲:25,28,23,26,29,22;$$

$$乙:28,23,30,25,21,27.$$

这两种香烟的尼古丁含量有无显著差异?给定 $\alpha=0.05$,假定尼古丁含量服从正态分布且具有公共方差.

十、某品种小麦产量(kg/m^2) X 服从正态分布,其中 $\sigma^2=0.4$,μ 未知. 收获前在麦田的四周取 12 个样点,得到产量的均值 $\overline{x}=1.2$,在麦田的中心取 8 个样点,得到产量的均值 $\overline{y}=1.4$,试检验麦田四周及中心处每平方米产量是否有显著差异($\alpha=0.05$).

十一、为了试验两种不同的某谷物的种子的优劣,选取 10 块土质不同的土地,并将每块土地分为面积相同的两部分,分别种植这两种种子. 设在每块土地的两部分人工管理等条件完全一样. 下面给出各块土地上的单位面积产量:

土地编号 i	1	2	3	4	5	6	7	8	9	10
种子 $A(x_i)$	23	35	29	42	39	29	37	34	35	28
种子 $B(x_i)$	26	39	35	40	38	24	36	27	41	27

设 $D_i=X_i-Y_i(i=1,2,\cdots,10)$ 是来自正态总体假设 $N(\mu_D,\sigma_D{}^2)$ 的样本,假设 $\mu_D,\sigma_D{}^2$ 均未知. 以这两种种子种植的谷物的产量是否有显著差异(取 $\alpha=0.05$)?

十二、已知某厂生产的维尼纶纤度服从正态分布,标准差 $\sigma=0.048$,某日抽取 5 根纤维,测得纤度为

$$1.32,1.55,1.36,1.40,1.44.$$

这天生产的维尼纶纤度的均方差是否有显著变化($\alpha=0.01$))?

十三、某工厂生产金属丝,产品指标为折断力(kg). 折断力的方差被用作工厂生产精度的表征,方差越小,表明精度越高. 以往工厂一直把该方差保持在 64 与 64 以下. 最近从一批产品中抽取 10 根做折断力试验,测得的结果如下:

$$578,572,570,568,572,570,572,596,584,570.$$

由上述样本值算得 $\overline{x}=575.2$,$s^2=75.74$. 为此,厂方怀疑金属丝折断力的方差变大了,如果确实增大了,表明生产精度不如以前,需对生产流程进行检查,以发现生产环节中存在的问题. 现取 $\alpha=0.05$ 做检查.

十四、一种混杂的小麦品种,株高的标准差为 $\sigma_0=14cm$,经过提纯后随机抽取 10 株,它们的株高(cm)为

$$90,105,101,95,100,100,101,105,93,97.$$

提纯后群体是否比原群体整齐?取显著性水平 $\alpha=0.01$,并设小麦株高服从 $N(\mu,\sigma^2)$.

十五、有甲、乙两台机床,加工同样产品,从这两台机床加工的产品中随机地抽取若

干产品,测得直径(mm)为

$$甲:20.5,19.8,19.7,20.4,20.1,20.0,19.6,19.9;$$
$$乙:19.7,20.8,20.5,19.8,19.4,20.6,19.2.$$

假定甲、乙机床产品直径都服从正态分布,试比较甲、乙机床加工精度有无显著差异($\alpha = 0.05$).

十六、从某锌矿的东西两支矿脉中,各抽取容量分别为9和8的样本分析后,计算其样本含锌量(%)的平均值与方差分别为

东支:$\bar{x} = 0.230, s_1^2 = 0.1337, n_1 = 9$,

西支:$\bar{y} = 0.269, s_2^2 = 0.1736, n_2 = 8$.

假定东西两支矿脉的含锌量都服从正态分布,对$\alpha = 0.05$,能否认为两支矿脉的含锌量相同?

8.7.2 同步习题解答

一、填空题:

1. 正态总体均值,总体方差,总体方差.

2. $\chi^2 = \dfrac{(n-1)S^2}{\sigma_0^2}$.

3. $\dfrac{\bar{X} - \mu}{S/\sqrt{n}}, t, n-1$.

4. 双边, $\chi^2 \geqslant \chi_{\alpha/2}^2(n-1)$ 或 $\chi^2 \leqslant \chi_{1-\alpha/2}^2(n-1)$;左边, $\chi^2 \leqslant \chi_{1-\alpha}^2(n-1)$.

5. $Z = \dfrac{\bar{X} - \bar{Y} - \delta}{\sigma\sqrt{\dfrac{1}{n_1} + \dfrac{1}{n_2}}}$,标准正态.

二、单项选择题:

1. B. 2. A. 3. D. 4. A. 5. B. 6. A. 7. B. 8. C.

三、设装配时间为 $X, X \sim N(\mu, 0.5^2)$, μ 未知.

检验假设

$$H_0: \mu = \mu_0 = 10, H_1: \mu \neq 10.$$

总体方差已知,检验统计量

$$Z = \dfrac{\bar{X} - \mu_0}{\sigma/\sqrt{n}} \sim N(0,1),$$

$n = 10, \bar{x} = 10.16$, ,$\alpha = 0.05, z_{\frac{\alpha}{2}} = z_{0.025} = 1.96, \sigma = 0.5$,
拒绝域为

$$|z| = \left| \dfrac{\bar{x} - \mu_0}{\sigma/\sqrt{n}} \right| \geqslant z_{\frac{\alpha}{2}} = 1.96.$$

因为

$$|z| = \left| \dfrac{10.16 - 10}{0.5/\sqrt{10}} \right| = 1.0119 < 1.96,$$

故接受原假设 H_0，认为现在装配时间的均值为 10.

四、设该日铁水含碳量为 X，$X \sim N(\mu, 0.05^2)$，μ 未知.

检验假设

$$H_0 : \mu \geqslant \mu_0 = 4.40, H_1 : \mu < \mu_0 = 4.40.$$

总体方差已知，检验统计量

$$Z = \frac{\overline{X} - \mu_0}{\sigma / \sqrt{n}},$$

$n = 5, \overline{x} = 4.362, \alpha = 0.05, z_\alpha = z_{0.05} = 1.645, \sigma = 0.05$，

拒绝域为

$$z = \frac{\overline{x} - \mu_0}{\sigma / \sqrt{n}} \leqslant -z_\alpha = -1.645.$$

因为

$$z = \frac{4.362 - 4.40}{0.05 / \sqrt{5}} = -1.699 < -1.645,$$

故拒绝原假设 H_0，即认为该日铁水含碳量的均值显著降低.

五、设固体燃料推进器的燃烧率为 X，$X \sim N(\mu, 2^2)$，μ 未知.

检验假设

$$H_0 : \mu \leqslant \mu_0 = 40, \quad H_1 : \mu > \mu_0 = 40.$$

总体方差已知，检验统计量

$$Z = \frac{\overline{X} - \mu_0}{\sigma / \sqrt{n}},$$

$n = 25, \overline{x} = 41.25, \alpha = 0.05, z_\alpha = z_{0.05} = 1.645, \sigma = 2$，

拒绝域为

$$z = \frac{\overline{x} - \mu_0}{\sigma / \sqrt{n}} \geqslant z_\alpha = 1.645.$$

因为

$$z = \frac{41.25 - 40}{2 / \sqrt{25}} = 3.125 > 1.645,$$

故拒绝原假设 H_0，即认为用新方法生产的推进器的燃烧率较以往生产的推进器的燃烧率有显著的提高.

六、设该次考试考生的成绩为 X，$X \sim N(\mu, \sigma^2)$，μ, σ^2 未知.

检验假设

$$H_0 : \mu = 70, H_1 : \mu \neq 70.$$

总体方差未知，检验统计量

$$t = \frac{\overline{X} - \mu_0}{S / \sqrt{n}},$$

$n = 36, \overline{x} = 66.5, \alpha = 0.05, s^2 = 15^2, t_{0.025}(35) = 2.0301$，

拒绝域为

$$t = \left| \frac{\bar{x} - \mu_0}{s/\sqrt{n}} \right| \geqslant t_{0.025}(35) = 2.0301.$$

因为

$$t = \frac{|66.5 - 70|}{15/\sqrt{36}} = 1.4 < 2.0301,$$

故接受原假设 H_0，即认为这此考试全体考生平均成绩为 70 分.

七、设一天生产的化学制品产量为 $X, X \sim N(\mu, \sigma^2), \mu, \sigma^2$ 未知.

检验假设

$$H_0: \mu \geqslant \mu_0 = 800, H_1: \mu < 800.$$

总体方差未知,检验统计量

$$t = \frac{\bar{X} - \mu_0}{S/\sqrt{n}},$$

$n = 5, \bar{x} = 794.4, s = 8.6197, \alpha = 0.05, t_\alpha(n-1) = t_{0.05}(4) = 2.1318,$

拒绝域为

$$t = \frac{\bar{x} - \mu_0}{s/\sqrt{n}} \leqslant -t_\alpha(n-1) = -t_{0.05}(4) = -2.1318.$$

因为

$$t = \frac{794.4 - 800}{8.6197/\sqrt{5}} = -1.5327 > -2.1318,$$

故接受原假设 H_0,即认为日产量的均值不是显著小于 800.

八、设工作温度为 $X, X \sim N(\mu, \sigma^2), \mu, \sigma^2$ 未知.

检验假设

$$H_0: \mu \leqslant \mu_0 = 190, \quad H_1: \mu > 190.$$

总体方差未知,检验统计量

$$t = \frac{\bar{X} - \mu_0}{S/\sqrt{n}},$$

$n = 16, \bar{x} = 195, \alpha = 0.05, t_\alpha(n-1) = t_{0.05}(15) = 1.7531, s = 8,$

拒绝域为

$$t = \frac{\bar{x} - \mu_0}{s/\sqrt{n}} \geqslant t_\alpha(n-1) = t_{0.05}(15) = 1.7531.$$

因为

$$t = \frac{195 - 190}{8/\sqrt{16}} = 2.5 > 1.7531,$$

故拒绝原假设 H_0,即可以认为平均工作温度比制造厂商所说的要高.

九、设两种香烟的尼古丁含量分别为 X, Y,且 $X \sim N(\mu_1, \sigma_1^2), Y \sim N(\mu_2, \sigma_2^2), \sigma_1^2 = \sigma_2^2 = \sigma^2.$

检验假设

$$H_0 : \mu_1 = \mu_2, \quad H_1 : \mu_1 \neq \mu_2.$$

总体方差未知,检验统计量

$$t = \frac{\overline{X} - \overline{Y}}{S_w \sqrt{\dfrac{1}{n_1} + \dfrac{1}{n_2}}},$$

其中

$$S_w^2 = \frac{(n_1 - 1)S_1^2 + (n_2 - 1)S_2^2}{n_1 + n_2 - 2},$$

$$n_1 = 6, n_2 = 6, \overline{x} = 25.5, \overline{y} = 25.67, s_1^2 = 7.5, s_2^2 = 11.07,$$

$$S_w = \sqrt{\frac{5(7.5 + 11.07)}{10}} = 3.05, \alpha = 0.05, t_{\alpha/2}(n_1 + n_2 - 2) = t_{0.025}(10) = 2.2281,$$

拒绝域为

$$|t| = \left| \frac{\overline{x} - \overline{y}}{s_w \sqrt{\dfrac{1}{n_1} + \dfrac{1}{n_2}}} \right| \geqslant t_{\alpha/2}(n_1 + n_2 - 2) = t_{0.025}(10) = 2.2281.$$

因为

$$|t| = \left| \frac{25.5 - 25.67}{3.05 \sqrt{\dfrac{1}{6} + \dfrac{1}{6}}} \right| = 0.099 < t_{0.025}(10) = 2.2281,$$

故接受原假设 H_0,即认为两种香烟的尼古丁含量无显著差异.

十、设麦田四周及中心处每平方米产量分别为 X, Y,且 $X \sim N(\mu_1, \sigma_1^2), Y \sim N(\mu_2, \sigma_2^2)$.
检验假设

$$H_0 : \mu_1 = \mu_2, \quad H_1 : \mu_1 \neq \mu_2.$$

总体方差已知,检验统计量

$$Z = \frac{\overline{X} - \overline{Y} - (\mu_1 - \mu_2)}{\sqrt{\dfrac{\sigma_1^2}{n_1} + \dfrac{\sigma_2^2}{n_2}}},$$

$$n_1 = 12, n_2 = 8, \overline{x} = 1.2, \overline{y} = 1.4, \alpha = 0.05, z_{\alpha/2} = z_{0.025} = 1.96,$$

$$\sigma_1^2 = \sigma_2^2 = \sigma^2 = 0.4,$$

拒绝域为

$$|z| = \left| \frac{\overline{x} - \overline{y} - (\mu_1 - \mu_2)}{\sqrt{\dfrac{\sigma^2}{n_1} + \dfrac{\sigma^2}{n_2}}} \right| \geqslant z_{\alpha/2} = 1.96.$$

因为

$$|z| = \left| \frac{1.2 - 1.4}{\sqrt{\dfrac{0.4}{12} + \dfrac{0.4}{8}}} \right| = 0.693 < 1.96,$$

故接受原假设 H_0,即认为麦田四周及中心处每平方米产量无显著差异.

十一、设两种种子种植的谷物的产量分别为 X,Y,且 $D_i=X_i-Y_i(i=1,2,\cdots,10)$,假设 $D_i\sim N(\mu_D,\sigma_D{}^2)(i=1,2,\cdots,10)$.

检验假设

$$H_0:\mu_D=0,\quad H_1:\mu_D\neq0.$$

检验统计量

$$t=\frac{\overline{D}-0}{S_D/\sqrt{n}},$$

$n=10,\overline{d}=-0.2,s_D=4.45,\alpha=0.05,t_{\frac{\alpha}{2}}(n-1)=t_{0.025}(9)=2.2622$,

拒绝域为

$$|t|=\left|\frac{d}{s_D/\sqrt{n}}\right|\geqslant t_{\frac{\alpha}{2}}(n-1)=t_{0.025}(9)=2.2622.$$

因为

$$|t|=\left|\frac{-0.2}{4.45/\sqrt{10}}\right|=0.142<2.2622,$$

故接受原假设 H_0,即认为这两种种子种植的谷物的产量无显著差异.

十二、设维尼纶纤度为 $X,X\sim N(\mu,\sigma^2),\mu,\sigma^2$ 未知.

检验假设

$$H_0:\sigma=\sigma=0.048,\quad H_1:\sigma\neq0.048.$$

检验统计量

$$\chi^2=\frac{(n-1)S^2}{\sigma_0^2},$$

$n=5,s^2=0.00778,\alpha=0.01,\chi_{\alpha/2}^2(n-1)=\chi_{0.005}^2(4)=14.86$,

$$\chi_{1-\alpha/2}^2(n-1)=\chi_{0.995}^2(4)=0.207,$$

拒绝域为

$$\chi^2=\frac{(n-1)s^2}{\sigma_0^2}\geqslant\chi_{0.005}^2(4)=14.86\ \text{或}\ \chi^2=\frac{(n-1)s^2}{\sigma_0^2}\leqslant\chi_{0.995}^2(4)=0.207.$$

因为

$$0.207<\chi^2=\frac{(n-1)s^2}{\sigma_0^2}=\frac{4\times0.00778}{0.048^2}=13.51<14.86,$$

故接受原假设 H_0,即认为这天生产的维尼纶纤度的均方差没有显著变化.

十三、金属丝的折断力为 $X,X\sim N(\mu,\sigma^2),\mu,\sigma^2$ 未知.

检验假设

$$H_0:\sigma^2\leqslant\sigma_0^2=64,,H_1:\sigma^2>\sigma_0^2=64.$$

检验统计量

$$\chi^2=\frac{(n-1)S^2}{\sigma_0^2},$$

$n=10,s^2=75.74,\alpha=0.05,\chi_{\alpha}^2(n-1)=\chi_{0.05}^2(9)=16.92$,

拒绝域为

$$\chi^2 = \frac{(n-1)s^2}{\sigma_0^2} \geqslant \chi_{0.05}^2(9) = 16.92.$$

因为

$$\chi^2 = \frac{(n-1)s^2}{\sigma_0^2} = \frac{9 \times 75.74}{64} = 10.65 < \chi_{0.05}^2(9) = 16.92,$$

故接受原假设 H_0，即认为样本方差的偏大是偶然因素，生产流程正常，故不需再作进一步的检查.

十四、设小麦的株高为 X，$X \sim N(\mu, \sigma^2)$，μ, σ^2 未知.

检验假设

$$H_0: \sigma \geqslant \sigma_0 = 14, \quad H_1: \sigma < \sigma_0 = 14.$$

检验统计量

$$\chi^2 = \frac{(n-1)S^2}{\sigma_0^2},$$

$$n = 10, s^2 = 24.233, \alpha = 0.01, \chi_{1-\alpha}^2(n-1) = \chi_{0.99}^2(9) = 2.088,$$

拒绝域为

$$\chi^2 = \frac{(n-1)s^2}{\sigma_0^2} \leqslant \chi_{0.99}^2(9) = 2.088.$$

因为

$$\chi^2 = \frac{(n-1)s^2}{\sigma_0^2} = \frac{9 \times 24.233}{14^2} = 1.11 < \chi_{0.99}^2(9) = 2.088,$$

故拒绝原假设 H_0，即提纯后的群体比原群体整齐.

十五、设甲、乙两台车床加工零件直径分别为 X, Y，且 $X \sim N(\mu_1, \sigma_1^2)$，$Y \sim N(\mu_2, \sigma_2^2)$，设 $\mu_1, \mu_2, \sigma_1^2, \sigma_2^2$ 均为未知.

检验假设

$$H_0: \sigma_1^2 = \sigma_2^2, \quad H_1: \sigma_1^2 \neq \sigma_2^2.$$

检验统计量

$$F = \frac{S_1^2}{S_2^2},$$

$$n_1 = 8, n_2 = 7, s_1^2 = 0.103, s_2^2 = 0.397, \alpha = 0.05,$$

$$F_{\alpha/2}(n_1 - 1, n_2 - 1) = F_{0.025}(7, 6) = 5.70,$$

$$F_{1-\alpha/2}(n_1 - 1, n_2 - 1) = F_{0.975}(7, 6) = \frac{1}{F_{0.025}(6, 7)} = 0.195,$$

拒绝域为

$$F = \frac{s_1^2}{s_2^2} \geqslant F_{0.025}(7, 6) = 5.70 \ \text{或} \ F = \frac{S_1^2}{S_2^2} \leqslant F_{0.975}(7, 6) = 0.195.$$

因为

$$0.195 < F = \frac{s_1^2}{s_2^2} = \frac{0.103}{0.397} = 0.26 < 5.70,$$

故接受原假设 H_0,即认为甲、乙两台车床加工精度无显著差异.

十六、设东西矿脉的含锌量分别为 X,Y,且 $X \sim N(\mu_1,\sigma_1^2)$,$Y \sim N(\mu_2,\sigma_2^2)$,设 $\mu_1,\mu_2,$ σ_1^2,σ_2^2 均为未知.

（1）检验假设
$$H_0:\sigma_1^2=\sigma_2^2, \quad H_1:\sigma_1^2 \neq \sigma_2^2.$$

检验统计量
$$F=\frac{S_1^2}{S_2^2},$$
$$n_1=9,n_2=8,s_1^2=0.1337,s_2^2=0.1736,\alpha=0.05,$$
$$F_{\alpha/2}(n_1-1,n_2-1)=F_{0.025}(8,7)=4.90,$$
$$F_{1-\alpha/2}(n_1-1,n_2-1)=F_{0.975}(8,7)=\frac{1}{F_{0.025}(7,8)}=\frac{1}{4.53},$$

拒绝域为
$$F=\frac{S_1^2}{S_2^2} \geqslant F_{0.025}(8,7)=4.90 \text{ 或 } F=\frac{S_1^2}{S_2^2} \leqslant F_{0.975}(8,7)=\frac{1}{4.53}.$$

因为
$$\frac{1}{4.53}<F=\frac{s_1^2}{s_2^2}=\frac{0.1337}{0.1736}=0.7702<4.90,$$

故接受原假设 H_0,即认为两个总体的方差相等.

（2）检验假设
$$H_0':\mu_1=\mu_2, \quad H_1':\mu_1 \neq \mu_2.$$

总体方差未知,检验统计量
$$t=\frac{\overline{X}-\overline{Y}}{S_w\sqrt{\frac{1}{n_1}+\frac{1}{n_2}}},$$

其中
$$S_w^2=\frac{(n_1-1)S_1^2+(n_2-1)S_2^2}{n_1+n_2-2},$$
$$s_w^2=\frac{8\times0.1337+7\times0.1736}{15}=0.15232,$$
$$\alpha=0.05, \quad t_{\alpha/2}(n_1+n_2-2)=t_{0.025}(15)=2.1315,$$

拒绝域为
$$|t|=\left|\frac{\overline{x}-\overline{y}}{S_w\sqrt{\frac{1}{n_1}+\frac{1}{n_2}}}\right| \geqslant t_{\alpha/2}(n_1+n_2-2)=t_{0.025}(15)=2.1315.$$

因为
$$|t|=\left|\frac{0.230-0.269}{\sqrt{0.15232}\sqrt{\frac{1}{9}+\frac{1}{8}}}\right|=0.2057<2.1315,$$

故接受原假设 H_0,即认为两支矿脉的含锌量相同.

204

附录1　2010—2019《概率统计》历年考研真题汇编

一、填空题

1. （2019(14),4分)设随机变量 X 的概率密度为 $f(x)=\begin{cases}\dfrac{x}{2},0<x<2\\0,\text{其他}\end{cases}$, $F(x)$ 为 X 的分布函数, EX 为 X 的数学期望,则 $P\{F(X)>EX-1\}=$ ＿＿＿＿＿＿.

【答案】 $\dfrac{2}{3}$.

【解析】方法 1: $f(x)=\begin{cases}\dfrac{x}{2},0<x<2\\0,\text{其他}\end{cases}$, $EX=\int_0^2 xf(x)\mathrm{d}x=\int_0^2 x\cdot\dfrac{x}{2}\mathrm{d}x=\dfrac{x}{2}=\dfrac{4}{3}$,

$$F(x)=\begin{cases}0,x<0\\\dfrac{x^2}{4},0\leqslant x<2,\\1,2\leqslant x\end{cases}$$

$P\{F(X)>EX-1\}=P\left\{F(X)>\dfrac{4}{3}-1\right\}=P\left\{F(X)>\dfrac{1}{3}\right\}=P\left\{\dfrac{x^2}{4}>\dfrac{1}{3}\right\}=P\left\{X>\dfrac{2}{\sqrt{3}}\right\}=$

$\int_{\frac{2}{\sqrt{3}}}^2 \dfrac{x}{2}\mathrm{d}x=\dfrac{2}{3}$.

方法 2: $P\{F(X)>EX-1\}=P\left\{Y>\dfrac{4}{3}-1\right\}=P\left\{Y>\dfrac{1}{3}\right\}=\dfrac{2}{3}$.

2. （2018(14),4分)设随机事件 A 与 B 相互独立, A 与 C 相互独立, $BC=\varnothing$,若 $P(A)=P(B)=\dfrac{1}{2}$, $P=(AC\mid AB\cup C)=\dfrac{1}{4}$,则 $P(C)=$ ＿＿＿＿＿.

【答案】 $\dfrac{1}{4}$.

【解析】在计算事件的概率关系时,可以充分利用文氏图这一重要工具.

$$P(AC\mid AB\cup C)=\dfrac{P\{AC(AB+C)\}}{P(AB+C)}\bigg|=\dfrac{P\{ACAB+ACC\}}{P(AB)+P(C)-P(ABC)}\bigg|=\dfrac{P(AC)}{P(AB)+P(C)-P(ABC)}\bigg|$$

$$=\dfrac{P(A)P(C)}{P(A)P(B)+P(C)-P(\varnothing)}\bigg|=\dfrac{\dfrac{1}{2}P(C)}{\dfrac{1}{2}\cdot\dfrac{1}{2}+P(C)-0}=\dfrac{1}{4}\Rightarrow P(C)=\dfrac{1}{4}.$$

3. （2017(14),4分)设随机变量 X 的分布函数为 $F(x)=0.5\Phi(x)+0.5\Phi\left(\dfrac{x-4}{2}\right)$,其

中 $\Phi(x)$ 为标准正态分布函数,则 $EX=$ _____.

【答案】2.

【解析】$f(x)=F'(x)=0.5\dfrac{1}{\sqrt{2\pi}}e^{\frac{x^2}{2}}+0.5\dfrac{1}{\sqrt{2\pi}}e^{\frac{(\frac{x-4}{2})^2}{2}}\cdot\dfrac{1}{2}$

$\qquad\qquad =0.5\dfrac{1}{\sqrt{2\pi}}e^{\frac{x^2}{2}}+0.5\dfrac{1}{\sqrt{2\pi}\cdot 2}e^{\frac{(x-4)^2}{2\cdot 2^2}}$,

因此可得 $EX=2$.

4. (2016(14),4分) 设 $x_1,x_2,\cdots,x_n$ 为来自总体 $N(\mu,\sigma^2)$ 的简单随机样本,样本均值 $\bar{x}=9.5$,参数 μ 的置信度为 0.95 的双侧置信区间的置信上限为 10.8,则 μ 的置信度为 0.95 的双侧置信区间为 _____.

【答案】$(8.2,10.8)$

【解析】$P\{-\mu_{0.025}<\dfrac{\bar{x}-\mu}{\frac{\sigma}{\sqrt{n}}}\leqslant\mu_{0.025}\}=P\{\bar{x}-\mu_{0.025}\dfrac{\sigma}{\sqrt{n}}<\mu\leqslant\bar{x}+\dfrac{\sigma}{\sqrt{n}}\mu_{0.025}\}=0.95$,因为 $\bar{x}+\dfrac{\sigma}{\sqrt{n}}\mu_{0.025}$

$=10.8$,所以 $\dfrac{\sigma}{\sqrt{n}}\mu_{0.025}=1.3$,所以置信下限 $\bar{x}-\dfrac{\sigma}{\sqrt{n}}\mu_{0.025}=8.2$.

5. (2015(14),4分) 设二维随机变量 (X,Y) 服从正态分布 $N(1,0;1,1,0)$,则 $P\{XY-Y|<0\}=$ _____.

【答案】$\dfrac{1}{2}$.

【解析】由题设知,$X\sim N(1,1)$,$Y\sim N(1,0)$,而且 X,Y 相互独立,从而

$\qquad P\{XY-Y|<0\}=P\{(X-1)Y<0\}=P\{X-1>0,Y<0\}+P\{X-1<0,Y>0\}$

$\qquad\qquad =P\{X>1\}P\{Y<0\}+P\{X<1\}P\{Y>0\}=\dfrac{1}{2}\times\dfrac{1}{2}+\dfrac{1}{2}\times\dfrac{1}{2}=\dfrac{1}{2}$.

6. (2014(14),4分) 设总体 X 的概率密度为 $f(x,\theta)=\begin{cases}\dfrac{2x}{3\theta^2}, & \theta<x<2\theta \\ 0 & \text{其他}\end{cases}$,其中 θ 是未

知参数,$X_1,X_2,\cdots,X_n$ 是来自总体的简单样本,若 $C\displaystyle\sum_{i=1}^{n}X_i$ 是 θ^2 的无偏估计,则常数 $C=$ _____.

【答案】$\dfrac{2}{5n}$.

【解析】$E(X^2)=\displaystyle\int_{\theta}^{2\theta}x^2\cdot\dfrac{2x}{3\theta^2}d\theta=\dfrac{2}{3\theta^2}\int_{\theta}^{2\theta}x^3 dx=\dfrac{1}{4}\cdot\dfrac{2}{3\theta^2}x^4\Big|_{\theta}^{2\theta}=\dfrac{1}{6\theta^2}\cdot 15\theta^4=\dfrac{5}{2}\theta^2$.

$\qquad E(C\displaystyle\sum_{i=1}^{n}X_i^2)=\sum_{i=1}^{n}E(X_i^2)=C\cdot n\cdot\dfrac{5}{2}\theta^2\Rightarrow C=\dfrac{2}{5n}$.

7. (2013(14),4分) 设随机变量 Y 服从参数为 1 的指数分布,a 为常数且大于零,则 $P\{Y\leqslant a+1\mid Y>a\}=$ _____.

【答案】$1-\dfrac{1}{e}$.

【解析】$f(y)=\begin{cases} e^{-y}, & y>0 \\ 0, & y\leqslant 0 \end{cases}$, $P\{Y\leqslant a+1\mid Y>a\}=\dfrac{P\{Y>a,Y\leqslant a+1\}}{P\{Y>a\}}=$

$\dfrac{\displaystyle\int_{a}^{a+1}f(y)\mathrm{d}y}{\displaystyle\int_{a}^{+\infty}f(y)\mathrm{d}y}=\dfrac{e^{-a}-e^{-(a+1)}}{e^{-a}}=1-\dfrac{1}{e}$.

8. (2012(14),4 分)设 A,B,C 是随机事件,A,C 互不相容,$P(AB)=\dfrac{1}{2}$,$P(C)=\dfrac{1}{3}$,则 $P(AB\mid \overline{C})=$ _____.

【答案】$\dfrac{3}{4}$.

【解析】涉及的知识点是条件概率公式 $P(B\mid A)=\dfrac{P(AB)}{P(A)}$($P(A)>0$). 本题中,由于 A,C 互不相容,所以 $AC=\varnothing$,$ABC=\varnothing$,从而 $P(ABC)=0$. 于是

$$P(AB\mid\overline{C})=\dfrac{P(AB\overline{C})}{P(\overline{C})}=\dfrac{P(AB)-P(ABC)}{1-P(C)}=\dfrac{P(AB)}{1-P(C)}=\dfrac{\dfrac{1}{2}}{1-\dfrac{1}{3}}=\dfrac{3}{4}.$$

9. (2011(14),4 分)设二维随机变量 (X,Y) 服从正态分布 $N(\mu,\mu;\sigma^2,\sigma^2;0)$,则 $E(XY^2)=$ _____.

【答案】$\mu(\mu^2+\sigma^2)$.

【解析】由题知 X 与 Y 的相关系数 $\rho_{xy}=0$,即 X 与 Y 的不相关. 在二维正态分布条件下,X 与 Y 的不相关与 X 与 Y 独立等价,所以 X 与 Y 独立,则有

$EX=EY=\mu,DX=DY=\sigma^2,EY^2=DY+(EY)^2=\mu^2+\sigma^2,E(XY^2)=EXEY^2=\mu(\mu^2+\sigma^2)$.

10. (2010(14),4 分)设随机变量 X 概率分布为 $P\{X=k\}=\dfrac{C}{k!}(k=0,1,\cdots)$ 则 $E(X^2)=$ _____.

【答案】2.

【解析】由归一性得 $\displaystyle\sum_{k=0}^{\infty}P(X=k)=1$,即 $C\displaystyle\sum_{k=0}^{\infty}\dfrac{1}{k!}=Ce=1$,所以 $C=e^{-1}$. 即随机变量 X 服从参数为 1 的泊松分布,于是 $DX=EX=1$,故 $E(X)^2=DX+(EX)^2=2$.

二、选择题

1. (2019(7),4 分)设 A,B 为随机事件,则 $P(A)=P(B)$ 的充分必要条件是( ).

(A) $P(A\cup B)=P(A)+P(B)$ (B) $P(AB)=P(A)P(B)$

(C) $P(A\overline{B})=P(B\overline{A})$ (D) $P(AB)=P(\overline{A}\overline{B})$

【答案】C.

【解析】$P(A\overline{B})=P(A)-P(AB)$,$P(B\overline{A})=P(B)-P(AB)$,所以 $P(A\overline{B})=P(B\overline{A})\Leftrightarrow P(A)=P(B)$,故选 C.

2. （2019(8)，4分)设随机变量 X 与 Y 相互独立，且均服从于正态分布 $N(\mu,\sigma^2)$，则 $P\{|X-Y|<1\}($).

(A) 与 μ 无关，而与 σ^2 有关　　(B) 与 μ 有关，而与 σ^2 无关

(C) 与 μ,σ^2 都有关　　(D) 与 μ,σ^2 都无关

【答案】A.

【解析】$X\sim N(\mu,\sigma^2)$，$Y\sim N(\mu,\sigma^2)$ 相互独立，则 $E(X-Y)=0$，$D(X-Y)=D(X)+D(Y)=$ $2\sigma^2$，所以 $\dfrac{X-Y}{\sqrt{2}\sigma}\sim N(0,1)$，$\{|X-Y|<1\}=P\left\{\dfrac{|X-Y|}{\sqrt{2}\sigma}<\dfrac{1}{\sqrt{2}\sigma}\right\}=2\Phi\left(\dfrac{1}{\sqrt{2}\sigma}\right)-1$ 与 σ^2 有关，故选 A.

3. （2018(7)，4分)设随机变量 X 的概率密度 $f(x)$ 满足 $f(1+x)=f(1-x)$，且 $\int_0^2 f(x)\mathrm{d}x=0.6$，则 $P\{X<0\}=($).

(A) 0.2　　　　(B) 0.3　　　　(C) 0.4　　　　(D) 0.5

【答案】A.

【解析】该题考查概率密度分布定义的简单理解. 稍作变化并作图即可得出答案.

由 $f(1+x)=f(1-x)$ 知 $f(x)$ 关于 $x=1$ 对称，故 $P\{X<0\}=P\{X>2\}$.

画出密度函数分布草图，容易得出答案为 A.

4. （2018(8)，4分)设总体 X 服从正态分布 $N(\mu,\sigma^2)$，$X_1,X_2,\cdots,X_n$ 是来自总体 X 的简单随机样本，据此样本检测:假设:$H_0:\mu=\mu_0$，$H_1:\mu\neq\mu_0$，则( ).

(A) 如果在检验水平 $\alpha=0.05$ 下拒绝 H_0，那么在检验水平 $\alpha=0.01$ 下必拒绝 H_0

(B) 如果在检验水平 $\alpha=0.05$ 下拒绝 H_0，那么在检验水平 $\alpha=0.01$ 下必接受 H_0

(C) 如果在检验水平 $\alpha=0.05$ 下接受 H_0，那么在检验水平 $\alpha=0.01$ 下必拒绝 H_0

(D) 如果在检验水平 $\alpha=0.05$ 下接受 H_0，那么在检验水平 $\alpha=0.01$ 下必接受 H_0

【答案】D.

【解析】$\overline{X}=\dfrac{1}{2}\sum_{i=1}^{n}X_i$，$\overline{X}\sim N(\mu,\sigma^2)$，故 $\dfrac{\overline{X}-\mu}{\sigma/\sqrt{n}}\sim N(0,1)$. 所以 $\alpha_1=0.05$ 时，拒绝域为 $\left|\dfrac{\overline{X}-\mu}{\sigma/\sqrt{n}}\right|\geqslant\mu_{0.025}$，接受域为 $\left|\dfrac{\overline{X}-\mu}{\sigma/\sqrt{n}}\right|<\mu_{0.025}$. 解得接受域的区间为 $\left(\overline{X}-\mu_{0.025}\dfrac{\sigma}{\sqrt{n}},\overline{X}+\mu_{0.025}\dfrac{\sigma}{\sqrt{n}}\right)$，由于 $\mu_{0.025}<\mu_{0.005}$，$\alpha=0.01$ 的接受区间包含了 $\alpha_1=0.05$ 的接受区间，故选 D.

5. （2017(7)，4分)设 A,B 为随机事件，若 $0<P(A)<1$，$0<P(B)<1$，则 $P(A\mid B)>P(A\mid\overline{B})$ 的充分必要条件是( ).

(A) $P(B\mid A)>P(B\mid\overline{A})$　　　　(B) $P(B\mid A)<P(B\mid\overline{A})$

(C) $P(\overline{B}\mid A)>P(\overline{B}\mid\overline{A})$　　　　(D) $P(\overline{B}\mid A)<P(\overline{B}\mid\overline{A})$

【答案】A.

【解析】由 $P(A\mid B)>P(A\mid\overline{B})$ 得 $\dfrac{P(AB)}{P(B)}>\dfrac{P(A\overline{B})}{P(\overline{B})}=\dfrac{P(A)-P(AB)}{1-P(B)}$，即 $P(AB)>P(A)P(B)$，因此选 A.

6. （2017(8)，4分)设 $X_1,X_2,\cdots,X_n(n\geqslant 2)$ 来自总体 $N(\mu,1)$ 的简单随机样本，记

208

$$\overline{X} = \frac{1}{n} \sum_{i=1}^{n} X_i$$ 则下列结论中不正确的是(　　).

(A) $\sum (X_i - \mu)^2$ 服从 χ^2 分布　　　(B) $2(X_n - X_1)^2$ 服从 χ^2 分布

(C) $\sum_{i=1}^{n} (X_i - \overline{X})^2$ 服从 χ^2 分布　　　(D) $n(\overline{X} - \mu)^2$ 服从 χ^2 分布

【答案】B.

【解析】$X_i - \mu \sim N(0,1)$,故 $\sum_{i=1}^{n} (X - \mu)^2 \sim \chi^2(n)$,$X_n - X_1 \sim N(0,2)$,因此 $\frac{X_n - X_1}{\sqrt{2}} \sim$

$N(0,1)$,故 $\left(\frac{X_n - X_1}{\sqrt{2}} \right)^2 \sim \chi^2(1)$,故 B 错误,由 $S^2 = \frac{1}{n-1} \sum_{i=1}^{n} (X - \overline{X})^2$,可得 $(n-1)S^2 =$

$\sum_{i=1}^{n} (X - \overline{X})^2 \sim \chi^2(n-1)$,$\overline{X} - \mu \sim N\left(0, \frac{1}{n}\right)$,则有 $\sqrt{n}(\overline{X} - \mu) \sim N(0,1)$,因此 $n(\overline{X} - \mu)^2 \sim \chi^2(1)$.

7. (2016(7),4分)设随机变量 $X \sim N(\mu, \sigma^2)$($\sigma > 0$),记 $p = P\{X \leqslant \mu + \sigma^2\}$,则(　　).

(A) p 随着 μ 的增加而增加　　　(B) p 随着 σ 的增加而增加

(C) p 随着 μ 的增加而减少　　　(D) p 随着 σ 的增加而减少

【答案】B.

【解析】$P\{X \leqslant \mu + \sigma^2\} = P\left\{ \frac{X - \mu}{\sigma} \leqslant \sigma \right\}$,所以概率随着 σ 的增大而增大.

8. (2016(8),4分)随机试验 E 有三种两两不相容的结果 A_1, A_2, A_3,且三种结果发生

的概率均为 $\frac{1}{3}$,将试验 E 独立重复做 2 次,X 表示 2 次试验中结果 A_1 发生的次数,Y 表示

2 次试验中结果 A_2 发生的次数,则 X 与 Y 的相关系数为(　　).

(A) $-\frac{1}{2}$　　　(B) $-\frac{1}{3}$　　　(C) $\frac{1}{2}$　　　(D) $\frac{1}{3}$

【答案】A.

【解析】$X \sim B\left(2, \frac{1}{3}\right)$,$Y \sim B\left(2, \frac{1}{3}\right)$,$EX = EY = \frac{2}{3}$,$DX = DY = \frac{4}{9}$,$EXY = 1 \cdot 1 \cdot P(X=1,$

$Y=1) = \frac{2}{9}$,所以 $\rho_{XY} = \frac{EXY - EXEY}{\sqrt{DX}\sqrt{DY}} = -\frac{1}{2}$.

9. (2015(7),4分)若 A,B 为任意两个随机事件,则(　　).

(A) $P(AB) \leqslant P(A)P(B)$　　　(B) $P(AB) \geqslant P(A)P(B)$

(C) $P(AB) \leqslant \frac{P(A) + P(B)}{2}$　　　(D) $P(AB) \geqslant \frac{P(A) + P(B)}{2}$

【答案】C.

【解析】由于 $AB \subset A$,$AB \subset B$,按概率的基本性质,有 $P(AB) \leqslant P(A)$ 且 $P(AB) \leqslant$

$P(B)$,从而 $P(AB) \leqslant \frac{P(A) + P(B)}{2}$,选 C.

10. (2015(8),4分)设随机变量 X,Y 不相关,且 $EX = 2$,$EY = 1$,$DX = 3$,则

$E[X(X+Y-2)] = ($　　).

(A) -3 (B) 3 (C) -5 (D) 5

【答案】D.

【解析】$E[X(X+Y-2)]=E(X^2+XY-2X)=E(X^2)+E(XY)-2E(X)$
$$=DX+E^2(X)+E(X)\cdot E(Y)-2E(X)$$
$$=3+2^2+2\times 1-2\times 2=5.$$

11. (2014(7),4分) 设随机事件 A 与 B 相对独立,且 $P(B)=0.5$,$P(A-B)=0.3$,则 $P(A-B)=0.3$,$P(B-A)=($).

(A) 0.1 (B) 0.2 (C) 0.3 (D) 0.4

【答案】B.

【解析】$P(A-B)=P(A)-P(AB)$

因为 A 与 B 相对独立,所以

$P(AB)=P(A)P(B)$,

$P(A-B)=P(A)-P(B)P(A)=P(A)[1-P(B)]=0.3$,$P(A)[1-0.5]=0.3$,

$P(A)=0.6$,$P(AB)=P(A)P(B)=0.6\times 0.5=0.3$,

$P(B-A)=P(B)-P(BA)=0.5-0.3=0.2.$

12. (2014(8),4分) 设连续型随机变量 A_1,A_2,A_3 相互独立,且方差均存在,X_1,X_2 的概率密度分别为 $f_1(x),f_2(x)$,随机变量 Y_1 的概率密度为 $f_{Y_1}(y)=\dfrac{1}{2}[(f_1(y)+(f_2(y)]$,

随机变量 $Y_2=\dfrac{1}{2}(X_1+X_2)$,则(   ).

(A) $EY_1>EY_2,DY_1>DY_2$ (B) $EY_1=EY_2,DY_1=DY_2$

(C) $EY_1=EY_2,DY_1<DY_2$ (D) $EY_1=EY_2,DY_1>DY_2$

【答案】D.

【解析】$EY_1=\displaystyle\int_{-\infty}^{+\infty}y\left[\dfrac{1}{2}f_1(y)+\dfrac{1}{2}f_2(y)\right]dy=\dfrac{1}{2}\int_{-\infty}^{+\infty}yf_1(y)dy+\dfrac{1}{2}\int_{-\infty}^{+\infty}yf_2(y)dy=$
$\dfrac{1}{2}EX_1+\dfrac{1}{2}EX_2$, $EY_2=E\left[\dfrac{1}{2}(X_1+X_2)\right]=\dfrac{1}{2}EX_1+\dfrac{1}{2}EX_2$,

所以 $EY_1=EY_2$.

$$EY_1^2=\int_{-\infty}^{+\infty}y^2\left[\dfrac{1}{2}f_1(y)+\dfrac{1}{2}f_2(y)\right]dy=\dfrac{1}{2}EX_1^2+\dfrac{1}{2}EX_2^2.$$

$DY_1=\dfrac{1}{2}EX_1^2+\dfrac{1}{2}EX_2^2-\left(\dfrac{1}{2}EX_1+\dfrac{1}{2}EX_2\right)^2=\dfrac{1}{2}EX_1^2+\dfrac{1}{2}EX_2^2-\dfrac{1}{4}(EX_1)^2-\dfrac{1}{4}(EX_2)^2-\dfrac{1}{2}EX_1EX_2$

$=\dfrac{1}{4}(DX_1+DX_2)+\dfrac{1}{4}EX_1^2+\dfrac{1}{4}EX_2^2-\dfrac{1}{2}EX_1EX_2$

$=\dfrac{1}{4}(DX_1+DX_2)+\dfrac{1}{4}[EX_1^2+EX_2^2-2E(X_1X_2)]=\dfrac{1}{4}(DX_1+DX_2)+\dfrac{1}{4}[E(X_1-X_2)^2]$,

$$DY_2=D\left[\dfrac{1}{2}(X_1+X_2)\right]=\dfrac{1}{4}DX_1+\dfrac{1}{4}DX_2,$$

所以 $DY_1>DY_2.$

13. （2013（7），4分）设 X_1，X_2，X_3 是随机变量，且 $X_1 \sim N(0,1)$，$X_2 \sim N(0,2^2)$，$X_3 \sim N(5,3^2)$，$P_i = P\{-2 \leq X_i \leq 2\}(i=1,2,3)$，则（   ）．

（A）$P_1 > P_2 > P_3$ 　　（B）$P_2 > P_1 > P_3$ 　　（C）$P_3 > P_2 > P_2$ 　　（D）$P_1 > P_3 > P_2$

【答案】A．

【解析】$P_1 = P\{-2 \leq X_1 \leq 2\} = \Phi(2) - \Phi(-2) = 2\Phi(2) - 1$，

$$P_2 = P\{-2 \leq X_2 \leq 2\} = P\left\{\frac{-2-0}{2} \leq \frac{X_2-0}{2} \leq \frac{2-0}{2}\right\} = \Phi(1) - \Phi(-1) = 2\Phi(1) - 1，$$

$$P_3 = P\{-2 \leq X_3 \leq 2\} = P\left\{\frac{-2-5}{3} \leq \frac{X_3-5}{3} \leq \frac{2-5}{3}\right\} = \Phi(-1) - \Phi\left(-\frac{7}{3}\right) = \Phi\left(\frac{7}{3}\right) - \Phi(1)，$$

由下图可知 $P_1 > P_2 > P_3$，故选 A．

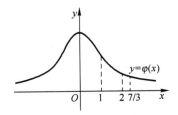

14. （2013（8），4分）设随机变量 $X \sim t(n)$，$Y \sim F(1,n)$，给定 $a(0 < a < 0.5)$，常数 c 满足 $P\{X > c\} = a$，则 $P\{Y > c^2\} = $（   ）．

（A）a 　　（B）$1-a$ 　　（C）$2a$ 　　（D）$1-2a$

【答案】C．

【解析】$X \sim t(n)$，则 $X^2 \sim F(1,n)$，有

$$P\{Y > c^2\} = P\{X^2 > c^2\} = P\{X > c\} + P\{X < -c\} = 2P\{X > c\} = 2\alpha$$

15. （2012（7），4分）设随机变量 X 与 Y 相互独立，且分别服从参数为 1 与参数为 4 的指数分布，则 $P(X < |Y) = $（   ）．

（A）$\dfrac{1}{5}$ 　　（B）$\dfrac{1}{3}$ 　　（C）$\dfrac{2}{5}$ 　　（D）$\dfrac{4}{5}$

【答案】A．

【解析】本题涉及的主要知识点为：若随机变量 X 的概率密度为 $f(x) = \begin{cases} \lambda e^{-\lambda x}, & x > 0 \\ 0, & x \leq 0 \end{cases}$，则称 X 服从参数为 $\lambda(\lambda > 0)$ 的指数分布．

依题设知 X，Y 的概率密度分别为

$$f_X(x) = \begin{cases} e^{-x}, & x > 0, \\ 0, & x \leq 0, \end{cases}$$

$$f_Y(y) = \begin{cases} 4e^{-4y}, & y > 0, \\ 0, & y \leq 0. \end{cases}$$

又 X 与 Y 相互独立，从而 X 与 Y 的联合概率密度为

$$f(x,y) = f_X(x) \cdot f_Y(y) = \begin{cases} 4e^{-(x+4y)}, & x > 0, y > 0 \\ 0, & 其他 \end{cases}，$$

于是 $P(X < Y) = \iint\limits_{D} f(x,y)\,\mathrm{d}x\mathrm{d}y = \iint\limits_{x<y} 4\mathrm{e}^{-(x+4y)}\,\mathrm{d}x\mathrm{d}y = \int_{0}^{+\infty} \mathrm{d}x \int_{x}^{+\infty} 4\mathrm{e}^{-(x+4y)}\,\mathrm{d}y = \frac{1}{5}$.

16. (2012(8),4分) 将长度为 $1m$ 的木棒随机地截成两段,则两段长度的相关系数为 ( ).

(A) 1   (B) $\frac{1}{2}$ (C) $-\frac{1}{2}$ (D) -1

【答案】D.

【解析】本题涉及的知识点是:若 $X = aY + b$,则当 $a>0$ 时,$\rho_{XY}=1$;当 $a<0$ 时,$\rho_{XY}=-1$.

设其中一段木棒长度为 X,另一段木棒长度为 Y,显然 $X+Y=1$,即 $X=1-Y$,Y 与 X 之间有明显的线性关系,从而 $\rho_{XY}=-1$,故选 D.

17. (2011(7),4分) 设 $F_1(x)$,$F_2(x)$ 为两个分布函数,其相应的概率密度 $f_1(x)$,$f_2(x)$ 是连续函数,则必为概率密度的是( ).

(A) $f_1(x)f_2(x)$ (B) $2f_2(x)F_1(x)$

(C) $f_1(x)F_2(x)$ (D) $f_1(x)F_2(x)+f_2(x)F_1(x)$

【答案】D.

【解析】由概率密度的性质知,概率密度必须满足 $\int_{-\infty}^{+\infty} f(x)\,\mathrm{d}x = 1$,故由题知

$\int_{-\infty}^{+\infty} [f_1(x)F_2(x) + f_2(x)F_1(x)]\,\mathrm{d}x = \int_{-\infty}^{+\infty} \mathrm{d}F_1(x)F_2(x) = F_1(x)F_2(x)\,\Big|_{-\infty}^{+\infty} = 1$,

故选 D.

18. (2011(8),4分) 设随机变量 X 与 Y 相互独立,且 $E(X)$ 与 $E(Y)$ 存在,记 $U = \max\{X,Y\}$,$V = \min\{X,Y\}$ 则 $E(UV) = ($).

(A) $E(U) \cdot E(V)$.   (B) $E(X) \cdot E(Y)$.

(C) $E(U) \cdot E(Y)$.   (D) $E(X) \cdot E(V)$.

【答案】B.

【解析】由题易知,当 $X<Y$ 时,$U=Y$,$V=X$;当 $X>Y$ 时,$U=X$,$V=Y$;当 $X=Y$ 时,$U=Y$,$V=X$. 则都有 $E(UV) = EXY = EXEY$,故选 B.

19. (2010(7),4分) 设随机变量 X 的分布函数 $F(x) = \begin{cases} 0, & x<0 \\ \dfrac{1}{2}, & 0 \leqslant x < 1 \\ 1-\mathrm{e}^{-x}, & x \geqslant 1 \end{cases}$,则 $P\{X=1\} = $ ( ).

(A) 0   (B) $\frac{1}{2}$ (C) $\frac{1}{2}-\mathrm{e}^{-1}$ (D) $1-\mathrm{e}^{-1}$

【答案】C.

【解析】$P\{X=1\} = P\{X \leqslant 1\} - P\{X<1\} = F(1) - F(1-0) = 1-\mathrm{e}^{-1} - = \frac{1}{2}-\mathrm{e}^{-1}$.

20. (2010(8),4分) 设 $f_1(x)$ 为标准正态分布的概率密度,$f_2(x)$ 为 $[-1,3]$ 上均匀分布的概率密度,若 $f(x) = \begin{cases} af_1(x), & x \leqslant 0 \\ bf_2(x) & x>0 \end{cases}$ $(a>0,b>0)$ 为概率密度,则 a,b 应满足( ).

（A）$2a+3b=4$ 　　　　　　　（B）$3a+2b=4$

（C）$a+b=1$ 　　　　　　　　（D）$a+b=2$

【答案】A.

【解析】$f_1(x)=\dfrac{1}{\sqrt{2\pi}}\mathrm{e}^{\frac{-x^2}{2}}$，$-\infty<x<+\infty$，

$$f_2(x)=\begin{cases}\dfrac{1}{4}, & -1\leq x\leq 3, \\ 0 & \text{其他}.\end{cases}$$

因为 $f(x)$ 为概率密度函数，所以 $\displaystyle\int_{-\infty}^{+\infty}f(x)\,\mathrm{d}x=1$，而 $a\displaystyle\int_{-\infty}^{0}f_1(x)\,\mathrm{d}x+b\int_{0}^{+\infty}f_2(x)\,\mathrm{d}x=$

$\dfrac{a}{2}+b\displaystyle\int_{0}^{3}\dfrac{1}{4}\mathrm{d}x=\dfrac{a}{2}+\dfrac{3}{4}b$，所以 $\dfrac{a}{2}+\dfrac{3b}{4}=1$，即 $2a+3b=4$，选 A.

三、解答题

1.（2019（22），11 分）设随机变量 X 与 Y 相互独立，X 服从参数为 1 的指数分布，Y 的概率分布为 $P\{Y=-1\}=p$，$P\{Y=1\}=1-p(0<p<1)$，令 $Z=XY$.

（1）求 Z 的概率密度.

（2）p 为何值时，X 与 Z 不相关？

（3）X 与 Z 是否相互独立？

【解析】（1）$f_X(x)=\begin{cases}\mathrm{e}^{-x}, & x>0, \\ 0, & \text{其他},\end{cases}$

$F_Z(z)=P\{Z\leq z\}=P\{XY\leq z\}=P\{XY\leq z,Y=-1\}+P\{XY\leq z,Y=1\}$

$\qquad=P\{X>-z,Y=-1\}+P\{X<z,Y=1\}-p[1-F_X(-z)]+(1-p)F_X(z)$，

则

$$f_Z(z)=F_Z'=pf_X(-z)+(1-p)f_X(z)，$$

又

$$f_X(z)=\begin{cases}\mathrm{e}^{-z}, & z>0, \\ 0, & \text{其他},\end{cases}$$

$$\Rightarrow f_X(-z)=\begin{cases}\mathrm{e}^{z}, & z<0, \\ 0, & \text{其他},\end{cases}$$

故

$$f_Z(z)=\begin{cases}p\mathrm{e}^{z}, & z<0, \\ (1-p)\mathrm{e}^{-z}, & z>0, \\ 0, & z=0.\end{cases}$$

（2）X 与 Z 不相关，则 $\rho=0$，即 $\mathrm{Cov}(X,Z)=0$，得到

$$E(XZ)=EXEZ，EY=1-2p，$$

$$EZ=E(XY)=EX\cdot EY=1-2p，EX=1，EX^2=DX+(EX)^2=1+1=2，$$

$$E(XZ)=E(X^2Y)=EX^2\cdot EY=2(1-2p)，$$

由 $E(XZ)=EX\cdot EZ$ 得 $2(1-2p)=1-2p$，解得 $p=\dfrac{1}{2}$.

（3）$A=\{X>1\}$，$B=\{Z<1\}$，

$$P(AB)=P\{X>1,XY<1\}=P\left\{X>1,Y<\frac{1}{X}\right\}=P\{X>1,Y=-1\}=\int_{1}^{+\infty}\mathrm{e}^{-x}\mathrm{d}x\cdot\frac{1}{2}=\frac{1}{2}\mathrm{e}^{-t},$$

$$P(A)=\int_{1}^{+\infty}\mathrm{e}^{-x}\mathrm{d}x=\mathrm{e}^{-1},$$

$$P(B)=P\{XY<1\}=P\{XY<1,Y=-1\}+P\{XY<1,Y=1\}$$

$$=P\{X>1,Y=-1\}+P\{X<1,Y=1\}=\frac{1}{2}+\frac{1}{2}(1-\mathrm{e}^{-t}),$$

因 $P(AB)\neq P(A)P(B)$，所以 X 与 Z 不独立.

2. （2019(23)，11 分）设总体 X 的概率密度为 $f(x;\sigma^2)=\begin{cases}\dfrac{A}{\sigma}\mathrm{e}^{\frac{-(x-\mu)^2}{2\sigma^2}},&x\geqslant\mu\\0,&x<\mu\end{cases}$，其中 μ 是

已知参数，$\sigma>0$ 是未知参数，A 是常数，$X_1,X_2,\cdots,X_n$ 是来自总体 X 的简单随机样本.

（1）求 A 的值;

（2）求 σ^2 的最大似然估计量.

【解析】（1）由 $\int_{\mu}^{+\infty}\dfrac{A}{\sigma}\mathrm{e}^{\frac{-(x-\mu)^2}{2\sigma^2}}\mathrm{d}x=1$，解得 $A=\sqrt{\dfrac{2}{\pi}}$.

（2）似然函数

$$L(\sigma^2)=\prod_{i=1}^{n}\sqrt{\frac{2}{\pi}}\frac{1}{\sigma}\mathrm{e}^{\frac{-(x_i-\mu)^2}{2\sigma^2}},x_i\geqslant\mu,i=1,2,\cdots,n,$$

$$\ln L(\sigma^2)=\frac{n}{2}\ln\frac{2}{\pi}-\frac{n}{2}\ln\sigma^2-\frac{1}{2\sigma^2}\sum_{i=1}^{n}(x_i-\mu)^2,$$

$$\frac{\mathrm{d}\ln L}{\mathrm{d}\sigma^2}=-\frac{n}{2}\frac{1}{\sigma^2}+\frac{1}{2\sigma^4}\sum_{i=1}^{n}(x_i-\mu)^2=0\Rightarrow\sigma^2=\frac{1}{n}\sum_{i=1}^{n}(x_i-\mu)^2,$$

故 σ^2 的最大似然估计量为 $\sigma^2=\dfrac{1}{n}\sum_{i=1}^{n}(x_i-\mu)^2$.

3. （2018(22)，11 分）设随机变量 X 与 Y 相互独立，X 的概率分布为 $P\{X=1\}=P\{X=-1\}=\dfrac{1}{2}$，$Y$ 服从参数为 λ 的泊松分布，令 $Z=XY$.

（1）求 $\mathrm{Cov}(X,Z)$;

（2）求 Z 的概率分布.

【解析】

（1）由 X 与 Y 相互独立，可得 $E(XY)=E(X)\cdot E(Y)$.

由协方差的计算公式，可得

$\mathrm{Cov}(X,Z)=E(XZ)-E(X)\cdot E(Z)=E(X^2Y)-E(X)\cdot E(XY)=E(X^2)\cdot E(Y)-[E(X)]^2\cdot E(Y)$，

其中

$E(X)=1\times0.5+(-1)\times0.5=0,E(X^2)=1^2\times0.5+(-1)^2\times0.5=1,E(Y)=\lambda$，

所以 $\mathrm{Cov}(X,Z)=\lambda$.

（2）Y 的分布列为 $P\{Y=k\}=\dfrac{\lambda^{k}}{k!}e^{-\lambda}(k=0,1,\cdots)$. 故 $Z=XY$ 为离散型随机变量. 由概率的有限可加性可得

$$P\{Z=k\}=P\{XY=k\}=P\{XY=k,X=-1\}+P\{XY=k,X=1\}$$
$$=P\{Y=-k,X=-1\}+P\{Y=k,X=1\}=0.5(P\{Y=k\}+P\{Y=-k\}),$$

当 $k=1,2,\cdots$ 时, $P\{Z=k\}=\dfrac{1}{2}\dfrac{\lambda^{k}}{k!}e^{-\lambda}$ ；当 $k=0$ 时, $P\{Z=0\}=e^{-\lambda}$ ；当 $k=-1,-2,\cdots$ 时,

$P\{Z=k\}=\dfrac{1}{2}\dfrac{\lambda^{-k}}{(-k)!}e^{-\lambda}$.

4.（2018(23),11 分）设总体 X 的概率密度为

$$f(x,\sigma)=\dfrac{1}{2\sigma}e^{-\frac{|x|}{\sigma}},\ -\infty<x<+\infty,$$

其中 $\sigma\in(0,+\infty)$ 为未知参数, $X_1,X_2,\cdots,X_n$ 为来自总体 X 的简单随机样本. 记 σ 的最大似然估计量为 $\hat{\sigma}$.

（1）求 $\hat{\sigma}$；

（2）求 $E\hat{\sigma}$ 和 $D(\hat{\sigma})$.

【解析】

（1）设 $x_1,x_2,\cdots,x_n$ 为 $X_1,X_2,\cdots,X_n$ 的观测值,则似然函数

$$L(\sigma;x_1,x_2,\cdots,x_n)=\prod_{i=1}^{n}\dfrac{1}{2\sigma}e^{-\frac{|x_i|}{\sigma}}=\dfrac{1}{2^n\sigma^n}e^{-\frac{\sum\limits_{i=1}^{n}|x_i|}{\sigma}},$$

取对数可得

$$\ln L=-n\ln2-n\ln\sigma-\dfrac{1}{\sigma}\sum_{i=1}^{n}|x_i|,\ \dfrac{d\ln L}{d\sigma}=-\dfrac{n}{\sigma}+\dfrac{1}{\sigma^2}\sum_{i=1}^{n}|x_i|.$$

令 $\dfrac{d\ln L}{d\sigma}=0$,解得 σ 的最大似然估计值为 $\hat{\sigma}=\dfrac{1}{n}\sum_{i=1}^{n}|x_i|$,则 σ 的最大似然估计量为

$\hat{\sigma}=\dfrac{1}{n}\sum_{i=1}^{n}|X_i|$.

（2）由期望的计算公式可得

$$E(\hat{\sigma})=E\left(\dfrac{1}{n}\sum_{i=1}^{n}|X_i|\right)=\dfrac{1}{n}E\left(\sum_{i=1}^{n}|X_i|\right)=E(|X|)=\int_{-\infty}^{+\infty}|x|\dfrac{1}{2\sigma}e^{-\frac{|x|}{\sigma}}dx=\int_{0}^{+\infty}\dfrac{x}{\sigma}e^{-\frac{x}{\sigma}}dx=\sigma.$$

$$D(\hat{\sigma})=D\left(\dfrac{1}{n}\sum_{i=1}^{n}|X_i|\right)=\dfrac{1}{n^2}D\left(\sum_{i=1}^{n}|X_i|\right)=\dfrac{1}{n}D(|X|),$$

而

$$E(|X|^2)=\int_{-\infty}^{+\infty}|x|^2\dfrac{1}{2\sigma}e^{-\frac{|x|}{\sigma}}dx=\int_{0}^{+\infty}\dfrac{x^2}{\sigma}e^{-\frac{x}{\sigma}}dx=\sigma^2\int_{0}^{+\infty}\left(\dfrac{x}{\sigma}\right)^2e^{-\frac{x}{\sigma}}d\left(\dfrac{x}{\sigma}\right)=2\sigma^2,$$

$$D(|X|)=E(|X|^2)-[E(|X|)]^2=2\sigma^2-\sigma^2=\sigma^2,$$

故 $D(\hat{\sigma})=\dfrac{\sigma^2}{n}$.

5. (2017(22),11 分)设随机变量 X,Y 相互独立,且 X 的概率分布为 $P\{X=0\}=P\{X=2\}=\dfrac{1}{2}$, Y 概率密度为

$$f(y)=\begin{cases}2y,0<y<1,\\ 0,\text{其他}.\end{cases}$$

(1) 求 $P\{Y\leqslant EY\}$;

(2) 求 $Z=X+Y$ 的概率密度.

【解析】

(1) 由数字特征的计算公式可知

$$EY=\int_{-\infty}^{+\infty}yf(y)\mathrm{d}y=\int_{0}^{1}2y^2\mathrm{d}y=\dfrac{2}{3},$$

则

$$P\{Y\leqslant EY\}=P\left\{Y\leqslant\dfrac{2}{3}\right\}=\int_{-\infty}^{\frac{2}{3}}f(y)\mathrm{d}y=\int_{0}^{\frac{2}{3}}2y\mathrm{d}y=\dfrac{4}{9}.$$

(2) 先求 Z 的分布函数,由分布函数的定义可知

$$F_Z(z)=P\{Z\leqslant z\}=P\{X+Y\leqslant z\}.$$

由于 X 为离散型随机变量,则由全概率公式可知

$$\begin{aligned}F_Z(z)&=P\{X+Y\leqslant z\}\\ &=P\{X=0\}P\{X+Y\leqslant z\mid X=0\}+P\{X=1\}P\{X+Y\leqslant z\mid X=1\}\\ &=\dfrac{1}{2}P\{Y\leqslant z\}+\dfrac{1}{2}P\{Y\leqslant z-1\}\\ &=\dfrac{1}{2}F_Y\{z\}+\dfrac{1}{2}F_Y\{z-1\}.\end{aligned}$$

(其中 $F_Z(z)$ 为 Y 的分布函数: $F_Z(z)=P\{Y\leqslant z\}$)

6. (2017(23),11 分)某工程师为了解一台天平的精度,用该天平对一物体的质量做 n 次测量,该物体的质量 μ 是已知的,设 n 次测量结果 $x_1,x_2,\cdots,x_n$ 相互独立,且均服从正态分布 $N(\mu,\sigma^2)$,该工程师记录的是 n 次测量的绝对误差 $z_i=|x_i-\mu|,(i=1,2,\cdots,n)$,利用 $z_1,z_2,\cdots,z_n$ 估计 σ.

(1) 求 Z_1 的概率密度;

(2) 利用一阶矩求 σ 的矩估计量;

(3) 求 σ 的最大似然估计量

【解析】(1) 因为 $X_i\sim N(\mu,\sigma^2)$,所以 $Y_i=X_i-\mu\sim N(0,\sigma^2)$,对应的概率密度为 $f_Y(y)=\dfrac{1}{\sqrt{2\pi}\sigma}\mathrm{e}^{\frac{-y^2}{2\sigma^2}}$,设 Z_i 的分布函数为 $F(z)$,对应的概率密度为 $f(z)$. 当 $z<0$ 时, $F(z)=0$;当 $z\geqslant0$

时, $F(z)=P\{Z_i\leqslant z\}=P\{|Y_i|\leqslant z\}=P\{-z\leqslant Y_i\leqslant z\}=\int_{-z}^{z}\dfrac{1}{\sqrt{2\pi}\sigma}\mathrm{e}^{\frac{-y^2}{2\sigma^2}}\mathrm{d}y$. 则 Z_i 的概率

密度为 $f(z)=F'(z)=\begin{cases}\dfrac{2}{\sqrt{2\pi}\sigma}\mathrm{e}^{\frac{-z^2}{2\sigma^2}},z>0.\\ 0,z\leqslant0\end{cases}$

（2）因为

$$EZ_i = \int_0^{+\infty} z \frac{2}{\sqrt{2\pi}\sigma} e^{\frac{-z^2}{2\sigma^2}} dz = \frac{2\sigma}{\sqrt{2\pi}},$$

所以 $\sigma = \sqrt{\frac{\pi}{2}} EZ_i$，从而 σ 的矩估计量为

$$\hat{\sigma} = \sqrt{\frac{\pi}{2}} \frac{1}{n} \sum_{i=1}^{n} Z_i = \sqrt{\frac{\pi}{2}} \overline{Z} ;$$

（3）由题可知对应的似然函数为

$$L(z_1, z_2, \cdots, \sigma) = \prod_{i=1}^{n} \sqrt{\frac{\pi}{2}} \frac{1}{\sigma} e^{\frac{z_i^2}{2\sigma^2}} ,$$

取对数得

$$\ln L = \sum_{i=1}^{n} \left(\ln \sqrt{\frac{\pi}{2}} - \ln\sigma - \frac{Z_i^2}{2\sigma^2} \right),$$

所以

$$\frac{d\ln L}{d\sigma} = \sum_{i=1}^{n} \left(-\frac{1}{\sigma} + \frac{Z_i^2}{\sigma^3} \right),$$

令 $\frac{d\ln L}{d\sigma} = 0$，得

$$\sigma = \sqrt{\frac{1}{n} \sum_{i=1}^{n} Z_i^2} ,$$

所以 σ 的最大似然估计量为

$$\hat{\sigma} = \sqrt{\frac{1}{n} \sum_{i=1}^{n} Z_i^2} .$$

7.（2016(22)，11分）（本题满分11分）设二维随机变量 (X,Y) 在区域 $D = \{(x,y) \mid 0 < x < 1, x^2 < y < \sqrt{x}\}$ 上服从均匀分布，令

$$U = \begin{cases} 1, & X \leq Y, \\ 0, & X > Y. \end{cases}$$

（1）写出 (X,Y) 的概率密度；
（2）判断 U 与 X 是否相互独立，并说明理由；
（3）求 $Z = U + X$ 的分布函数 $F(z)$。

【解析】（1）区域 D 的面积 $s(D) = \int_0^1 (\sqrt{x} - x^2) = \frac{1}{3}$，因为 $f(x,y)$ 服从区域 D 上的均匀分布，所以 $f(x,y) = \begin{cases} 3, & x^2 < y < \sqrt{x}, \\ 0, & 其他. \end{cases}$

（2）U 与 X 不独立。因为

$$P\left\{ U \leq \frac{1}{2}, X \leq \frac{1}{2} \right\} = P\left\{ U = 0, X \leq \frac{1}{2} \right\} = P\left\{ X > Y, X \leq \frac{1}{2} \right\} = \frac{1}{12},$$

$$P\left\{U\leqslant\frac{1}{2}\right\}=\frac{1}{2},P\left\{X\leqslant\frac{1}{2}\right\}=\frac{1}{2},$$

所以

$$P\left\{U\leqslant\frac{1}{2},X\leqslant\frac{1}{2}\right\}\neq P\left\{U\leqslant\frac{1}{2}\right\}\cdot P\left\{X\leqslant\frac{1}{2}\right\},$$

故 X 与 U 不独立.

（3） $F(z)=P\{U+X\leqslant z\}=P\{U+X\leqslant z\mid U=0\}\cdot P\{U=0\}+P\{U+X\leqslant z\mid U=1\}\cdot P\{U=1\}$

$$=\frac{P\{U+X\leqslant z,U=0\}}{P\{U=0\}}\cdot P\{U=0\}+\frac{P\{U+X\leqslant z,U=1\}}{P\{U=1\}}\cdot P\{U=1\}$$

$$=P\{X\leqslant z,X>Y\}+P\{1+X\leqslant z,X\leqslant Y\}.$$

又 $P\{X\leqslant z,X>Y\}=\begin{cases}0,z<0,\\ \dfrac{3}{2}z^2-z^3,0\leqslant z<1,\\ \dfrac{1}{2},z\geqslant1,\end{cases}$

$$P\{1+X\leqslant z,X\leqslant Y\}=\begin{cases}0,&z<1,\\ 2(z-1)^{\frac{3}{2}}-\dfrac{3}{2}(z-1)^2,&1\leqslant z<2,\\ \dfrac{1}{2},&z\geqslant2,\end{cases}$$

所以

$$F(z)=\begin{cases}0,z<0,\\ \dfrac{3}{2}z^2-z^3,0\leqslant z<1,\\ \dfrac{1}{2}+2(z-1)^{\frac{3}{2}}-\dfrac{3}{2}(z-1)^2,1\leqslant z<2,\\ 1,z\geqslant2.\end{cases}$$

8. （2016（23），11 分）设总体 X 的概率密度为 $f(x,\theta)=\begin{cases}\dfrac{3x^2}{\theta^3},0<x<\theta,\\ 0,其他\end{cases}$，其中 $\theta\in(0,$

$+\infty)$ 为未知参数，X_1,X_2,X_3 为来自总体 X 的简单随机样本，令 $T=\max(X_1,X_2,X_3)$.

（1）求 T 的概率密度；

（2）确定 a，使得 aT 为 θ 的无偏估计；

【解析】（1）根据题意，X_1,X_2,X_3 独立同分布，T 的分布函数为

$$F_T(t)=P\{\max(X_1,X_2,X_3)\leqslant t\}=P\{X_1\leqslant t,X_2\leqslant t,X_3\leqslant t\}$$

$$=P\{X_1\leqslant t\}P\{X_2\leqslant t\}P\{X_3\leqslant t\}=(P\{X_1\leqslant t\})^3,$$

当 $t<0$ 时，$F_T(t)=0$；当 $0<t<\theta$ 时，$F_T(t)=\left(\int_0^t\dfrac{3x^2}{\theta^3}\mathrm{d}\theta\right)^3=\dfrac{t^9}{\theta^9}$；当 $t\geqslant0$ 时，$F_T(t)=1.$

所以

$$f_T(t) = \begin{cases} \dfrac{9t^8}{\theta^9}, & 0 < t < \theta, \\ 0, & \text{其他}. \end{cases}$$

(2) $E(aT) = aET = a\displaystyle\int_0^\theta t\,\frac{9t^8}{\theta^9}\mathrm{d}t = \frac{9}{10}a\theta$，根据题意，$E(aT) = \dfrac{9}{10}a\theta = \theta$，即 $a = \dfrac{10}{9}$.

9. (2015(22),11 分)设随机变量 X 的概率密度为

$$f(x) = \begin{cases} 2^{-x}\ln 2, & x > 0, \\ 0, & x \le 0. \end{cases}$$

对 X 进行独立重复的观测，直到出现第 2 个大于 3 的观测值时停止，记 Y 为观测次数.

(1) 求 Y 的概率分布；

(2) 求 EY.

【解析】(1) 记 p 为观测值大于 3 的概率，则

$$p = P(X > 3) = \int_3^{+\infty} 2^{-x}\ln 2\,\mathrm{d}x = \frac{1}{8},$$

从而

$$P(Y = n) = C_{n-1}^1 p\,(1-p)^{n-2}p = (n-1)\left(\frac{1}{8}\right)^2\left(\frac{7}{8}\right)^{n-2},$$

式中：$n = 2,3\cdots$ 为 Y 的概率分布.

(2) $EY = \displaystyle\sum_{n=2}^\infty n \cdot P\{Y = n\} = \sum_{n=2}^\infty n(n-1)\left(\frac{1}{8}\right)^2\left(\frac{7}{8}\right)^{n-2} = \sum_{n=2}^\infty n(n-1)\left[\left(\frac{7}{8}\right)^{n-2} - 2\left(\frac{7}{8}\right)^{n-1} + \left(\frac{7}{8}\right)^n\right],$

记 $S_1(x) = \displaystyle\sum_{n=2}^\infty n(n-1)x^{n-2}$ $-1 < x < 1$，则

$$S_1(x) = \sum_{n=2}^\infty n(n-1)x^{n-2} = \left(\sum_{n=2}^\infty nx^{n-1}\right)' = \left(\sum_{n=2}^\infty nx^{n-1}\right)'' = \frac{2}{(1-x)^3},$$

所以

$$S(x) = S_1(x) - 2S_2(x) + S_3(x) = \frac{2 - 4x + 2x^2}{(1-x)^3} = \frac{2}{1-x},$$

从而 $E(Y) = S\left(\dfrac{7}{8}\right) = 16$.

10. (2015(23),11 分)设总体 X 的概率密度为

$$f(x;\theta) = \begin{cases} \dfrac{1}{1-\theta}, & 0 \le x \le 1, \\ 0, & \text{其他}. \end{cases}$$

式中：θ 为未知参数；$X_1, X_2, \cdots, X_n$ 为来自该总体的简单随机样本.

(1) 求 θ 的矩估计；

(2) 求 θ 的最大似然估计.

【解析】(1) $E(X) = \displaystyle\int_{-\infty}^{+\infty} xf(x;\theta)\,\mathrm{d}x = \int_\theta^1 x\,\frac{1}{1-\theta}\,\mathrm{d}x = \frac{1+\theta}{2}$，令 $E(X) = \overline{X}$，即 $\overline{X} = \dfrac{1+\theta}{2}$，解

得 $\hat{\theta} = 2\bar{X} - 1, \bar{X} = \frac{1}{n}\sum_{i=2}^{n}X_i$ 为 θ 的矩估计量.

（2）似然函数 $L(\theta) = \prod_{i=1}^{n}f(x_i;\theta)$，当 $\theta \leq x_i \leq 1$ 时，$L(\theta) = \prod_{i=1}^{n}\frac{1}{1-\theta} = \left(\frac{1}{1-\theta}\right)^n$，则

$\ln L(\theta) = -n\ln(1-\theta)$，从而 $\frac{\mathrm{d}\ln L(\theta)}{\mathrm{d}\theta} = \frac{n}{(1-\theta)}$，关于 θ 单调增加，所以 $\hat{\theta} = \min\{X_1, X_2, \cdots, X_n\}$

为 θ 的最大似然估计量.

11.（2014(22)，11 分）设随机变量 X 的分布为 $P(X=1) = P(X=2) = \frac{1}{2}$，在给定 $X=i$ 的条件下，随机变量 Y 服从均匀分布 $U(0,i)$，$i=1,2$.

（1）求 Y 的分布函数；

（2）求期望 $E(Y)$.

【解析】（1）$F_Y(y) = P\{Y \leq y\} = P\{X=1\}P\{Y \leq y \mid X=1\} + P\{X=2\}P\{Y \leq y \mid X=2\}$

$= \frac{1}{2}P\{Y \leq y \mid X=1\} + \frac{1}{2}P\{Y \leq y \mid X=2\}$，$y<0$，$F_Y(y) = 0$.

当 $0 \leq y < 1$ 时，

$F_Y(y) = \frac{1}{2} \cdot \frac{y}{1} + \frac{1}{2} \cdot \frac{y}{2} = \frac{3y}{4}$；当 $1 \leq y < 2$ 时，$F_Y(y) = \frac{1}{2} + \frac{1}{2} \cdot \frac{y}{2} = \frac{y}{4} + \frac{1}{2}$；$y \geq 2$ 时，

$F_Y(y) = 1$，故

$$F_Y(y) = \begin{cases} 0, & y<0, \\ \dfrac{3y}{4}, & 0 \leq y < 1, \\ \dfrac{y}{4} + \dfrac{1}{2}, & 1 \leq y < 2, \\ 1, & y \geq 2. \end{cases}$$

（2）$F_Y(y) = 0 \begin{cases} \dfrac{3}{4}, & 0<y<1, \\ \dfrac{1}{4}, & 1<y<2, \\ 0, & 其他, \end{cases}$

$$EY = \int_0^1 \frac{3x}{4}\mathrm{d}x + \int_1^2 \frac{x}{4}\mathrm{d}x = \frac{3}{8} + \frac{3}{8} = \frac{3}{4}.$$

12.（2014(23)，11 分）设总体 X 的分布函数为 $F(x,\theta) = \begin{cases} 1-\mathrm{e}^{\frac{-x^2}{\theta}}, & x \geq 0 \\ 0, & x<0 \end{cases}$，其中 θ 为未知

的大于零的参数，$X_1, X_2, \cdots, X_n$ 是来自总体的简单随机样本，

（1）求 $EX, E(X^2)$；

（2）求 θ 的极大似然估计量 $\hat{\theta}$；

（3）是否存在常数 a，使得对任意的 $\varepsilon>0$ 都有 $\lim_{n \to \infty}P\{|\hat{\theta}_n - a| \geq \varepsilon\} = 0$？

【解析】（1）$f(x) = \begin{cases} 0, x \leqslant 0, \\ \dfrac{2x}{\theta} e^{\frac{x^2}{\theta}}, x>0. \end{cases}$

$$EX = \int_{-\infty}^{+\infty} xf(x)\mathrm{d}x = 2\int_0^{+\infty} \frac{x^2}{\theta} e^{\frac{-x^2}{\theta}} \mathrm{d}x \xlongequal{\frac{x^2}{\theta}=t} 2\int_0^{+\infty} te^{-t} \cdot \frac{\sqrt{\theta}}{2\sqrt{t}}\mathrm{d}t = \sqrt{\theta}\int_0^{+\infty} \sqrt{t}\,e^{-t}\mathrm{d}t = \sqrt{\theta}\,\Gamma\left(\frac{1}{2}+1\right) = \frac{\sqrt{\pi\theta}}{2},$$

$$EX^2 = \int_{-\infty}^{+\infty} x^2 f(x)\mathrm{d}x = 2\int_0^{+\infty} \frac{x^3}{\theta} e^{\frac{-x^2}{\theta}}\mathrm{d}x = \theta\int_0^{+\infty} \frac{x^2}{\theta} e^{\frac{-x^2}{\theta}}\mathrm{d}\left(\frac{x^2}{\theta}\right) = \theta\Gamma(2) = \theta.$$

（2）似然函数 $L(\theta) = \dfrac{2^n x_1 x_2 \cdots x_n}{\theta^n} e^{\frac{x_1^2+x_2^2+\cdots+x_n^2}{\theta}}$，$\ln L(\theta) = n\ln 2 + \sum_{i=1}^n \ln x_i - n\ln\theta -$

$\dfrac{x_1^2 + x_2^2 + \cdots + x_n^2}{\theta}$，由 $\dfrac{\mathrm{d}}{\mathrm{d}\theta}\ln L(\theta) = -\dfrac{n}{\theta} + \dfrac{x_1^2+x_2^2+\cdots+x_n^2}{\theta^2} = 0$，得 θ 的最大似然估计量为 $\hat{\theta} =$

$\dfrac{1}{n}\sum_{i=1}^n X_i^2$.

（3）由大数定律得 $\hat{\theta} = \dfrac{1}{n}\sum_{i=1}^n X_i^2$ 依概率收敛于 $EX^2 = \theta$，存在 $a=\theta$，使得对任意的 $\varepsilon>0$，

有 $\lim_{n\to\infty} P\{|\hat{\theta}_n - a| \geqslant \varepsilon\} = 0.$

13.（2013(22)，11 分）设随机变量 X 的概率密度为 $f(x) = \begin{cases} \dfrac{1}{9}x^2, 0<x<3 \\ 0, \quad 其他 \end{cases}$，令随机变量

$Y = \begin{cases} 2, x \leqslant 1 \\ x, 1<x<2. \\ 1, x \geqslant 2 \end{cases}$

（1）求 Y 的分布函数；

（2）求概率 $P\{X \leqslant Y\}$.

【解析】（1）设 Y 的分布函数为 $F(y)$，则

$$F(y) = P\{Y \leqslant y\} = P\{Y \leqslant y, X \leqslant 1\} + P\{Y \leqslant y, 1<X<2\} + P\{Y \leqslant y, X \geqslant 2\}$$

$$= P\{2 \leqslant y, X \leqslant 1\} + P\{X \leqslant y, 1<X<2\} + P\{1 \leqslant y, X \geqslant 2\}$$

当 $y<1$ 时，有

$$F(y) = 0;$$

当 $1 \leqslant y < 2$ 时，有

$$F(y) = P\{X \leqslant y, 1<X<2\} + P\{X \geqslant 2\} = P\{1<X \leqslant y\} + P\{X \geqslant 2\}$$

$$= \int_1^y \frac{1}{9}x^2\mathrm{d}x + \int_2^3 \frac{1}{9}x^2\mathrm{d}x = \frac{1}{27}(y^3-1) + \frac{1}{27}(3^3-2^3) = \frac{1}{27}(y^3+18);$$

当 $y \geqslant 2$ 时，有

$$F(y) = P\{X \leqslant 1\} + P\{1<X<2\} + P\{X \geqslant 2\} = 1.$$

（2）$P\{X \leqslant Y\} = P\{X \leqslant Y, X \leqslant 1\} + P\{X \leqslant Y, 1<X<2\} + P\{X \leqslant Y, X>2\} = \dfrac{8}{27}.$

14. (2013 (23), 11 分) X 的概率密度为 $f(x;\theta) = \begin{cases} \dfrac{\theta^2}{x^3}\mathrm{e}^{-\frac{\theta}{x}}, & x>0 \\ 0, & \text{其他} \end{cases}$,其中 θ 为未知参数且

大于零,$X_1, X_2, \cdots, X_n$ 为来自总体 X 的简单随机样本.

(1) 求 θ 的矩估计量;

(2) 求 θ 的最大似然估计量.

【解析】(1) $E(X) = \displaystyle\int_{-\infty}^{+\infty} x f(x;\theta)\,\mathrm{d}x = \int_{0}^{+\infty} x \cdot \frac{\theta^2}{x^3} \cdot \mathrm{e}^{\frac{-\theta}{x}}\,\mathrm{d}x = \int_{0}^{+\infty} \frac{\theta^2}{x^2} \cdot \mathrm{e}^{\frac{-\theta}{x}}\,\mathrm{d}\left(-\frac{\theta}{x}\right) = -\theta$,令

$\overline{X} = E(X)$,则 $\overline{X} = -\theta$,即 θ 的矩估计量为 $\theta = -\overline{X}$,其中 $\overline{X} = \dfrac{1}{n}\displaystyle\sum_{i=1}^{n} X_i$.

(2) $L(\theta) = \displaystyle\prod_{i=1}^{n} f(x_i;\theta) = \begin{cases} \displaystyle\prod_{i=1}^{n}\left(\dfrac{\theta^2}{x_i^3}\mathrm{e}^{\frac{-\theta}{x_i}}\right), & x_i > 0 \ (i=1,2,\cdots,n), \\ 0, & \text{其他}. \end{cases}$

当 $x_i > 0\ (i=1,2,\cdots,n)$ 时,有

$$L(\theta) = \prod_{i=1}^{n}\left(\frac{\theta^2}{x_i^3}\mathrm{e}^{\frac{-\theta}{x_i}}\right),\quad \ln L(\theta) = \sum_{i=1}^{n}\left[2\ln\theta - \ln x_i^3 - \frac{\theta}{x_i}\right],$$

$$\frac{\mathrm{d}\ln L(\theta)}{\mathrm{d}\theta} = \sum_{i=1}^{n}\left(\frac{2}{\theta} - \frac{1}{x_i}\right) = \frac{2n}{\theta} - \sum_{i=1}^{n}\frac{1}{x_i} = 0,$$

解得 $\theta = \dfrac{2n}{\displaystyle\sum_{i=1}^{n}\dfrac{1}{x_i}}$,所以 θ 最大似然估计量 $\hat{\theta} = \dfrac{2n}{\displaystyle\sum_{i=1}^{n}\dfrac{1}{X_i}}$.

15. (2012 (22), 11 分) 已知随机变量 X, Y 以及 XY 的分布律如下表所示:

X \ Y	0	1	2
0	$\dfrac{1}{4}$	0	$\dfrac{1}{4}$
1	0	$\dfrac{1}{3}$	0
2	$\dfrac{1}{12}$	0	$\dfrac{1}{12}$

求:(1) $P(X=2Y)$; (2) $\mathrm{Cov}(X-Y, Y)$ 与 ρ_{XY}.

【解析】(1) 由随机变量的概率分布可知 $P\{X=2Y\} = P\{X=0, Y=0\} + P\{X=2, Y=1\}$

$= +0 = \dfrac{1}{4}$.

(2) 由条件知

$$X \sim \begin{pmatrix} 0 & 1 & 2 \\ \dfrac{1}{2} & \dfrac{1}{3} & \dfrac{1}{6} \end{pmatrix},\ Y \sim \begin{pmatrix} 0 & 1 & 2 \\ \dfrac{1}{3} & \dfrac{1}{3} & \dfrac{1}{3} \end{pmatrix},\ XY \sim \begin{pmatrix} 0 & 1 & 4 \\ \dfrac{7}{12} & \dfrac{1}{3} & \dfrac{1}{12} \end{pmatrix},$$

从而

$$EX = 0 \cdot \frac{1}{2} + 1 \cdot \frac{1}{3} + 2 \cdot \frac{1}{6} = \frac{2}{3},$$

$$EY = 0 \cdot \frac{1}{3} + 1 \cdot \frac{1}{3} + 2 \cdot \frac{1}{3} = 1, EY^2 = 0^2 \cdot \frac{1}{3} + 1^2 \cdot \frac{1}{3} + 2^2 \cdot \frac{1}{3} = \frac{5}{3},$$

$$E(XY) = 0 \cdot \frac{7}{12} + 1 \cdot \frac{1}{3} + 4 \cdot \frac{1}{12} = \frac{2}{3},$$

又

$$DY = EY^2 - (EY)^2 = \frac{5}{3} - 1 = \frac{2}{3},$$

于是

$$\text{Cov}(X-Y, Y) = \text{Cov}(X, Y) - \text{Cov}(Y, Y) = E(XY) - EX \cdot EY - DY = \frac{2}{3} - \frac{2}{3} \cdot 1 - \frac{2}{3} = -\frac{2}{3}.$$

16. （2012（23），11 分）设随机变量 X 与 Y 相互独立且分别服从正态分布 $N(\mu, \sigma^2)$ 与 $N(\mu, 2\sigma^2)$，其中 σ 是未知参数且 $\sigma > 0$，设 $Z = X - Y$，

（1）求 z 的概率密度 $f(z, \sigma^2)$；

（2）设 $z_1, z_2, \cdots, z_n$ 为来自总体 Z 的简单随机样本，求 σ^2 的最大似然估计量 $\hat{\sigma}^2$；

（3）证明 $\hat{\sigma}^2$ 为 σ^2 的无偏估计量.

【解析】（1）由条件知 Z 服从正态分布，且
$$EZ = E(X-Y) = EX - EY = 0, DZ = D(X-Y) = DX + DY = 3\sigma^2,$$

即 $Z \sim N(0, 3\sigma^2)$，从而 Z 的概率密度为

$$f(z, \sigma^2) = \frac{1}{\sqrt{2\pi}\sqrt{3\sigma^2}} e^{\frac{-(z-0)^2}{2 \cdot 3\sigma^2}} = \frac{1}{\sqrt{6\pi}\sigma} e^{\frac{-z^2}{6\sigma^2}}, -\infty < z < +\infty.$$

（2）由条件知似然函数为

$$L(\sigma^2) = \prod_{i=1}^{n} f(z_i; \sigma^2) = \prod_{i=1}^{n} \frac{1}{\sqrt{6\pi}\sigma} e^{\frac{-z_i^2}{6\sigma^2}} = \frac{1}{(\sqrt{6\pi})^n \sigma^n} e^{\frac{-\sum_{i=1}^{n} z_i^2}{6\sigma^2}}, -\infty < z_i < +\infty, i = 1, 2, \cdots, n,$$

$$\ln L(\sigma^2) = -\frac{n}{2}\ln 6\pi - \frac{n}{2}\ln \sigma^2 - \frac{1}{6\sigma^2}\sum_{i=1}^{n} z_i^2,$$

令

$$\frac{\mathrm{d}\ln L(\sigma^2)}{\mathrm{d}(\sigma^2)} = -\frac{n}{2} \cdot \frac{1}{\sigma^2} + \frac{1}{6\sigma^4}\sum_{i=1}^{n} z_i^2 = 0,$$

解得

$$\sigma^2 = \frac{1}{3n}\sum_{i=1}^{n} z_i^2.$$

于是 σ^2 的最大似然估计量为 $\hat{\sigma}^2 = \frac{1}{3n}\sum_{i=1}^{n} z_i^2.$

（3）由于

$$E\hat{\sigma}^2 = E\left(\frac{1}{3n}\sum_{i=1}^{n} z_i^2\right) = \frac{1}{3n}E\left(\sum_{i=1}^{n} z_i^2\right) = \frac{1}{3n} \cdot nEZ^2, = = \frac{1}{3}[DZ + (EZ)^2] = \frac{1}{3}(3\sigma^2 + 0) = \sigma^2,$$

因此，$\hat{\sigma}^2$ 为 σ^2 的无偏估计量．

17. (2011 (22),11 分)设随机变量 X 与 Y 的概率分布分别为

X	0	1
P	1/3	2/3

Y	-1	0	1
P	1/3	1/3	1/3

且 $P\{X^2=Y^2\}=1$.

(1) 求二维随机变量 (X,Y) 的概率分布；

(2) 求 $Z=XY$ 的概率分布；

(3) X 与 Y 的相关系数 ρ_{XY}.

【解析】(1) 由于

$$P\{X^2=Y^2\}=1,$$

即

$$P\{X=0,Y=0\}+P\{X=1,Y=-1\}+P\{X=1,Y=1\}=1,$$

则有

$$P\{X=1,Y=0\}=P\{X=0,Y=-1\}+P\{X=0,Y=1\}=0,$$

$$P\{X=0,Y=0\}=P\{Y=0\}-P\{X=1,Y=0\}=\frac{1}{3},$$

$$P\{X=1,Y=-1\}=P\{Y=-1\}-P\{X=0,Y=-1\}=\frac{1}{3},$$

$$P\{X=1,Y=1\}=P\{Y=1\}-P\{X=0,Y=1\}=\frac{1}{3},$$

所以 (X,Y) 的概率分布为

X \ Y	-1	0	1
0	0	1/3	0
1	1/3	0	1/3

(2) 易知随机变量 Z 的可能取值为 $0,1$，则有

$$P\{Z=1\}=P\{X=1,Y=1\}=\frac{1}{3},$$

$$P\{Z=0\}=1-P\{Z=1\}=\frac{2}{3},$$

故 $Z=XY$ 的概率分布为

Z	-1	0	1
P	1/3	1/3	1/3

(3) 由(1)和(2)知

$$E(XY)= =EZ=(-1)\times\frac{1}{3}+1\times\frac{1}{3}=0,EX=\frac{2}{3},EY=(-1)\times\frac{1}{3}+1\times\frac{1}{3}=0,$$

224

故有
$$\mathrm{Cov}(X,Y)=E(XY)-EXEY=0,$$

所以 $\rho_{XY}=0$.

18. （2011（23），11 分）设 $X_1,X_2,\cdots,X_n$ 为来自正态总体的简单随机样本，其中 μ_0 已知，$\sigma^2>0$ 未知．$\overline{X}$ 和 S^2 分别表示样本均值和样本方差．

（1）求参数 σ^2 的最大似然估计 $\hat{\sigma}^2$；

（2）计算 $E\hat{\sigma}^2$ 和 $D\hat{\sigma}^2$；

【解析】（1）由题知，最大似然函数为
$$L(\sigma^2)=\prod_{i=1}^{n}\frac{1}{\sqrt{2\pi}\,\sigma}\mathrm{e}^{\frac{-(x_i-\mu_0)^2}{2\sigma^2}}=(2\pi)^{-\frac{n}{2}}\cdot(\sigma^2)^{-\frac{n}{2}}\cdot\mathrm{e}^{\frac{-1}{2\sigma^2}\sum\limits_{i=1}^{n}(x_i-\mu_0)^2},$$

两边同时取对数，有
$$\ln L(\sigma^2)=\frac{-n}{2}\ln(2\pi)-\frac{n}{2}\ln(\sigma^2)-\frac{1}{2\sigma^2}\sum_{i=1}^{n}(x_i-\mu_0)^2.$$

令
$$\frac{\mathrm{d}\ln L(\sigma^2)}{\mathrm{d}(\sigma^2)}=\frac{-n}{2}\cdot\frac{1}{\sigma^2}+\frac{1}{2\sigma^2}\sum_{i=1}^{n}(x_i-\mu_0)^2=0,$$

可得
$$\sigma^2=\frac{1}{n}\sum_{i=1}^{n}(x_i-\mu_0)^2,$$

所以 σ^2 的最大似然估计为 $\hat{\sigma}^2=\dfrac{1}{n}\sum\limits_{i=1}^{n}(X_i-\mu_0)^2$.

（2）由（1）知
$$E\hat{\sigma}^2=\frac{1}{n}\sum_{i=1}^{n}E(X_i-\mu_0)^2=\sigma^2,$$

由于
$$X\sim N(\mu_0,\sigma^2),i=1,2,\cdots,n,$$

所以
$$\sum_{i=1}^{n}\left(\frac{X_i-\mu_0}{\sigma}\right)^2=\chi^2(n),$$

所以
$$D\left[\sum_{i=1}^{n}\left(\frac{X_i-\mu_0}{\sigma}\right)^2\right]=2n,$$

故
$$D\hat{\sigma}^2=D\left[\frac{\sigma^2}{n}\sum_{i=1}^{n}\left(\frac{X_i-\mu_0}{\sigma}\right)^2\right]=\frac{\sigma^4}{n^2}D\left[\sum_{i=1}^{n}\left(\frac{X_i-\mu_0}{\sigma}\right)^2\right]=\frac{2\sigma^4}{n}.$$

19. （2010（22），11 分）设二维随机变量 (X,Y) 的联合密度函数为 $f(x,y)=A\mathrm{e}^{-2x^2+2xy-y^2}$，$-\infty<x<+\infty$，$-\infty<y<+\infty$，求常数 A 及条件概率密度 $f_{Y|X}(y\mid x)$.

【解析】由归一性得

$$\int_{-\infty}^{+\infty} f(x,y)\,dxdy = 1,$$

而

$$\int_{-\infty}^{+\infty} f(x,y)\,dxdy = A\int_{-\infty}^{+\infty} dx\int_{-\infty}^{+\infty} e^{-2x^2+2xy-y^2}\,dy = A\int_{-\infty}^{+\infty} e^{-x^2}\,dx\int_{-\infty}^{+\infty} e^{-(y-x)^2}\,d(y-x),$$

又

$$\int_{-\infty}^{+\infty} e^{-(y-x)^2}\,d(y-x) = 2\int_0^{+\infty} e^{-x^2}\,d(x) \overset{x^2=t}{=\!=\!=} \int_0^{+\infty} t^{\frac{-1}{2}}e^{-t}\,d(t) = \Gamma\left(\frac{1}{2}\right) = \sqrt{\pi},$$

所以

$$\int_{-\infty}^{+\infty} f(x,y)\,dxdy = A\sqrt{\pi}\int_{-\infty}^{+\infty} e^{-x^2}\,d(x) =,$$

于是 $A = \dfrac{1}{\pi}$.

$$f_{Y|X}(y\mid x) = \frac{f(x,y)}{f_X(x)},$$

而

$$f_X(x) = \int_{-\infty}^{+\infty} f(x,y)\,dy = \frac{1}{\pi}e^{-x^2}\int_{-\infty}^{+\infty} e^{-(y-x)^2}\,d(y) = \frac{1}{\sqrt{\pi}}e^{-x^2},$$

所以

$$f_{Y|X}(y\mid x) = \frac{f(x,y)}{f_X(x)} = \frac{1}{\sqrt{\pi}}e^{-(x-y)^2}, \quad -\infty < x < +\infty, \ -\infty < y < +\infty.$$

20. (2010 (23), 11 分) 设总体 X 的概率分布为

X	1	2	3
P	$1-\theta$	$\theta-\theta^2$	θ^2

其中 $\theta \in (0,1)$ 未知, 以 N_i 来表示来自总体 X 的简单随机样本(样本容量为 n)中等于 i 的个数($i=1,2,3$)试求常数 a_1,a_2,a_3 使 $T = \sum_{i=1}^{3} a_i N_i$ 为 θ 的无偏估计量, 并求 T 的方差.

【解析】N_1 的可能取值为 $0,1,2,\cdots,n$, 且

$$P(N_1 = i) = C_n^i \theta^{n-i}(1-\theta)^i, \quad i=0,1,\cdots,n,$$

$$EN_1 = \sum_{i=0}^{n} i \times C_n^i \theta^{n-i}(1-\theta)^i = C_n^1(1-\theta)\theta^{n-1} + 2C_n^1(1-\theta)^2\theta^{n-2} + \cdots + nC_n^n(1-\theta)^n,$$

$$= (1-\theta)[C_n^1\theta^{n-1} + 2C_n^1(1-\theta)\theta^{n-2} + \cdots + nC_n^n(1-\theta)^{n-1}],$$

因为

$$n(a+b)^{n-1} = na^{n-1} + C_n^1 a^{n-2}b + 2C_n^2 a^{n-3}b^2 + \cdots + nC_n^{n-1}b^{n-1},$$

所以

$$EN_1 = \sum_{i=0}^{n} i \times C_n^i \theta^{n-i}(1-\theta)^i = (1-\theta) \times n(1-\theta+\theta)^{n-1} = n(1-\theta),$$

N_2 的可能取值为 $0,1,\cdots,n$, 且

$$P(N_2 = i) = C_n^i(\theta-\theta^2)^{n-i}(1-\theta+\theta^2)^i, \quad i=0,1,\cdots,n, \quad EN_2 = \sum_{i=0}^{n} i \times C_n^i \theta^{n-i}(1-\theta)^i = n(\theta-\theta^2),$$

同理

$$EN_3 = \sum_{i=0}^{n} i \times C_n^i (1 - \theta^2)^{n-i} (\theta^2)^i = n\theta^2.$$

因为 $T = \sum_{i=1}^{3} a_i N_i$ 为 θ 为无偏估计量,所以 $ET = \theta$,即

$$ET = a_1 EN_1 + a_2 EN_2 + a_3 EN_3 = a_1 n (1-\theta) + a_2 n (\theta-\theta^2) + a_3 n\theta^2 = \theta,$$

或 $na_1 + (na_2 - na_1)\theta + (na_3 - na_2)\theta^2 = \theta$,

解得 $a_1 = 0, a_2 = \dfrac{1}{n}, a_3 = \dfrac{1}{n}$.

由于 $N_1 + N_2 + N_3 = n$,故 $T = \dfrac{1}{n}(N_2 + N_3) = \dfrac{1}{n}(n - N_1) = 1 - \dfrac{N_1}{n}$,注意到 $N_1 \sim B(n, 1-\theta)$,故

$$DT = \frac{1}{n^2} DN_1 = \frac{n(1-\theta)\theta}{n^2} = \frac{(1-\theta)\theta}{n}.$$

附录 2 分布函数值表

附表 1 几种常用的概率分布表

分布	参数	分布律或概率密度	数学期望	方　差
(0—1)分布	$0<p<1$	$P\{X=k\}=p^k(1-p)^{1-k},k=0,1$	p	$p(1-p)$
二项分布	$n\geqslant 1$ $0<p<1$	$P\{X=k\}=\dbinom{n}{k}p^k(1-p)^{n-k}$ $k=0,1,\cdots,n$	np	$np(1-p)$
负二项分布 (巴斯卡分布)	$r\geqslant 1$ $0<p<1$	$P\{X=k\}=\dbinom{k-1}{r-1}p^r(1-p)^{k-r}$ $k=r,r+1,\cdots$	$\dfrac{r}{p}$	$\dfrac{r(1-p)}{p^2}$
几何分布	$0<p<1$	$P\{X=k\}=(1-p)^{k-1}p,k=1,2,\cdots$	$\dfrac{1}{p}$	$\dfrac{1-p}{p^2}$
超几何分布	N,M,n $(M\leqslant N)$ $n\leqslant N$	$P\{X=k\}=\dfrac{\dbinom{M}{k}\dbinom{N-M}{n-k}}{\dbinom{N}{n}}$ k 为整数,$\max\{0,n-N+M\}\leqslant k\leqslant\min\{n,M\}$	$\dfrac{nM}{N}$	$\dfrac{nM}{N}\left(1-\dfrac{M}{N}\right)\left(\dfrac{N-n}{N-1}\right)$
泊松分布	$\lambda>0$	$P\{X=k\}=\dfrac{\lambda^k\mathrm{e}^{-\lambda}}{k!},k=0,1,2,\cdots$	λ	λ
均匀分布	$a<b$	$f(x)=\begin{cases}\dfrac{1}{b-a},&a<x<b\\0,&\text{其他}\end{cases}$	$\dfrac{1}{2}(a+b)$	$\dfrac{(b-a)^2}{12}$
正态分布	μ $\sigma>0$	$f(x)=\dfrac{1}{\sqrt{2\pi}\,\sigma}\mathrm{e}^{-\frac{(x-\mu)^2}{2\sigma^2}}$	μ	σ^2
Γ 分布	$\alpha>0$ $\beta>0$	$f(x)=\begin{cases}\dfrac{1}{\beta^\alpha\Gamma(\alpha)}x^{\alpha-1}\mathrm{e}^{-\frac{x}{\beta}},&x>0\\0,&\text{其他}\end{cases}$	$\alpha\beta$	$\alpha\beta^2$
指数分布 (负指数分布)	$\theta>0$	$f(x)=\begin{cases}\dfrac{1}{\theta}\mathrm{e}^{-x/\theta},&x>0\\0,&\text{其他}\end{cases}$	θ	θ^2
χ^2 分布	$n\geqslant 1$	$f(x)=\begin{cases}\dfrac{1}{2^{\frac{n}{2}}\Gamma\left(\dfrac{n}{2}\right)}x^{\frac{n}{2}-1}\mathrm{e}^{-\frac{x}{2}},&x>0\\0,&\text{其他}\end{cases}$	n	$2n$
韦布尔分布	$\eta>0$ $\beta>0$	$f(x)=\begin{cases}\dfrac{\beta}{\eta}\left(\dfrac{x}{\eta}\right)^{\beta-1}\mathrm{e}^{-\left(\frac{x}{\eta}\right)^\beta},&x>0\\0,&\text{其他}\end{cases}$	$\eta\Gamma\left(\dfrac{1}{\beta}+1\right)$	$\eta^2\left\{\Gamma\left(\dfrac{2}{\beta}+1\right)-\left[\Gamma\left(\dfrac{1}{\beta}+1\right)\right]^2\right\}$
瑞利分布	$\sigma>0$	$f(x)=\begin{cases}\dfrac{x}{\sigma^2}\mathrm{e}^{-x^2/(2\sigma^2)},&x>0\\0,&\text{其他}\end{cases}$	$\sqrt{\dfrac{\pi}{2}}\sigma$	$\dfrac{4-\pi}{2}\sigma^2$

分布	参数	分布律或概率密度	数学期望	方　差
β 分布	$\alpha>0$ $\beta>0$	$f(x)=\begin{cases}\dfrac{\Gamma(\alpha+\beta)}{\Gamma(\alpha)\Gamma(\beta)}x^{\alpha-1}(1-x)^{\beta-1},&0<x<1\\0,&\text{其他}\end{cases}$	$\dfrac{\alpha}{\alpha+\beta}$	$\dfrac{\alpha\beta}{(\alpha+\beta)^2(\alpha+\beta+1)}$
对数正态分布	μ $\sigma>0$	$f(x)=\begin{cases}\dfrac{1}{\sqrt{2\pi}\,\sigma x}e^{-(\ln x-\mu)^2/(2\sigma^2)},&x>0\\0,&\text{其他}\end{cases}$	$e^{\mu+\frac{\sigma^2}{2}}$	$e^{2\mu+\sigma^2}(e^{\sigma^2}-1)$
柯西分布	a $\lambda>0$	$f(x)=\dfrac{1}{\pi}\dfrac{1}{\lambda^2+(x-a)^2},-\infty<x<\infty$	不存在	不存在
t 分布	$n\geqslant1$	$f(x)=\dfrac{\Gamma\left(\dfrac{n+1}{2}\right)}{\sqrt{n\pi}\,\Gamma\left(\dfrac{n}{2}\right)}\left(1+\dfrac{x^2}{n}\right)^{-\frac{n+1}{2}},-\infty<x<\infty$	$0(n>1)$	$\dfrac{n}{n-2}(n>2)$
F 分布	n_1,n_2	$f(x)=\begin{cases}\dfrac{\Gamma\left(\dfrac{n_1+n_2}{2}\right)\left(\dfrac{n_1}{n_2}\right)^{\frac{n_1}{2}}x^{\frac{n_1}{2}-1}}{\Gamma\left(\dfrac{n_1}{2}\right)\Gamma\left(\dfrac{n_2}{2}\right)\left[1+\left(\dfrac{n_1x}{n_2}\right)\right]^{\frac{n_1+n_2}{2}}},&x>0,\\0,&\text{其他}\end{cases}$	$\dfrac{n_2}{n_2-2}$ $(n_2>2)$	$\dfrac{2n_2^2(n_1+n_2-2)}{n_1(n_2-2)^2(n_2-4)}$ $(n_2>4)$

附表 2　标准正态分布表

$$\Phi(x)=\int_{-\infty}^{x}\frac{1}{\sqrt{2\pi}}e^{-u^2/2}\mathrm{d}u=P(X\leqslant x)$$

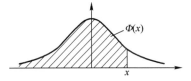

x	0.00	0.01	0.02	0.03	0.04	0.05	0.06	0.07	0.08	0.09
0.0	0.5000	0.5040	0.5080	0.5120	0.5160	0.5199	0.5239	0.5279	0.5319	0.5359
0.1	0.5398	0.5438	0.5478	0.5517	0.5557	0.5596	0.5636	0.5675	0.5714	0.5753
0.2	0.5793	0.5832	0.5871	0.5910	0.5948	0.5987	0.6026	0.6064	0.6103	0.6141
0.3	0.6179	0.6217	0.6255	0.6293	0.6331	0.6368	0.6406	0.6443	0.6480	0.6517
0.4	0.6554	0.6591	0.6628	0.6664	0.6700	0.6736	0.6772	0.6808	0.6844	0.6879
0.5	0.6915	0.6950	0.6985	0.7019	0.7054	0.7088	0.7123	0.7157	0.7190	0.7224
0.6	0.7257	0.7291	0.7324	0.7357	0.7389	0.7422	0.7454	0.7486	0.7517	0.7549
0.7	0.7580	0.7611	0.7642	0.7673	0.7703	0.7734	0.7764	0.7794	0.7823	0.7852
0.8	0.7881	0.7910	0.7939	0.7967	0.7995	0.8023	0.8051	0.8078	0.8106	0.8133
0.9	0.8159	0.8186	0.8212	0.8238	0.8264	0.8289	0.8315	0.8340	0.8365	0.8389
1.0	0.8413	0.8438	0.8461	0.8485	0.8508	0.8531	0.8554	0.8577	0.8599	0.8621
1.1	0.8643	0.8665	0.8686	0.8708	0.8729	0.8749	0.8770	0.8790	0.8810	0.8830
1.2	0.8849	0.8869	0.8888	0.8907	0.8925	0.8944	0.8962	0.8980	0.8997	0.9015
1.3	0.9032	0.9049	0.9066	0.9082	0.9099	0.9115	0.9131	0.9147	0.9162	0.9177

x	0.00	0.01	0.02	0.03	0.04	0.05	0.06	0.07	0.08	0.09
1.4	0.9192	0.9207	0.9222	0.9236	0.9251	0.9265	0.9278	0.9292	0.9306	0.9319
1.5	0.9332	0.9345	0.9357	0.9370	0.9382	0.9394	0.9406	0.9418	0.9430	0.9441
1.6	0.9452	0.9463	0.9474	0.9484	0.9495	0.9505	0.9515	0.9525	0.9535	0.9545
1.7	0.9554	0.9564	0.9573	0.9582	0.9591	0.9599	0.9608	0.9616	0.9625	0.9633
1.8	0.9641	0.9648	0.9656	0.9664	0.9671	0.9678	0.9686	0.9693	0.9700	0.9706
1.9	0.9713	0.9719	0.9726	0.9732	0.9738	0.9744	0.9750	0.9756	0.9762	0.9767
2.0	0.9772	0.9778	0.9783	0.9788	0.9793	0.9798	0.9803	0.9808	0.9812	0.9817
2.1	0.9821	0.9826	0.9830	0.9834	0.9838	0.9842	0.9846	0.9850	0.9854	0.9857
2.2	0.9861	0.9864	0.9868	0.9871	0.9874	0.9878	0.9881	0.9884	0.9887	0.9890
2.3	0.9893	0.9896	0.9898	0.9901	0.9904	0.9906	0.9909	0.9911	0.9913	0.9916
2.4	0.9918	0.9920	0.9922	0.9925	0.9927	0.9929	0.9931	0.9932	0.9934	0.9936
2.5	0.9938	0.9940	0.9941	0.9943	0.9945	0.9946	0.9948	0.9949	0.9951	0.9952
2.6	0.9953	0.9955	0.9956	0.9957	0.9959	0.9960	0.9961	0.9962	0.9963	0.9964
2.7	0.9965	0.9966	0.9967	0.9968	0.9969	0.9970	0.9971	0.9972	0.9973	0.9974
2.8	0.9974	0.9975	0.9976	0.9977	0.9977	0.9978	0.9979	0.9979	0.9980	0.9981
2.9	0.9981	0.9982	0.9982	0.9983	0.9984	0.9984	0.9985	0.9985	0.9986	0.9986
3.0	0.9987	0.9987	0.9987	0.9988	0.9988	0.9989	0.9989	0.9989	0.9990	0.9990
3.1	0.9990	0.9991	0.9991	0.9991	0.9992	0.9992	0.9992	0.9992	0.9993	0.9993
3.2	0.9993	0.9993	0.9994	0.9994	0.9994	0.9994	0.9994	0.9995	0.9995	0.9995
3.3	0.9995	0.9995	0.9995	0.9996	0.9996	0.9996	0.9996	0.9996	0.9996	0.9997
3.4	0.9997	0.9997	0.9997	0.9997	0.9997	0.9997	0.9997	0.9997	0.9997	0.9998

附表 3　泊松分布表

$$P(X \leqslant x) = \sum_{k=0}^{x} \frac{\lambda^k e^{-\lambda}}{k!}$$

x	λ								
	0.1	0.2	0.3	0.4	0.5	0.6	0.7	0.8	0.9
0	0.9048	0.8187	0.7408	0.6730	0.6065	0.5488	0.4966	0.4493	0.4066
1	0.9953	0.9825	0.9631	0.9384	0.9098	0.8781	0.8442	0.8088	0.7725
2	0.9998	0.9989	0.9964	0.9921	0.9856	0.9769	0.9659	0.9526	0.9371
3	1.0000	0.9999	0.9997	0.9992	0.9982	0.9966	0.9942	0.9909	0.9865
4		1.0000	1.0000	0.9999	0.9998	0.9996	0.9992	0.9986	0.9977
5				1.0000	1.0000	1.0000	0.9999	0.9998	0.9997
6							1.0000	1.0000	1.0000

x	λ								
	1.0	1.5	2.0	2.5	3.0	3.5	4.0	4.5	5.0
0	0.3679	0.2231	0.1353	0.0821	0.0498	0.0302	0.0183	0.0111	0.0067
1	0.7358	0.5578	0.4060	0.2873	0.1991	0.1359	0.0916	0.0611	0.0404
2	0.9197	0.8088	0.6767	0.5438	0.4232	0.3208	0.2381	0.1736	0.1247
3	0.9810	0.9344	0.8571	0.7576	0.6472	0.5366	0.4335	0.3423	0.2650
4	0.9963	0.9814	0.9473	0.8912	0.8153	0.7254	0.6288	0.5321	0.4405
5	0.9994	0.9955	0.9834	0.9580	0.9161	0.8576	0.7851	0.7029	0.6160
6	0.9999	0.9991	0.9955	0.9858	0.9665	0.9347	0.8893	0.8311	0.7622
7	1.0000	0.9998	0.9989	0.9958	0.9881	0.9733	0.9489	0.9134	0.8666
8		1.0000	0.9998	0.9989	0.9962	0.9901	0.9786	0.9597	0.9319
9			1.0000	0.9997	0.9989	0.9967	0.9919	0.9829	0.9682
10				0.9999	0.9997	0.9990	0.9972	0.9933	0.9863
11				1.0000	0.9999	0.9997	0.9991	0.9976	0.9945
12					1.0000	0.9999	0.9997	0.9992	0.9980

x	λ								
	5.5	6.0	6.5	7.0	7.5	8.0	8.5	9.0	9.5
0	0.0041	0.0025	0.0015	0.0009	0.0006	0.0003	0.0002	0.0001	0.0001
1	0.0266	0.0174	0.0113	0.0073	0.0047	0.0030	0.0019	0.0012	0.0008
2	0.0884	0.0620	0.0430	0.0296	0.0203	0.0138	0.0093	0.0062	0.0042
3	0.2017	0.1512	0.1118	0.0818	0.0591	0.0424	0.0301	0.0212	0.0149
4	0.3575	0.2851	0.2237	0.1730	0.1321	0.0996	0.0744	0.0550	0.0403
5	0.5289	0.4457	0.3690	0.3007	0.2414	0.1912	0.1496	0.1157	0.0885
6	0.6860	0.6063	0.5265	0.4497	0.3782	0.3134	0.2562	0.2068	0.1649
7	0.8095	0.7440	0.6728	0.5987	0.5246	0.4530	0.3856	0.3239	0.2687
8	0.8944	0.8472	0.7916	0.7291	0.6620	0.5925	0.5231	0.4557	0.3918
9	0.9462	0.9161	0.8774	0.8305	0.7764	0.7166	0.6530	0.5874	0.5218
10	0.9747	0.9574	0.9332	0.9015	0.8622	0.8159	0.7634	0.7060	0.6453
11	0.9890	0.9799	0.9661	0.9466	0.9208	0.8881	0.8487	0.8030	0.7520
12	0.9955	0.9912	0.9840	0.9730	0.9573	0.9362	0.9091	0.8758	0.8364
13	0.9983	0.9964	0.9929	0.9872	0.9784	0.9658	0.9486	0.9261	0.8981
14	0.9994	0.9986	0.9970	0.9943	0.9897	0.9827	0.9726	0.9585	0.9400
15	0.9998	0.9995	0.9988	0.9976	0.9954	0.9918	0.9862	0.9780	0.9665
16	0.9999	0.9998	0.9996	0.9990	0.9980	0.9963	0.9934	0.9889	0.9823
17	1.0000	0.9999	0.9998	0.9996	0.9992	0.9984	0.9970	0.9947	0.9911
18		1.0000	0.9999	0.9999	0.9997	0.9994	0.9987	0.9976	0.9957
19			1.0000	1.0000	0.9999	0.9997	0.9995	0.9989	0.9980
20					1.0000	0.9999	0.9998	0.9996	0.9991

x	λ								
	10.0	11.0	12.0	13.0	14.0	15.0	16.0	17.0	18.0
0	0.0000	0.0000	0.0000						
1	0.0005	0.0002	0.0001	0.0000	0.0000				
2	0.0028	0.0012	0.0005	0.0002	0.0001	0.0000	0.0000		
3	0.0103	0.0049	0.0023	0.0010	0.0005	0.0002	0.0001	0.0000	0.0000
4	0.0293	0.0151	0.0076	0.0037	0.0018	0.0009	0.0004	0.0002	0.0001
5	0.0671	0.0375	0.0203	0.0107	0.0055	0.0028	0.0014	0.0007	0.0003
6	0.1301	0.0786	0.0458	0.0259	0.0142	0.0076	0.0040	0.0021	0.0010
7	0.2202	0.1432	0.0895	0.0540	0.0316	0.0180	0.0100	0.0054	0.0029
8	0.3328	0.2320	0.1550	0.0998	0.0621	0.0374	0.0220	0.0126	0.0071
9	0.4579	0.3405	0.2424	0.1658	0.1094	0.0699	0.0433	0.0261	0.0154
10	0.5830	0.4599	0.3472	0.2517	0.1757	0.1185	0.0774	0.0491	0.0304
11	0.6968	0.5793	0.4616	0.3532	0.2600	0.1848	0.1270	0.0847	0.0549
12	0.7916	0.6887	0.5760	0.4631	0.3585	0.2676	0.1931	0.1350	0.0917
13	0.8645	0.7813	0.6815	0.5730	0.4644	0.3632	0.2745	0.2009	0.1426
14	0.9165	0.8540	0.7720	0.6751	0.5704	0.4657	0.3675	0.2808	0.2081
15	0.9513	0.9074	0.8444	0.7636	0.6694	0.5681	0.4667	0.3715	0.2867
16	0.9730	0.9441	0.8987	0.8355	0.7559	0.6641	0.5660	0.4677	0.3750
17	0.9857	0.9678	0.9370	0.8905	0.8272	0.7489	0.6593	0.5640	0.4686
18	0.9928	0.9823	0.9626	0.9302	0.8826	0.8195	0.7423	0.6550	0.5622
19	0.9965	0.9907	0.9787	0.9573	0.9235	0.8752	0.8122	0.7363	0.6509
20	0.9984	0.9953	0.9884	0.9750	0.9521	0.9170	0.8682	0.8055	0.7307
21	0.9993	0.9977	0.9939	0.9859	0.9712	0.9469	0.9108	0.8615	0.7991
22	0.9997	0.9990	0.9970	0.9924	0.9833	0.9673	0.9418	0.9047	0.8551
23	0.9999	0.9995	0.9985	0.9960	0.9907	0.9805	0.9633	0.9367	0.8989
24	1.0000	0.9998	0.9993	0.9980	0.9950	0.9888	0.9777	0.9594	0.9317
25		0.9999	0.9997	0.9990	0.9974	0.9938	0.9869	0.9748	0.9554
26		1.0000	0.9999	0.9995	0.9987	0.9967	0.9925	0.9848	0.9718
27			0.9999	0.9998	0.9994	0.9983	0.9959	0.9912	0.9827
28			1.0000	0.9999	0.9997	0.9991	0.9978	0.9950	0.9897
29				1.0000	0.9999	0.9996	0.9989	0.9973	0.9941
30					0.9999	0.9998	0.9994	0.9986	0.9967
31					1.0000	0.9999	0.9997	0.9993	0.9982
32						1.0000	0.9999	0.9996	0.9990
33							0.9999	0.9998	0.9995
34							1.0000	0.9999	0.9998
35								1.0000	0.9999
36									0.9999
37									1.0000

$P\{t(n)>t_a(n)\}=\alpha$

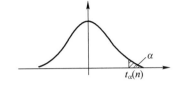

α n	0.25	0.10	0.05	0.025	0.01	0.005
1	1.0000	3.07877	6.3138	12.7062	31.8207	63.6574
2	0.8165	1.8856	2.9200	4.3027	6.9646	9.9248
3	0.7649	1.6377	2.3534	3.1824	4.5407	5.8409
4	0.7407	1.5332	2.1318	2.7764	3.7469	4.6041
5	0.7267	1.4759	2.0150	2.5706	3.3649	4.0322
6	0.7176	1.4398	1.9432	2.4469	3.1427	3.7074
7	0.7111	1.4149	1.8946	2.3646	2.9980	3.4995
8	0.7064	1.3968	1.8595	2.3060	2.8965	3.3554
9	0.7027	1.3830	1.8331	2.2622	2.8214	3.2498
10	0.6998	1.3722	1.8125	2.2281	2.7638	3.1693
11	0.6974	1.3634	1.7959	2.2010	2.7181	3.1058
12	0.6955	1.3562	1.7823	2.1788	2.6810	3.0545
13	0.6938	1.3502	1.7709	2.1604	2.6503	3.0123
14	0.6924	1.3450	1.7613	2.1448	2.6245	2.9768
15	0.6912	1.3406	1.7531	2.1315	2.6025	2.9467
16	0.6901	1.3368	1.7459	2.1199	2.5835	2.9208
17	0.6892	1.3334	1.7396	2.1098	2.5669	2.8982
18	0.6884	1.3304	1.7341	2.1009	2.5524	2.8784
19	0.6876	1.3277	1.7291	2.0930	2.5395	2.8609
20	0.6870	1.3253	1.7247	2.0860	2.5280	2.8453
21	0.6864	1.3232	1.7207	2.0796	2.5177	2.8314
22	0.6858	1.3212	1.7171	2.0739	2.5083	2.8188
23	0.6853	1.3195	1.7139	2.0687	2.4999	2.8073
24	0.6848	1.3178	1.7109	2.0639	2.4922	2.7969
25	0.6844	1.3163	1.7081	2.0595	2.4851	2.7874
26	0.6840	1.3150	1.7058	2.0555	2.4786	2.7787
27	0.6837	1.3137	1.7033	2.0518	2.4727	2.7707
28	0.6834	1.3125	1.7011	2.0484	2.4671	2.7633
29	0.6830	1.3114	1.6991	2.0452	2.4620	2.7564
30	0.6828	1.3104	1.6973	2.0423	2.4573	2.7500
31	0.6825	1.3095	1.6955	2.0395	2.4528	2.7440

n＼α	0.25	0.10	0.05	0.025	0.01	0.005
32	0.6822	1.3086	1.6939	2.0369	2.4487	2.7385
33	0.6820	1.3077	1.6924	2.0345	2.4448	2.7333
34	0.6818	1.3070	1.6909	2.0322	2.4411	2.7284
35	0.6816	1.3062	1.6896	2.0301	2.4377	2.7238
36	0.6814	1.3055	1.6883	2.0281	2.4345	2.7195
37	0.6812	1.3049	1.6871	2.0262	2.4314	2.7154
38	0.6810	1.3042	1.6860	2.0244	2.4286	2.7116
39	0.6808	1.3036	1.6849	2.0227	2.4258	2.7079
40	0.6807	1.3031	1.6839	2.0211	2.4233	2.7045
41	0.6805	1.3025	1.6829	2.0195	2.4208	2.7012
42	0.6804	1.3020	1.6820	2.0181	2.4185	2.6981
43	0.6802	1.3016	1.6811	2.0167	2.4163	2.6951
44	0.6801	1.3011	1.6802	2.0154	2.4141	2.6923
45	0.6800	1.3006	1.6794	2.0141	2.4121	2.6806

附表 5 χ^2 分布表

$$P\{\chi^2(n) > \chi^2_\alpha(n)\} = \alpha$$

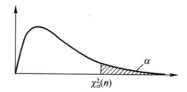

n＼α	0.995	0.99	0.975	0.95	0.9	0.75	0.25	0.1	0.05	0.025	0.01	0.005
1	—	—	0.001	0.004	0.016	0.102	1.323	2.706	3.841	5.024	6.635	7.879
2	0.010	0.020	0.051	0.103	0.211	0.575	2.773	4.605	5.991	7.378	9.210	10.597
3	0.072	0.115	0.216	0.352	0.584	1.213	4.108	6.251	7.815	9.348	11.345	12.838
4	0.207	0.297	0.484	0.711	1.064	1.923	5.385	7.779	9.488	11.143	13.277	14.860
5	0.412	0.554	0.831	1.145	1.610	2.695	6.626	9.236	11.071	12.833	15.086	16.750
6	0.676	0.872	1.237	1.635	2.204	3.455	7.841	10.645	12.592	14.449	16.812	18.548
7	0.989	1.239	1.690	2.167	2.833	4.255	9.037	12.017	14.067	16.013	18.475	20.278
8	1.344	1.646	2.180	2.733	3.490	5.071	10.219	13.362	15.507	17.535	20.090	21.955
9	1.735	2.088	2.700	3.325	4.168	5.899	11.389	14.684	16.919	19.023	21.666	23.589
10	2.156	2.558	3.247	3.940	4.865	6.737	12.549	15.987	18.307	20.483	23.209	25.188
11	2.603	3.053	3.816	4.575	5.578	7.584	13.701	17.275	19.675	21.920	24.725	26.757
12	3.074	3.571	4.404	5.226	6.304	8.438	14.845	18.549	21.026	23.337	26.217	28.299

n \ α	0.995	0.99	0.975	0.95	0.9	0.75	0.25	0.1	0.05	0.025	0.01	0.005
13	3.565	4.107	5.009	5.892	7.042	9.299	15.984	19.812	22.362	24.736	27.688	29.819
14	4.075	4.660	5.629	6.571	7.790	10.165	17.117	21.064	23.685	26.119	29.141	31.319
15	4.601	5.229	6.262	7.261	8.547	11.037	18.245	22.307	24.996	27.488	30.578	32.801
16	5.142	5.812	6.908	7.962	9.312	11.912	19.369	23.542	26.296	28.845	32.000	34.267
17	5.697	6.408	7.564	8.672	10.085	12.792	20.489	24.769	27.587	30.191	33.409	35.718
18	6.265	7.015	8.231	9.390	10.865	13.675	21.605	25.989	28.869	31.526	34.805	37.156
19	6.844	7.633	8.907	10.117	11.651	14.562	22.718	27.204	30.144	32.852	36.191	38.582
20	7.434	8.260	9.591	10.851	12.443	15.452	23.828	28.412	31.410	34.170	37.566	39.997
21	8.034	8.897	10.283	11.591	13.240	16.344	24.935	29.615	32.671	35.479	38.932	41.401
22	8.643	9.542	10.982	12.338	14.042	17.240	26.039	30.813	33.924	36.781	40.289	42.796
23	9.260	10.196	11.689	13.091	14.848	18.137	27.141	32.007	35.172	38.076	41.638	44.181
24	9.886	10.856	12.401	13.848	15.659	19.037	28.241	33.196	36.415	39.364	42.980	45.559
25	10.520	11.524	13.120	14.611	16.473	19.939	29.339	34.382	37.652	40.646	44.314	46.928
26	11.160	12.298	13.844	15.379	17.292	20.843	30.435	35.563	38.885	41.923	45.642	48.290
27	11.808	12.879	14.573	16.151	18.114	21.749	31.528	36.741	40.113	43.194	46.963	49.645
28	12.461	13.565	15.308	16.928	18.939	22.657	32.620	37.916	41.337	44.461	48.278	50.993
29	13.121	14.257	16.047	17.708	19.768	23.567	33.711	39.087	42.557	45.722	49.588	52.336
30	13.787	14.954	16.791	18.493	20.599	24.478	34.800	40.256	43.773	46.979	50.892	53.672
31	14.458	15.655	17.539	19.281	21.434	25.390	35.887	41.422	44.985	48.232	52.191	55.003
32	15.134	16.362	18.291	20.072	22.271	26.304	36.973	42.585	46.194	49.480	53.486	56.328
33	15.815	17.074	19.047	20.807	23.110	27.219	38.053	43.745	47.400	50.725	54.776	57.648
34	16.501	17.789	19.806	21.664	23.952	28.136	39.141	44.903	48.602	51.966	56.061	58.964
35	17.192	18.509	20.569	22.465	24.797	29.054	40.223	46.059	49.802	53.203	57.342	60.275
36	17.887	19.233	21.336	23.269	25.613	29.973	41.304	47.212	50.998	54.437	58.619	61.581
37	18.586	19.960	22.106	24.075	26.492	30.893	42.383	48.363	52.192	55.668	59.892	62.883
38	19.289	20.691	22.878	24.884	27.343	31.815	43.462	49.513	53.384	56.896	61.162	64.181
39	19.996	21.436	23.654	25.695	28.196	32.737	44.539	50.660	54.572	58.120	62.428	65.476
40	20.707	22.164	24.433	26.509	29.051	33.660	45.616	51.805	55.758	59.342	63.691	66.766
41	21.421	22.906	25.215	27.326	29.907	34.585	46.692	52.949	53.942	60.561	64.950	68.053
42	22.138	23.650	25.999	28.144	30.765	35.510	47.766	54.090	58.124	61.777	66.206	69.336
43	22.859	24.398	26.785	28.965	31.625	36.430	48.840	55.230	59.304	62.990	67.459	70.606
44	23.584	25.143	27.575	29.787	32.487	37.363	49.913	56.369	60.481	64.201	68.710	71.893
45	24.311	25.901	28.366	30.612	33.350	38.291	50.985	57.505	61.656	65.410	69.957	73.166

附表 6　F 分布表

$$P\{F(n_1,n_2)>F_\alpha(n_1,n_2)\}>\alpha$$

$\alpha=0.10$

$n_2 \backslash n_1$	1	2	3	4	5	6	7	8	9	10	12	15	20	24	30	40	60	120	∞
1	39.86	49.50	53.59	55.83	57.24	58.20	58.91	59.44	59.86	60.19	60.71	61.22	61.74	62.06	62.26	62.53	62.79	63.06	63.33
2	8.53	9.00	9.16	9.24	9.29	9.33	9.35	9.37	9.38	9.39	9.41	9.42	9.44	9.45	9.46	9.47	9.47	9.48	9.49
3	5.54	5.46	5.39	5.34	5.31	5.28	5.27	5.25	5.24	5.23	5.22	5.20	5.18	5.18	5.17	5.16	5.15	5.14	5.13
4	4.54	4.32	4.19	4.11	4.05	4.01	3.98	3.95	3.94	3.92	3.90	3.87	3.84	3.83	3.82	3.80	3.79	3.78	3.76
5	4.06	3.78	3.62	3.52	3.45	3.40	3.37	3.34	3.32	3.30	3.27	3.24	3.21	3.19	3.17	3.16	3.14	3.12	3.10
6	3.78	3.46	3.29	3.18	3.11	3.05	3.01	2.98	2.96	2.94	2.90	2.87	2.84	2.82	2.80	2.78	2.76	2.74	2.72
7	3.59	3.26	3.07	2.96	2.88	2.83	2.78	2.75	2.72	2.70	2.67	2.63	2.59	2.58	2.56	2.54	2.51	2.49	2.47
8	3.46	3.11	2.92	2.81	2.73	2.67	2.62	2.59	2.56	2.54	2.50	2.46	2.42	2.40	2.38	2.36	2.34	2.32	2.29
9	3.36	3.01	2.81	2.69	2.61	2.55	2.51	2.47	2.44	2.42	2.38	2.34	2.30	2.28	2.25	2.23	2.21	2.18	2.16
10	3.29	2.92	2.73	2.61	2.52	2.46	2.41	2.38	2.35	2.32	2.28	2.24	2.20	2.18	2.16	2.13	2.11	2.08	2.06
11	3.23	2.86	2.66	2.54	2.45	2.39	2.34	2.30	2.27	2.25	2.21	2.17	2.12	2.10	2.08	2.05	2.03	2.00	1.97
12	3.18	2.81	2.61	2.48	2.39	2.33	2.28	2.24	2.21	2.19	2.15	2.10	2.06	2.04	2.01	1.99	1.96	1.93	1.90
13	3.14	2.76	2.56	2.43	2.35	2.28	2.23	2.20	2.16	2.14	2.10	2.05	2.01	1.98	1.96	1.93	1.90	1.88	1.85
14	3.10	2.73	2.52	2.39	2.31	2.24	2.19	2.15	2.12	2.10	2.05	2.01	1.96	1.94	1.91	1.89	1.86	1.83	1.80
15	3.07	2.70	2.49	2.36	2.27	2.21	2.16	2.12	2.09	2.06	2.02	1.97	1.92	1.90	1.87	1.85	1.82	1.79	1.76
16	3.05	2.67	2.46	2.33	2.24	2.18	2.13	2.09	2.06	2.03	1.99	1.94	1.89	1.87	1.84	1.81	1.78	1.75	1.72
17	3.03	2.64	2.44	2.31	2.22	2.15	2.10	2.06	2.03	2.00	1.96	1.91	1.86	1.84	1.81	1.78	1.75	1.72	1.69
18	3.01	2.62	2.42	2.29	2.20	2.13	2.08	2.04	2.00	1.98	1.93	1.89	1.84	1.81	1.78	1.75	1.72	1.69	1.66
19	2.99	2.61	2.40	2.27	2.18	2.11	2.06	2.02	1.98	1.96	1.91	1.86	1.81	1.79	1.76	1.73	1.70	1.67	1.63
20	2.97	2.59	2.38	2.25	2.16	2.09	2.04	2.00	1.96	1.94	1.89	1.84	1.79	1.77	1.74	1.71	1.68	1.64	1.61
21	2.96	2.57	2.36	2.23	2.14	2.08	2.02	1.98	1.95	1.92	1.87	1.83	1.78	1.75	1.72	1.69	1.66	1.62	1.59
22	2.95	2.56	2.35	2.22	2.13	2.06	2.01	1.97	1.93	1.90	1.86	1.81	1.76	1.73	1.70	1.67	1.64	1.60	1.57
23	2.94	2.55	2.34	2.21	2.11	2.05	1.99	1.95	1.92	1.89	1.84	1.80	1.74	1.72	1.69	1.66	1.62	1.59	1.55
24	2.93	2.54	2.33	2.19	2.10	2.04	1.98	1.94	1.91	1.88	1.83	1.78	1.73	1.70	1.67	1.64	1.61	1.57	1.53
25	2.92	2.53	2.32	2.18	2.09	2.02	1.97	1.93	1.89	1.87	1.82	1.77	1.72	1.69	1.66	1.63	1.59	1.56	1.52
26	2.91	2.52	2.31	2.17	2.08	2.01	1.96	1.92	1.88	1.86	1.81	1.76	1.71	1.68	1.65	1.61	1.58	1.54	1.50
27	2.90	2.51	2.30	2.17	2.07	2.00	1.95	1.91	1.87	1.85	1.80	1.75	1.70	1.67	1.64	1.60	1.57	1.53	1.49
28	2.89	2.50	2.29	2.16	2.06	2.00	1.94	1.90	1.87	1.84	1.79	1.74	1.69	1.66	1.63	1.59	1.56	1.52	1.48
29	2.89	2.50	2.28	2.15	2.06	1.99	1.93	1.89	1.86	1.83	1.78	1.73	1.68	1.65	1.62	1.58	1.55	1.51	1.47
30	2.88	2.49	2.28	2.14	2.05	1.98	1.93	1.88	1.85	1.82	1.77	1.72	1.67	1.64	1.61	1.57	1.54	1.50	1.46
40	2.84	2.44	2.23	2.09	2.00	1.93	1.87	1.83	1.79	1.76	1.71	1.66	1.61	1.57	1.54	1.51	1.47	1.42	1.38
60	2.79	2.39	2.18	2.04	1.95	1.87	1.82	1.77	1.74	1.71	1.66	1.60	1.54	1.51	1.48	1.44	1.40	1.35	1.29
120	2.75	2.35	2.13	1.99	1.90	1.82	1.77	1.72	1.68	1.65	1.60	1.55	1.48	1.45	1.41	1.37	1.32	1.26	1.19
∞	2.71	2.30	2.08	1.94	1.85	1.77	1.72	1.67	1.63	1.60	1.55	1.49	1.42	1.38	1.34	1.30	1.24	1.17	1.00

α = 0.05

(续)

n_2 \ n_1	1	2	3	4	5	6	7	8	9	10	12	15	20	24	30	40	60	120	∞
1	161.4	199.5	215.7	224.6	230.2	234.0	236.8	238.9	240.5	241.9	243.9	245.9	248.0	249.1	250.1	251.1	252.2	253.3	254.3
2	18.51	19.00	19.16	19.25	19.30	19.33	19.35	19.37	19.38	19.40	19.41	19.43	19.45	19.45	19.46	19.47	19.48	19.49	19.50
3	10.13	9.55	9.28	9.12	9.90	8.94	8.89	8.85	8.81	8.79	8.74	8.70	8.66	8.64	8.62	8.59	8.57	8.55	8.53
4	7.71	6.94	6.59	6.39	6.26	6.16	6.09	6.04	6.00	5.96	5.91	5.86	5.80	5.77	5.75	5.72	5.69	5.66	5.63
5	6.61	5.79	5.41	5.19	5.05	4.95	4.88	4.82	4.77	4.74	4.68	4.62	4.56	4.53	4.50	4.46	4.43	4.40	4.36
6	5.99	5.14	4.76	4.53	4.39	4.28	4.21	4.15	4.10	4.06	4.00	3.94	3.87	3.84	3.81	3.77	3.74	3.70	3.67
7	5.59	4.74	4.35	4.12	3.97	3.87	3.79	3.73	3.68	3.64	3.57	3.51	3.44	3.41	3.38	3.34	3.30	3.27	3.23
8	5.32	4.46	4.07	3.84	3.69	3.58	3.50	3.44	3.39	3.35	3.28	3.22	3.15	3.12	3.08	3.04	3.01	2.97	2.93
9	5.12	4.26	3.86	3.63	3.48	3.37	3.29	3.23	3.18	3.14	3.07	3.01	2.94	2.90	2.86	2.83	2.79	2.75	2.71
10	4.96	4.10	3.71	3.48	3.33	3.22	3.14	3.07	3.02	2.98	2.91	2.85	2.77	2.74	2.70	2.66	2.62	2.58	2.54
11	4.84	3.98	3.59	3.36	3.20	3.09	3.01	2.95	2.90	2.85	2.79	2.72	2.65	2.61	2.57	2.53	2.49	2.45	2.40
12	4.75	3.89	3.49	3.26	3.11	3.00	2.91	2.85	2.80	2.75	2.69	2.62	2.54	2.51	2.47	2.43	2.38	2.34	2.30
13	4.67	3.81	3.41	3.18	3.03	2.92	2.83	2.77	2.71	2.67	2.60	2.53	2.46	2.42	2.38	2.34	2.30	2.25	2.21
14	4.60	3.74	3.34	3.11	2.96	2.85	2.76	2.70	2.65	2.60	2.53	2.46	2.39	2.35	2.31	2.27	2.22	2.18	2.13
15	4.54	3.68	3.29	3.06	2.90	2.79	2.71	2.64	2.59	2.54	2.48	2.40	2.33	2.29	2.25	2.20	2.16	2.11	2.07
16	4.49	3.63	3.24	3.01	2.85	2.74	2.66	2.59	2.54	2.49	2.42	2.35	2.28	2.24	2.19	2.15	2.11	2.06	2.01
17	4.45	3.59	3.20	2.96	2.81	2.70	2.61	2.55	2.49	2.45	2.38	2.31	2.23	2.19	2.15	2.10	2.06	2.01	1.96
18	4.41	3.55	3.16	2.93	2.77	2.66	2.58	2.51	2.46	2.41	2.34	2.27	2.19	2.15	2.11	2.06	2.02	1.97	1.92
19	4.38	3.52	3.13	2.90	2.74	2.63	2.54	2.48	2.42	2.38	2.31	2.23	2.16	2.11	2.07	2.03	1.98	1.93	1.88
20	4.35	3.49	3.10	2.87	2.71	2.60	2.51	2.45	2.39	2.35	2.28	2.20	2.12	2.08	2.04	1.99	1.95	1.90	1.84
21	4.32	3.47	3.07	2.84	2.68	2.57	2.49	2.42	2.37	2.32	2.25	2.18	2.10	2.05	2.01	1.96	1.92	1.87	1.81
22	4.30	3.44	3.05	2.82	2.66	2.55	2.46	2.40	2.34	2.30	2.23	2.15	2.07	2.03	1.98	1.94	1.89	1.84	1.78
23	4.28	3.42	3.03	2.80	2.64	2.53	2.44	2.37	2.32	2.27	2.20	2.13	2.05	2.01	1.96	1.91	1.86	1.81	1.76
24	4.26	3.40	3.01	2.78	2.62	2.51	2.42	2.36	2.30	2.25	2.18	2.11	2.03	1.98	1.94	1.89	1.84	1.79	1.73
25	4.24	3.39	2.99	2.76	2.60	2.49	2.40	2.34	2.28	2.24	2.16	2.09	2.01	1.96	1.92	1.87	1.82	1.77	1.71
26	4.23	3.37	2.98	2.74	2.59	2.47	2.39	2.32	2.27	2.22	2.15	1.07	1.99	1.95	1.90	1.85	1.80	1.75	1.69
27	4.21	3.35	2.96	2.73	2.57	2.46	2.37	2.31	2.25	2.20	2.13	1.06	1.97	1.93	1.88	1.84	1.79	1.73	1.67
28	4.20	3.34	2.95	2.71	2.56	2.45	2.36	2.29	2.24	2.19	2.12	1.04	1.96	1.91	1.87	1.82	1.77	1.71	1.65
29	4.18	3.33	2.93	2.70	2.55	2.43	2.35	2.28	2.22	2.18	2.10	1.03	1.94	1.90	1.85	1.81	1.75	1.70	1.64
30	4.17	3.32	2.92	2.69	2.53	2.42	2.33	2.27	2.21	2.16	2.09	2.01	1.93	1.89	1.84	1.79	1.74	1.68	1.62
40	4.08	3.23	2.84	2.61	2.45	2.34	2.25	2.18	2.12	2.08	2.00	1.92	1.84	1.79	1.74	1.69	1.64	1.58	1.51
60	4.00	3.15	2.76	2.53	2.37	2.25	2.17	2.10	2.04	1.99	1.92	1.84	1.75	1.70	1.65	1.59	1.53	1.47	1.39
120	3.92	3.07	2.68	2.45	2.29	2.17	2.09	2.02	1.96	1.91	1.83	1.75	1.66	1.61	1.55	1.50	1.43	1.35	1.25
∞	3.84	3.00	2.60	2.37	2.21	2.10	2.01	1.94	1.88	1.83	1.75	1.67	1.57	1.52	1.46	1.39	1.32	1.22	1.00

$\alpha = 0.025$ （续）

n_2 \ n_1	1	2	3	4	5	6	7	8	9	10	12	15	20	24	30	40	60	120	∞
1	647.8	799.5	864.2	899.6	921.8	937.1	948.2	956.7	963.3	968.6	976.7	984.9	993.1	997.2	1001	1006	1010	1014	1018
2	38.51	39.00	39.17	39.25	39.30	39.33	39.36	39.37	39.39	39.40	39.41	39.43	39.45	39.46	39.46	39.47	39.48	39.49	39.50
3	17.44	16.04	15.44	15.10	14.88	14.73	14.62	14.54	14.47	14.42	14.34	14.25	14.17	14.12	14.08	14.04	13.99	13.95	13.90
4	12.22	10.65	9.98	9.60	9.36	9.20	9.07	8.98	8.90	8.84	8.75	8.66	8.56	8.51	8.46	8.41	8.36	8.31	8.26
5	10.01	8.43	7.76	7.39	7.15	6.98	6.85	6.76	6.68	6.62	6.52	6.43	6.33	6.28	6.23	6.18	6.12	6.07	6.02
6	8.81	7.26	6.60	6.23	5.99	5.82	5.70	5.60	5.52	5.46	5.37	5.27	5.17	5.12	5.07	5.01	4.96	4.90	4.85
7	8.07	6.54	5.89	5.52	5.29	5.12	4.99	4.90	4.82	4.76	4.67	4.57	4.47	4.42	4.36	4.31	4.25	4.20	4.14
8	7.57	6.06	5.42	5.05	4.82	4.65	4.53	4.43	4.36	4.30	4.20	4.10	4.00	3.95	3.89	3.84	3.78	3.73	3.67
9	7.21	5.71	5.08	4.72	4.48	4.32	4.20	4.10	4.03	3.96	3.87	3.77	3.67	3.61	3.56	3.51	3.45	3.39	3.33
10	6.94	5.46	4.83	4.47	4.24	4.07	3.95	3.85	3.78	3.72	3.62	3.52	3.42	3.37	3.31	3.26	3.20	3.14	3.08
11	6.72	5.26	4.63	4.28	4.04	3.88	3.76	3.66	3.59	3.53	3.43	3.33	3.23	3.17	3.12	3.06	3.00	2.94	2.88
12	6.55	5.10	4.47	4.12	3.89	3.73	3.61	3.51	3.44	3.37	3.28	3.18	3.07	3.02	2.96	2.91	2.85	2.79	2.72
13	6.41	4.97	4.35	4.00	3.77	3.60	3.48	3.39	3.31	3.25	3.15	3.05	2.95	2.89	2.84	2.78	2.72	2.66	2.60
14	6.30	4.86	4.24	3.89	3.66	3.50	3.38	3.29	3.21	3.15	3.05	2.95	2.84	2.79	2.73	2.67	2.61	2.55	2.49
15	6.20	4.77	4.15	3.80	3.58	3.41	3.29	3.20	3.12	3.06	2.96	2.86	2.76	2.70	2.64	2.59	2.52	2.46	2.40
16	6.12	4.69	4.08	3.73	3.50	3.34	3.22	3.12	3.05	2.99	2.89	2.79	2.68	2.63	2.57	2.51	2.45	2.38	2.32
17	6.04	4.62	4.01	3.66	3.44	3.28	3.16	3.06	2.98	2.92	2.82	2.72	2.62	2.56	2.50	2.44	2.38	2.32	2.25
18	5.98	4.56	3.95	3.61	3.38	3.22	3.10	3.01	2.93	2.87	2.77	2.67	2.56	2.50	2.44	2.38	2.32	2.26	2.19
19	5.92	4.51	3.90	3.56	3.33	3.17	3.05	2.96	2.88	2.82	2.72	2.62	2.51	2.45	2.39	2.33	2.27	2.20	2.13
20	5.87	4.46	3.86	3.51	3.29	3.13	3.01	2.91	2.84	2.77	2.68	2.57	2.46	2.41	2.35	2.29	2.22	2.16	2.09
21	5.83	4.42	3.82	3.48	3.25	3.09	2.97	2.87	2.80	2.73	2.64	2.53	2.42	2.37	2.31	2.25	2.18	2.11	2.04
22	5.79	4.38	3.78	3.44	3.22	3.05	2.93	2.84	2.76	2.70	2.60	2.50	2.39	2.33	2.27	2.21	2.14	2.08	2.00
23	5.75	4.35	3.75	3.41	3.18	3.02	2.90	2.81	2.73	2.67	2.57	2.47	2.36	2.30	2.24	2.18	2.11	2.04	1.97
24	5.72	4.32	3.72	3.38	3.15	2.99	2.87	2.78	2.70	2.64	2.54	2.44	2.33	2.27	2.21	2.15	2.08	2.01	1.94
25	5.69	4.29	3.69	3.35	3.13	2.97	2.85	2.75	2.68	2.61	2.51	2.41	2.30	2.24	2.18	2.12	2.05	1.98	1.91
26	5.66	4.27	3.67	3.33	3.10	2.94	2.82	2.73	2.65	2.59	2.49	2.39	2.28	2.22	2.16	2.09	2.03	1.95	1.88
27	5.63	4.24	3.65	3.31	3.08	2.92	2.80	2.71	2.63	2.57	2.47	2.36	2.25	2.19	2.13	2.07	2.00	1.93	1.85
28	5.61	4.22	3.63	3.29	3.06	2.90	2.78	2.69	2.61	2.55	2.45	2.34	2.23	2.17	2.11	2.05	1.98	1.91	1.83
29	5.59	4.20	3.61	3.27	3.04	2.88	2.76	2.67	2.59	2.53	2.43	2.32	2.21	2.15	2.09	2.03	1.96	1.89	1.81
30	5.57	4.18	3.59	3.25	3.03	2.87	2.75	2.65	2.57	2.51	2.41	2.31	2.20	2.14	2.07	2.01	1.94	1.87	1.79
40	5.42	4.05	3.46	3.13	2.90	2.74	2.62	2.53	2.45	2.39	2.29	2.18	2.07	2.01	1.94	1.88	1.80	1.72	1.64
60	5.29	3.93	3.34	3.01	2.79	2.63	2.51	2.41	2.33	2.27	2.17	2.06	1.94	1.88	1.82	1.74	1.67	1.58	1.48
120	5.15	3.80	3.23	2.89	2.67	2.52	2.39	2.30	2.22	2.16	2.05	1.94	1.82	1.76	1.69	1.61	1.53	1.43	1.31
∞	5.02	3.69	3.12	2.79	2.57	2.41	2.29	2.19	2.11	2.05	1.94	1.83	1.71	1.64	1.57	1.48	1.39	1.27	1.00

$\alpha = 0.01$

n_2＼n_1	1	2	3	4	5	6	7	8	9	10	12	15	20	24	30	40	60	120	∞
1	4052	5000	5403	5625	5764	5859	5928	5982	6022	6056	6106	6157	6209	6235	6261	6287	6313	6339	6366
2	98.50	99.00	99.17	99.25	99.30	99.33	99.36	99.37	99.39	99.40	99.42	99.43	99.45	99.46	99.47	99.47	99.48	99.49	99.50
3	34.12	30.82	29.46	28.71	28.24	27.91	27.67	27.49	27.35	27.23	27.05	26.87	26.69	26.60	26.50	26.41	26.32	26.22	26.13
4	21.20	18.00	16.69	15.98	15.52	15.21	14.98	14.80	14.66	14.55	14.37	14.20	14.02	13.93	13.84	13.75	13.65	13.56	13.46
5	16.26	13.27	12.06	11.39	10.97	10.67	10.46	10.29	10.16	10.05	9.89	9.72	9.55	9.47	9.38	9.29	9.20	9.11	9.02
6	13.75	10.92	9.78	9.15	8.75	8.47	8.26	8.10	7.98	7.87	7.72	7.56	7.40	7.31	7.23	7.14	7.06	6.97	6.88
7	12.25	9.55	8.45	7.85	7.46	7.19	6.99	6.84	6.72	6.62	6.47	6.31	6.16	6.07	5.99	5.91	5.82	5.74	5.65
8	11.26	8.65	7.59	7.01	6.63	6.37	6.18	6.03	5.91	5.81	5.67	5.52	5.36	5.28	5.20	5.12	5.03	4.95	4.86
9	10.56	8.02	6.99	6.42	6.06	5.80	5.61	5.47	5.35	5.26	5.11	4.96	4.81	4.73	4.65	4.57	4.48	4.40	4.31
10	10.04	7.56	6.55	5.99	5.64	5.39	5.20	5.06	4.94	4.85	4.71	4.56	4.41	4.33	4.25	4.17	4.08	4.00	3.91
11	9.65	7.21	6.22	5.67	5.32	5.07	4.89	4.74	4.63	4.54	4.40	4.25	4.10	4.02	3.94	3.86	3.78	3.69	3.60
12	9.33	6.93	5.95	5.41	5.06	4.82	4.64	4.50	4.39	4.30	4.16	4.01	3.86	3.78	3.70	3.62	3.54	3.45	3.36
13	9.07	6.70	5.74	5.21	4.86	4.62	4.44	4.30	4.19	4.10	3.96	3.82	3.66	3.59	3.51	3.43	3.34	3.25	3.17
14	8.86	6.51	5.56	5.04	4.69	4.46	4.28	4.14	4.03	3.94	3.80	3.66	3.51	3.43	3.35	3.27	3.18	3.09	3.00
15	8.68	6.36	5.42	4.89	4.56	4.32	4.14	4.00	3.89	3.80	3.67	3.52	3.37	3.29	3.21	3.13	3.05	2.96	2.87
16	8.53	6.23	5.29	4.77	4.44	4.20	4.03	3.89	3.78	3.69	3.55	3.41	3.26	3.18	3.10	3.02	2.93	2.84	2.75
17	8.40	6.11	5.18	4.67	4.34	4.10	3.93	3.79	3.68	3.59	3.46	3.31	3.16	3.08	3.00	2.92	2.83	2.75	2.65
18	8.29	6.01	5.09	4.58	4.25	4.01	3.84	3.71	3.60	3.51	3.37	3.23	3.08	3.00	2.92	2.84	2.75	2.66	2.57
19	8.18	5.93	5.01	4.50	4.17	3.94	3.77	3.63	3.52	3.43	3.30	3.15	3.00	2.92	2.84	2.76	2.67	2.58	2.49
20	8.10	5.85	4.94	4.43	4.10	3.87	3.70	3.56	3.46	3.37	3.23	3.09	2.94	2.86	2.78	2.69	2.61	2.52	2.42
21	8.02	5.78	4.87	4.37	4.04	3.81	3.64	3.51	3.40	3.31	3.17	3.03	2.88	2.80	2.72	2.64	2.55	2.46	2.36
22	7.95	5.72	4.82	4.31	3.99	3.76	3.59	3.45	3.35	3.26	3.12	2.98	2.83	2.75	2.67	2.58	2.50	2.40	2.31
23	7.88	5.66	4.76	4.26	3.94	3.71	3.54	3.41	3.30	3.21	3.07	2.93	2.78	2.70	2.62	2.54	2.45	2.35	2.26
24	7.82	5.61	4.72	4.22	3.90	3.67	3.50	3.36	3.26	3.17	3.03	2.89	2.74	2.66	2.58	2.49	2.40	2.31	2.21
25	7.77	5.57	4.68	4.18	3.85	3.63	3.46	3.32	3.22	3.13	2.99	2.85	2.70	2.62	2.54	2.45	2.36	2.27	2.17
26	7.72	5.53	4.64	4.14	3.82	3.59	3.42	3.29	3.18	3.09	2.96	2.81	2.66	2.58	2.50	2.42	2.33	2.23	2.13
27	7.68	5.49	4.60	4.11	3.78	3.56	3.39	3.26	3.15	3.06	2.93	2.78	2.63	2.55	2.47	2.38	2.29	2.20	2.10
28	7.64	5.45	4.57	4.07	3.75	3.53	3.36	3.23	3.12	3.03	2.90	2.75	2.60	2.52	2.44	2.35	2.26	2.17	2.06
29	7.60	5.42	4.54	4.04	3.73	3.50	3.33	3.20	3.09	3.00	2.87	2.73	2.57	2.49	2.41	2.33	2.23	2.14	2.03
30	7.56	5.39	4.51	4.02	3.70	3.47	3.30	3.17	3.07	2.98	2.84	2.70	2.55	2.47	2.39	2.30	2.21	2.11	2.01
40	7.31	5.18	4.31	3.83	3.51	3.29	3.12	2.99	2.89	2.80	2.66	2.52	2.37	2.29	2.20	2.11	2.02	1.92	1.80
60	7.08	4.98	4.13	3.65	3.34	3.12	2.95	2.82	2.72	2.63	2.50	2.35	2.20	2.12	2.03	1.94	1.84	1.73	1.60
120	6.85	4.79	3.95	3.48	3.17	2.96	2.79	2.66	2.56	2.47	2.34	2.19	2.03	1.95	1.86	1.76	1.66	1.53	1.38
∞	6.63	4.61	3.78	3.32	3.02	2.80	2.64	2.51	2.41	2.32	2.18	2.04	1.88	1.79	1.70	1.59	1.47	1.32	1.00

（续）

$\alpha = 0.005$

$n_2 \backslash n_1$	1	2	3	4	5	6	7	8	9	10	12	15	20	24	30	40	60	120	∞
1	16211	20000	21615	22500	23056	23437	23715	23925	24091	24224	24426	24630	24836	24940	25044	25148	25253	25359	25465
2	198.5	199.0	199.2	199.2	199.3	199.3	199.4	199.4	199.4	199.4	199.4	199.4	199.4	199.5	199.5	199.5	199.5	199.5	199.5
3	55.55	49.80	47.47	46.19	45.39	44.84	44.43	44.13	43.88	43.69	43.39	43.08	42.78	42.62	42.47	42.31	42.15	41.99	41.83
4	31.33	26.28	24.26	23.15	22.46	21.97	21.62	21.35	21.14	20.97	20.70	20.44	20.17	20.03	19.89	19.75	19.61	19.47	19.32
5	22.78	18.31	16.53	15.56	14.94	14.51	14.20	13.96	13.77	13.62	13.38	13.15	12.90	12.78	12.66	12.53	12.40	12.27	12.14
6	18.63	14.54	12.92	12.03	11.46	11.07	10.79	10.57	10.39	10.25	10.03	9.81	9.59	9.47	9.36	9.24	9.12	9.00	8.88
7	16.24	12.40	10.88	10.05	9.52	9.16	8.89	8.68	8.51	8.38	8.18	7.97	7.75	7.65	7.53	7.42	7.31	7.19	7.08
8	14.69	11.04	9.60	8.81	8.30	7.95	7.69	7.50	7.34	7.21	7.01	6.81	6.61	6.50	6.40	6.29	6.18	6.06	5.95
9	13.61	10.11	8.72	7.96	7.47	7.13	6.88	6.69	6.54	6.42	6.23	6.03	5.83	5.73	5.62	5.52	5.41	5.30	5.19
10	12.83	9.43	8.08	7.34	6.87	6.54	6.30	6.12	5.97	5.85	5.66	5.47	5.27	5.17	5.07	4.97	4.86	4.75	4.64
11	12.23	8.91	7.60	6.88	6.42	6.10	5.86	5.68	5.54	5.42	5.24	5.05	4.86	4.76	4.65	4.55	4.44	4.34	4.23
12	11.75	8.51	7.23	6.52	6.07	5.76	5.52	5.35	5.20	5.09	4.91	4.72	4.53	4.43	4.33	4.23	4.12	4.01	3.90
13	11.37	8.19	6.93	6.23	5.79	5.48	5.25	5.08	4.94	4.82	4.64	4.46	4.27	4.17	4.07	3.97	3.87	3.76	3.65
14	11.06	7.92	6.68	6.00	5.56	5.26	5.03	4.86	4.72	4.60	4.43	4.25	4.06	3.96	3.86	3.76	3.66	3.55	3.44
15	10.80	7.70	6.48	5.80	5.37	5.07	4.85	4.67	4.54	4.42	4.25	4.07	3.88	3.79	3.69	3.58	3.48	3.37	3.26
16	10.58	7.51	6.30	5.64	5.21	4.91	4.69	4.52	4.38	4.27	4.10	3.92	3.73	3.64	3.54	3.44	3.33	3.22	3.11
17	10.38	7.35	6.16	5.50	5.07	4.78	4.56	4.39	4.25	4.14	3.97	3.79	3.61	3.51	3.41	3.31	3.21	3.10	2.98
18	10.22	7.21	6.03	5.37	4.96	4.66	4.44	4.28	4.14	4.03	3.86	3.68	3.50	3.40	3.30	3.20	3.10	2.99	2.87
19	10.07	7.09	5.92	5.27	4.85	4.56	4.34	4.18	4.04	3.93	3.76	3.59	3.40	3.31	3.21	3.11	3.00	2.89	2.78
20	9.94	6.99	5.82	5.17	4.76	4.47	4.26	4.09	3.96	3.85	3.68	3.50	3.32	3.22	3.12	3.02	2.92	2.81	2.69
21	9.83	6.89	5.73	5.09	4.68	4.39	4.18	4.01	3.88	3.77	3.60	3.43	3.24	3.15	3.05	2.95	2.84	2.73	2.61
22	9.73	6.81	5.65	5.02	4.61	4.32	4.11	3.94	3.81	3.70	3.54	3.36	3.18	3.08	2.98	2.88	2.77	2.66	2.55
23	9.63	6.73	5.58	4.95	4.54	4.26	4.05	3.88	3.75	3.64	3.47	3.30	3.12	3.02	2.92	2.82	2.71	2.60	2.48
24	9.55	6.66	5.52	4.89	4.49	4.20	3.99	3.83	3.69	3.59	3.42	3.25	3.06	2.97	2.87	2.77	2.66	2.55	2.43
25	9.48	6.60	5.46	4.84	4.43	4.15	3.94	3.78	3.64	3.54	3.37	3.20	3.01	2.92	2.82	2.72	2.61	2.50	2.38
26	9.41	6.54	5.41	4.79	4.38	4.10	3.89	3.73	3.60	3.49	3.33	3.15	2.97	2.87	2.77	2.67	2.56	2.45	2.33
27	9.34	6.49	5.36	4.74	4.34	4.06	3.85	3.69	3.56	3.45	3.28	3.11	2.93	2.83	2.73	2.63	2.52	2.41	2.29
28	9.28	6.44	5.32	4.70	4.30	4.02	3.81	3.65	3.52	3.41	3.25	3.07	2.89	2.79	2.69	2.59	2.48	2.37	2.25
29	9.23	6.40	5.28	4.66	4.26	3.98	3.77	3.61	3.48	3.38	3.21	3.04	2.86	2.76	2.66	2.56	2.45	2.33	2.21
30	9.18	6.35	5.24	4.62	4.23	3.95	3.74	3.58	3.45	3.34	3.18	3.01	2.82	2.73	2.63	2.52	2.42	2.30	2.18
40	8.83	6.07	4.98	4.37	3.99	3.71	3.51	3.35	3.22	3.12	2.95	2.78	2.60	2.50	2.40	2.30	2.18	2.06	1.93
60	8.49	5.79	4.73	4.14	3.76	3.49	3.29	3.13	3.01	2.90	2.74	2.57	2.39	2.29	2.19	2.08	1.96	1.83	1.69
120	8.18	5.54	4.50	3.92	3.55	3.28	3.09	2.93	2.81	2.71	2.54	2.37	2.19	2.09	1.98	1.87	1.75	1.61	1.43
∞	7.88	5.30	4.28	3.72	3.35	3.09	2.90	2.74	2.62	2.52	2.36	2.19	2.00	1.90	1.79	1.67	1.53	1.36	1.00

参 考 文 献

[1] 盛骤,谢式千,潘承毅．概率论与数理统计[M].4 版．北京:高等教育出版社,2008.

[2] 李永乐,王式安．考研数学历年真题权威解析[M].西安:西安交通大学出版社,2018.

[3] 李正元,李永乐．考研数学复习全书[M].北京:中国政法大学出版社,2013.

[4] 靖新．概率论与数理统计[M].2 版．大连:大连理工大学出版社,2008.

[5] 龙松．概率统计及应用学习指导 [M].武汉:华中科技大学出版社,2017.

[6] 李汉龙,缪淑贤,王金宝．考研数学辅导全书(数学一)[M].北京:国防工业出版社,2014.

[7] 陈晓兰,马玉林．概率论与数理统计学习指导与习题解析[M].山东:山东教育出版社,2013.

[8] 陈仲堂,赵德平．概率论与数理统计[M].北京:高等教育出版社,2012.